U0789806

建筑工程工程量清单计价编制实例

左新红　张国喜　主编

黄河水利出版社

内 容 提 要

本书根据《建设工程工程量清单计价规范》有关内容,较详细地介绍了建筑工程的工程量清单项目及计算规则,对建设工程工程量清单计价规范的有关问题进行了解释和答疑。另外,该书还结合工程量清单招标投标的实际情况,列举了很多详实的例子。

该书可作为工程造价人员编制招投标文件、工程量清单及报价时参考,也可作为从事造价专业人员的入门教材。

图书在版编目(CIP)数据

建筑工程工程量清单计价编制实例/左新红,张国喜主编.
郑州:黄河水利出版社,2008.5
ISBN 978-7-80734-420-9

Ⅰ.建… Ⅱ.①左… ②张… Ⅲ.建筑工程-工程造价
Ⅳ.TU-723.3

中国版本图书馆 CIP 数据核字(2008)第 047901 号

策划编辑:余甫坤　电话:0371-66024993　E-mail:yfk7300@126.com

出 版 社:黄河水利出版社

地址:河南省郑州市金水路 11 号　　邮政编码:450003

发行单位:黄河水利出版社

发行部电话:0371-66026940　　传真:0371-66022620

E-mail:hhslcbs@126.com

承印单位:黄河水利委员会印刷厂

开本:787mm×1 092mm 1/16

印张:15.25

字数:370　　印数:1—3 100

版次:2008 年 5 月第 1 版　　印次:2008 年 5 月第 1 次印刷

定价:31.00 元

编 委 会

主　编　左新红　张国喜

参　编　文学红　张慧芳　李海军　张汉兵　张志刚

王年春　高继伟　文　明　文汉阳　郭兴家

张文怡　张汉林　张学军　张　婷　文辉武

王　全　陈劲良　张业翠　陶小芳　张书娥

张国栋　陶伟军　陈亚男　陈亚懦　张玉花

前　言

本书是根据国家标准《建设工程工程量清单计价规范》(GB50500—2003)编制的工程量清单计价辅导书。

本书根据《建设工程工程量清单计价规范》有关内容，较详细地、系统地介绍了工程量清单报价的编制方法。全书在理论与方法上进行了通俗易懂的阐述，还结合工程量清单招标投标的实际情况，列举了较详实的例子。通过本书的学习，使读者在较短的时间内掌握工程量清单计价的基本理论与方法，达到较熟练地运用《建设工程工程量清单计价规范》编制工程量清单和进行工程量清单报价的目的。

本书与同类书相比，具有以下几个显著特点：

(1)内容新，即采用新规范。

(2)针对性、实用性强，重点突出，注意整体的逻辑性和连贯性。

(3)内容全面，汲取了我国计价改革的阶段性成果，并以我国现行建筑行业的最新政策、法规为依据。

工程量清单计价与建设工程中定额计价不同，是一种新的计价方式。工程量清单计价方式与定额计价方式有着密切的联系，但也有本质上的区别。其本质区别是，前者采用建设行政主管部门颁发的反映社会平均水平的消耗量定额和发布的指导价格计算工程造价，该工程造价具有计划价格的本质特征；后者由投标人自主选择消耗量定额(如企业定额)和自主确定各种单价，其工程报价具有市场价格的本质特征。

本书在编写过程中得到了许多同行的支持与帮助，借此表示感谢。由于编者水平有限和时间的限制，书中难免有错误和不妥之处，望广大读者批评指正。如有疑问，请登录 www.gclqd.com(工程量清单计价网)或 www.jbjsys.com(基本建设预算网)或 www.jbjszj.com(基本建设造价网)或发邮件至 dlwhgs@tom.com 与编者联系。

编　者

目　录

前　言
第 1 章　土(石)方工程工程量清单设置与计价举例 …………………………………… 1
第 2 章　桩与地基基础工程工程量清单设置与计价举例 ……………………………… 64
第 3 章　砌筑工程工程量清单设置与计价举例 ……………………………………… 91
第 4 章　混凝土及钢筋混凝土工程工程量清单设置与计价举例……………………… 160
第 5 章　厂库房大门、特种门、木结构工程工程量清单设置与计价举例…………… 167
第 6 章　金属结构工程工程量清单设置与计价举例………………………………… 173
第 7 章　屋面及防水工程工程量清单设置与计价举例……………………………… 178
第 8 章　防腐、隔热、保温工程工程量清单设置与计价举例………………………… 183
附　录　建筑工程工程量清单设置与计价综合举例………………………………… 199

第 1 章　土(石)方工程工程量清单设置与计价举例

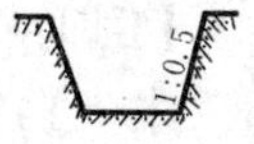

图 1-1　地槽断面图

【例 1-1】　某建筑物采用条形基础,实际施工过程中人工挖地槽断面如图 1-1所示,底宽 2m,挖深 3.2m,槽长 120m, 求人工挖地槽工程量。

【解】　人工挖地槽工程量 $= (2 \times 3.2 \times 120)\text{m}^3 = 768\text{m}^3$

【例 1-2】　某工程铺设管径为 300mm 的铸铁给水管道,管道中心线长度为 600m,管沟深度为 1.1m,管沟宽度设计无规定,计算人工挖管道沟槽的工程量。

【解】　基础定额的工程量

查《全国统一建筑工程预算工程量计算规则》(土建工程)中表 3.1.4－3 知管沟宽度应取 0.8m,故其工程量为:

$V = [0.8 \times 1.1 \times 600 \times (1 + 2.5\%)]\text{m}^3 = 541.2\text{m}^3$

工程量清单的工程量　$L = 600\text{m}$

【例 1-3】　某地槽开挖如图 1-2 所示,不放坡,不设工作面,试计算其工程量。

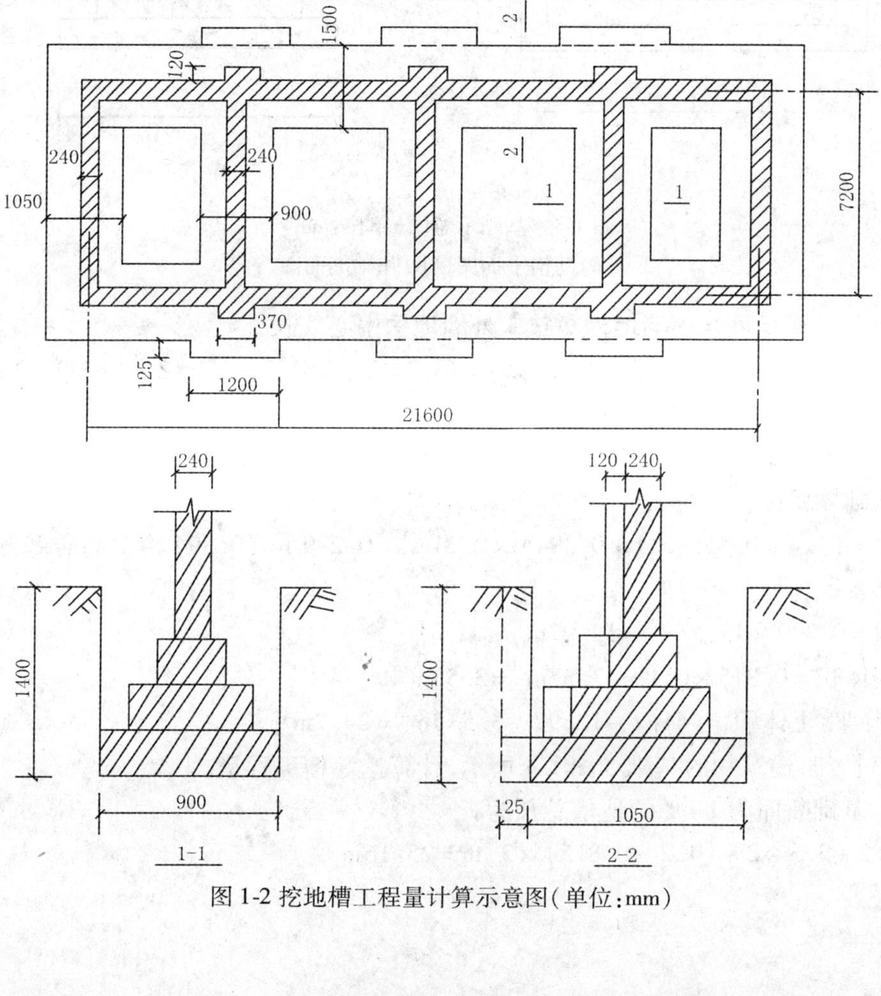

图 1-2 挖地槽工程量计算示意图(单位:mm)

【解】 外墙地槽工程量 $=[1.05\times1.4\times(21.6+7.2)\times2]m^3=84.67m^3$

内墙地槽工程量 $=[0.9\times1.4\times(7.2-1.05)\times3]m^3=23.25m^3$

附垛地槽工程量 $=(0.125\times1.4\times1.2\times6)m^3=1.26m^3$

合计 $=(84.67+23.25+1.26)m^3=109.18m^3$

挖地槽适用于建筑物的条形基础、埋设地下水管的沟槽、通讯线缆及排水沟等的挖土工程。挖土方和挖地坑是底面积大小的区别,它们适用于建造地下室、满堂基础、独立基础,设备基础等挖土工程。

【例 1-4】 某建筑物基础如图 1-3 所示,垫层底面标高 -1.400m。

求 1)挖地槽清单体积;2)自然地坪下砖基础体积;3)基坑回填土体积。

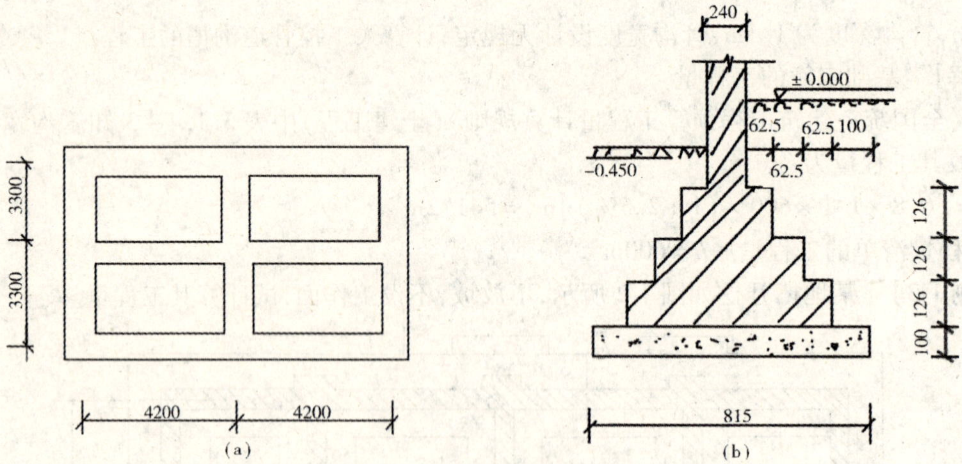

图 1-3 基础示意图(单位:mm)

(a)基槽平面图;(b)基础剖面图

【解】 1)地槽长度 = 内墙地槽净长 + 外墙地槽中心线长

$=[(4.2\times2-0.815)+(3.3\times2-0.815)+4.2\times2\times2+3.3\times2\times2]m$

$=43.37$ m

地槽体积 $=43.37\times(1.4-0.45)m^3=41.2m^3$

2)砖基础体积:

截面积 $=(1.4-0.45-0.1+0.394)\times0.24m^3=0.299\ m^2$(0.394 由等高砖基础大放脚折加高度计算表得)

则体积 $=0.299\times43.37m^3=12.97m^3$

3)垫层体积 $=0.815\times0.1\times43.37m^3=3.53m^3$

则基础回填土体积 $=(41.2-12.97-3.53)m^3=24.7m^3$

【例 1-5】 某建筑物的基础如图 1-4 所示,计算挖地槽工程量。

【解】 基础断面为 1—1 的地槽总长为:

$[4.2\times2+3.3\times2+(4.2-0.815)\times3]m=25.16m$

基础断面为 2—2 的地槽总长为:

$[3.3\times4-0.815+4.2\times2+13.2]\text{m}=33.99\text{m}$

则挖地槽工程量 $=(0.9\times0.94\times25.16+33.99\times0.7\times0.8)\text{m}^3$

$=40.32\text{m}^3$

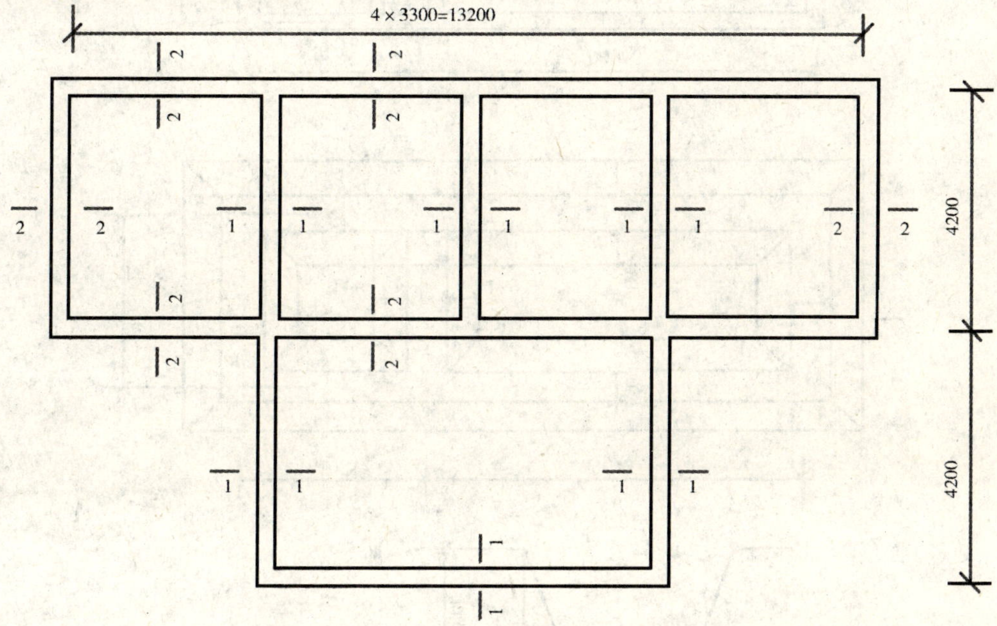

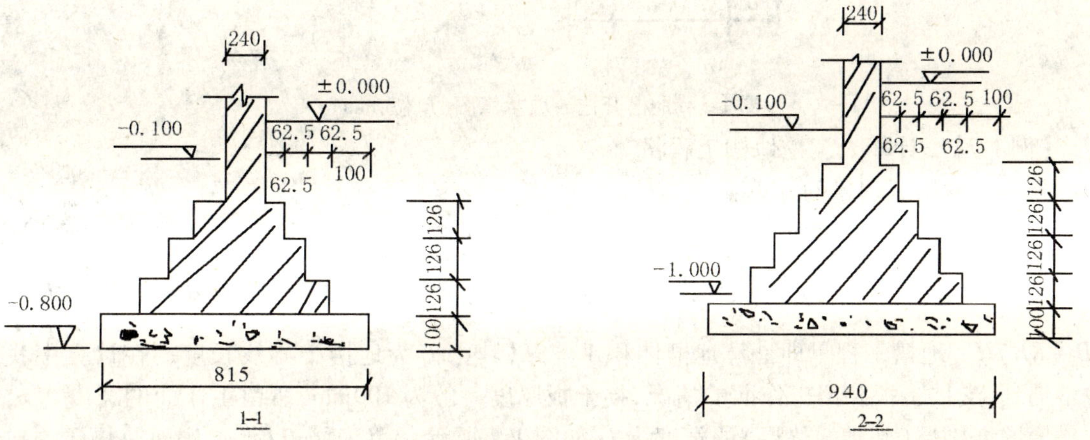

图 1-4　基础示意图(单位:mm)

【例 1-6】　某工程挖地槽放坡如图 1-5 所示,计算其工程量。

【解】　工程量 $=\{(1.5+1.5+0.594\times2)\times1.8\div2\times[(21+12+15)\times2+(15-1.5)]\}\text{m}^3$

$=412.73\text{m}^3$

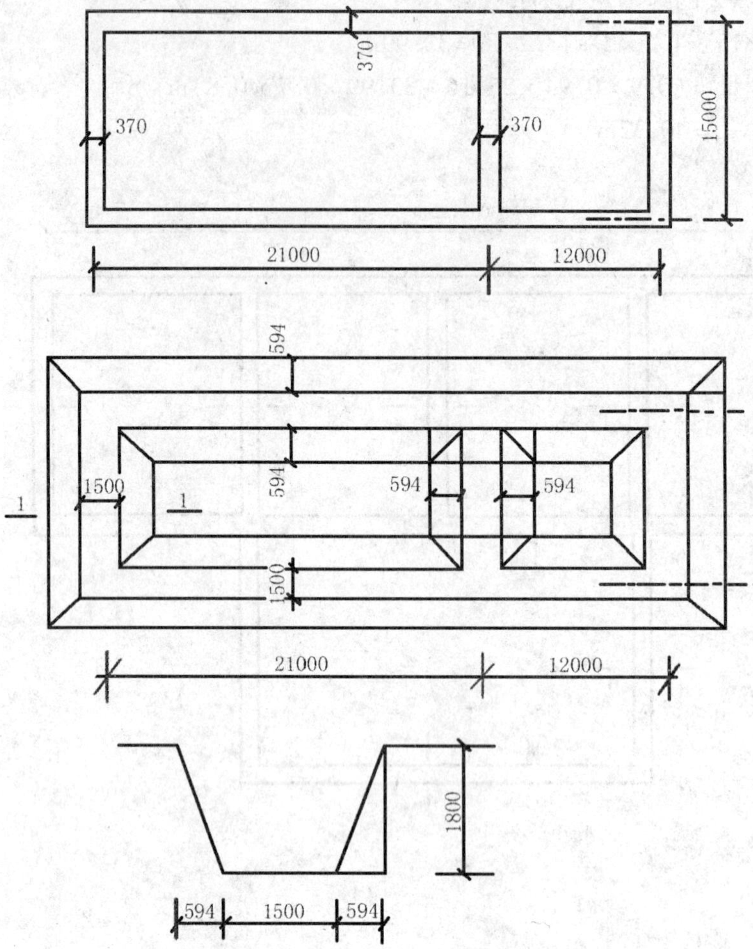

图 1-5　地槽开挖放坡示意图(单位:mm)

【例 1-7】 计算人工挖地槽工程量。

人工挖地槽工程量的计算:

人工挖地槽的横断面形式只有三种,如图 1-6 所示:(a)为不放坡形式,(b)为单面放坡形式;(c)为双面放坡形式。这三种横断面的面积 S 分别为 $S_1=BH$;$S_2=(B+\frac{1}{2}KH)H$;$S_3=(B+KH)H$。地槽工程量即计算地槽体积 $V=SL$,其中 L 为地槽中心线长度。在计算中我们常常遇到,支挡土板和留工作面的情况,挡土板厚度一般为 100mm,所留工作面的宽度为 c,紧挨槽底的结构层(基础式垫层)的宽度为 b,如图 1-7 所示。由于挡土板、工作面及垫层均在地槽内,所以,地槽底部宽度 $B=b+(2c)+(100)$,c 和 100 写在括号内表示:当设有挡土板时,就加 100(单面支时加 100,双面支时加 200)不设就不加;当留有工作面时,就加 $2c$(两边都留),不留就不加。

最终地槽工程量的计算就是求出 B,H,K,然后算出 S,再得到 $V=SL$。

图 1-7 中(a)、(b)、(c)、(d)、(e)分别表示:(a)不放坡留工作面;(b)放坡留工作面;(c)不放坡、支挡土板、留工作面;(d)不放坡不留工作面;(e)放坡不留工作面。

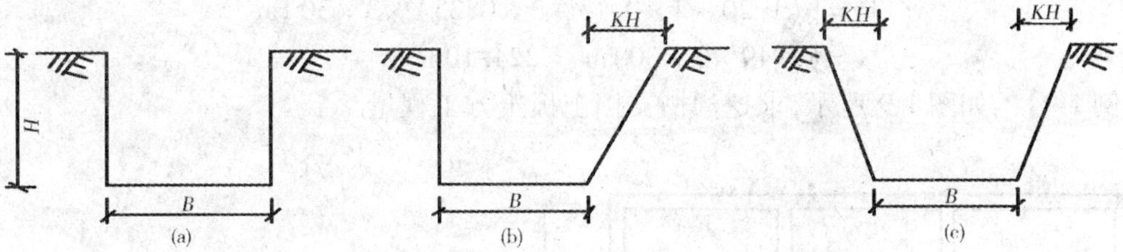

图 1-6　地槽横断面示意图

所留工作面宽度 c 可由以下规定来确定。

(1)基础(垫层)由毛石砖砌筑时, $c = 150\text{mm}$。

(2)基础(垫层)由混凝土浇筑,需支横板时, $c = 300\text{mm}$。

(3)用卷材或防水砂浆做垂直防潮层时, $c = 800\text{mm}$。

挡土板工程量的计算是计算挡土板的面积,即 HL。当然,双面支挡土板时为 $2HL$。

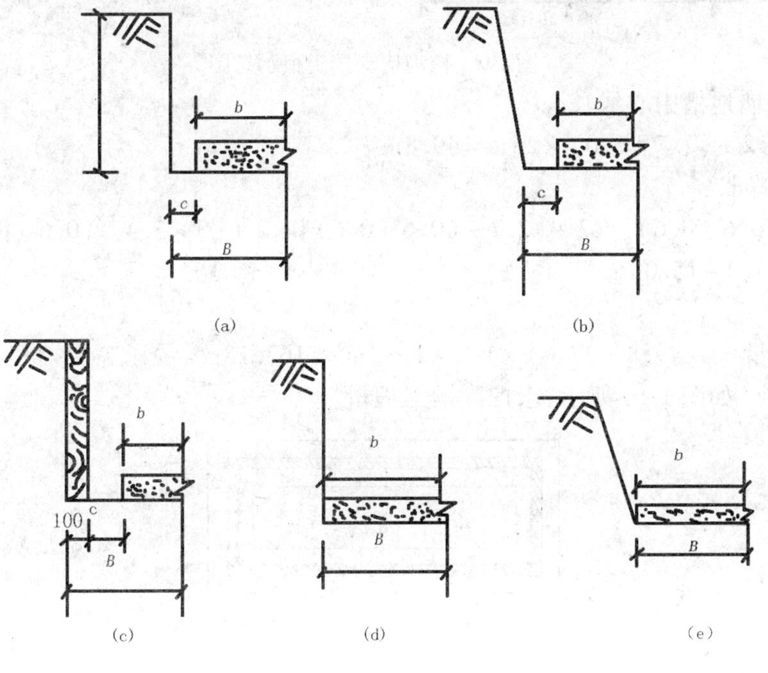

图 1-7　地槽示意图

(a)不放坡;(b)放坡留工作面;(c)不放坡、支挡土板、留工作面;

(d)不放坡不留工作面;(e)放坡不留工作面

【例 1-8】　如图 1-8 所示,设有一基础地槽,槽底尺寸为 1.2m,槽深为 3m,土壤类别为三类土,施工组织设计规定该地槽施工面为 15cm,地槽长度为 30n

【解】　依据地槽放坡计算公式有:

$$V = (a + 2c + KH)HL$$

式中依题已知有:

$a = 1.2\text{m}$, $H = 3\text{m}$, $c = 0.15\text{m}$, $K = 0.33$(图纸无放坡规定说明,按定额说明规定取用),则:

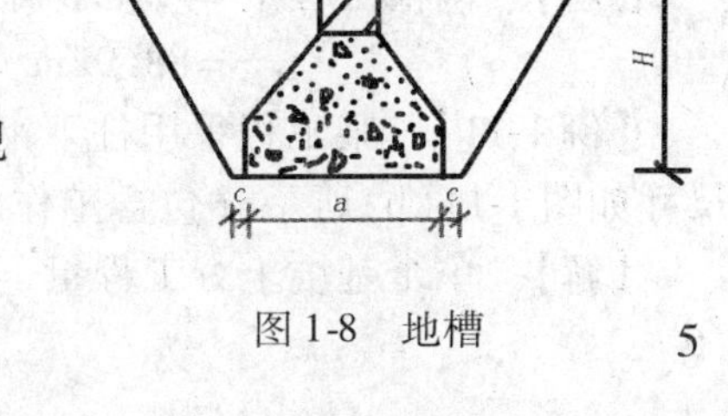

图 1-8　地槽

$$V = [(1.20 + 2 \times 0.15 + 3 \times 0.33) \times 3 \times 30]\text{m}^3$$
$$= (2.49 \times 3 \times 30)\text{m}^3 = 224.10\text{m}^3$$

【例 1-9】 如图 1-9 所示，求挖沟槽支挡土板土方工程量。

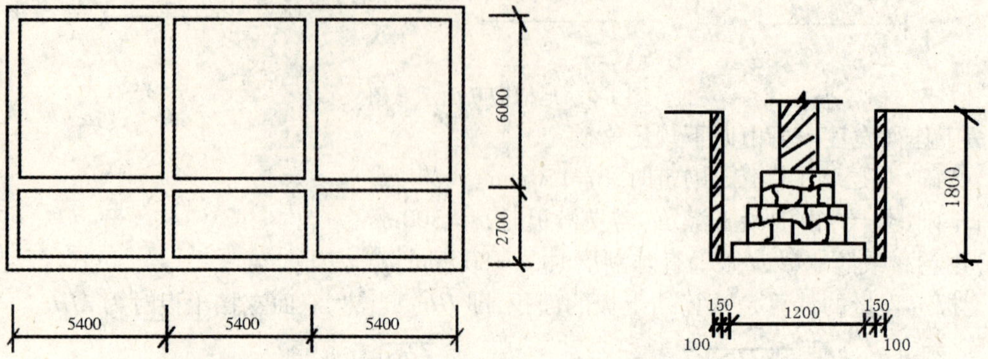

图 1-9 挖沟槽支挡土板示意图

【解】 外墙地槽中心线长：

$[3 \times 5.4 \times 2 + (2.7 + 6.0) \times 2]\text{m} = 49.8\text{m}$

内墙地槽净长：

$\{[6.0 - (0.6 + 0.6)] \times 2 + [2.7 - (0.6 + 0.6)] \times 2 + [3 \times 5.4 - (0.6 + 0.6)]\}\text{m}$

$= (9.6 + 3.0 + 15.0)\text{m}$

$= 27.6\text{m}$

地槽工程量 $= [(49.8 + 27.6) \times 1.2 \times 1.8]\text{m}^3 = 167.18\text{m}^3$

【例 1-10】 如图 1-10 所示，求挖沟槽工程量。

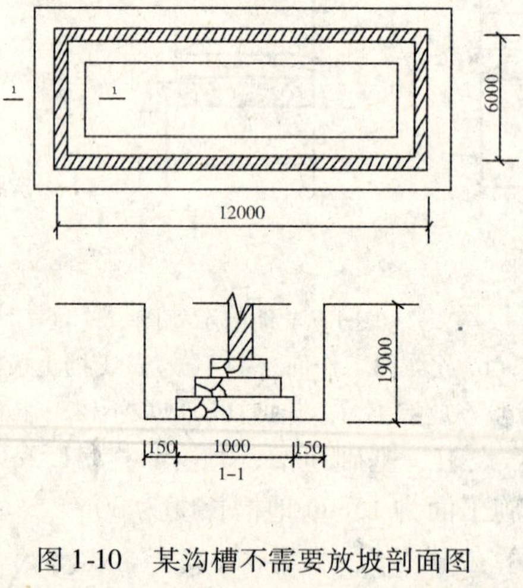

图 1-10 某沟槽不需要放坡剖面图

【解】 沟槽工程量 $= [(1.0 + 0.15 \times 2) \times 1.9 \times (12 + 6) \times 2]\text{m}^3$

$= 88.92\text{m}^3$

【例 1-11】 某工程采用柱下钢筋混凝土独立基础，如图 1-11(a)所示，基础土方开挖底部尺寸如图 1-11(b)所示，(包含工作面 150mm)放坡系数 1∶0.5，基础深 2.4m，求其工程量。

【解】 单个基坑土方工程量 $= [(2.4 - 0.15 \times 2)^2 \times 2.4]\text{m}^3 = 10.584\text{m}^3$

工程量 = $(6\times10.584)m^3=63.504m^3$

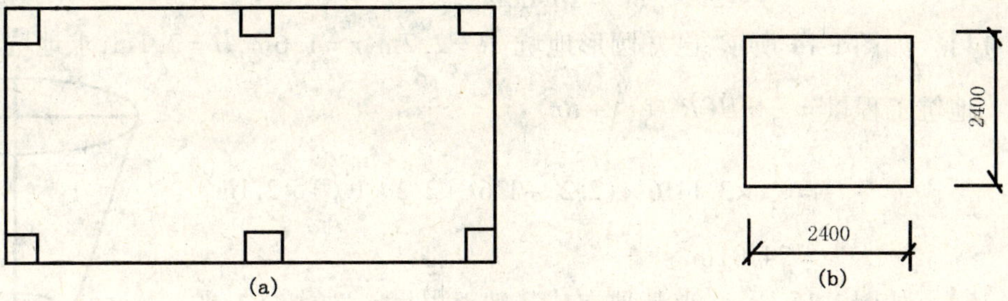

图 1-11　钢筋混凝土独立基础示意图

(a)平面图;(b)柱断面图

【例 1-12】　如图 1-12 所示,已知土质为三类土,有垫层,一次放坡基槽,坡度系数为 0.33,求其工程量。

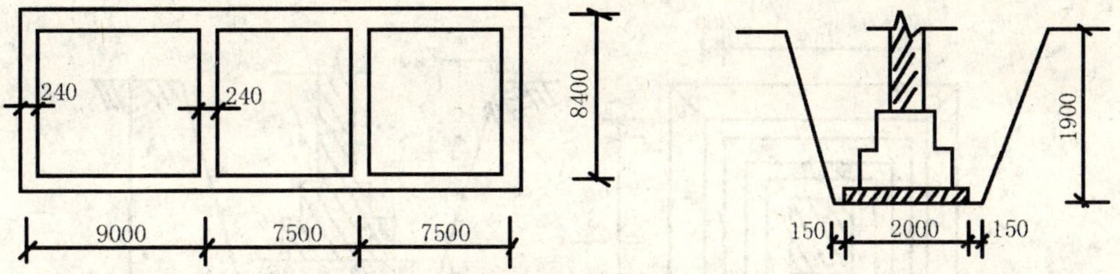

图 1-12　挖沟槽示意图

【解】　工程量 = $\{(2+0.15\times2+2+0.15\times2+1.9\times0.33\times2)\times1.9\div2\times[(9+7.5+7.5+8.4)\times2+(8.4-2-0.15\times2)\times2]\}m^3=428.22m^3$

【例 1-13】　如图 1-13 所示,求矩形地坑工程量。

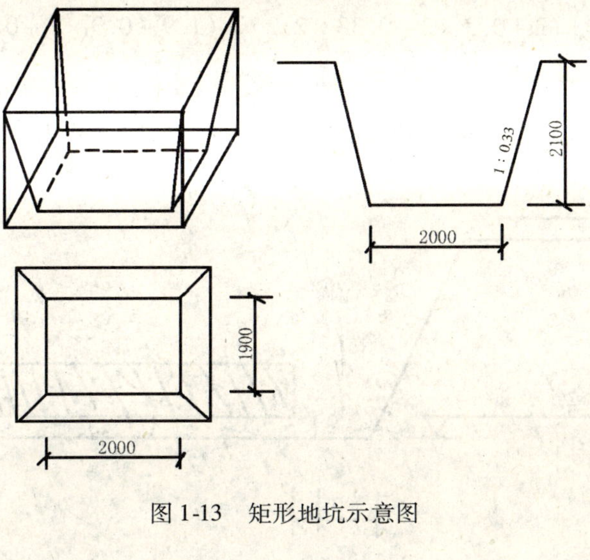

图 1-13　矩形地坑示意图

【解】 矩形地坑工程量 $=[(2+2.1\times0.33)\times(1.9+2.1\times0.33)\times2.1+\frac{1}{3}\times0.33^2\times 2.1^3]m^3=15.00m^3$

【例 1-14】 如图 1-14 所示，已知圆形地坑：$R=2.2m$，$r=1.6m$，$H=2.1m$，求地坑工程量。

【解】 地坑工程量 $=\frac{1}{3}\pi H(R^2+r^2+Rr)$

$=\frac{1}{3}\times3.1416\times(2.2^2+1.6^2+2.2\times1.6)\times2.1m^3$

$=24.01m^3$

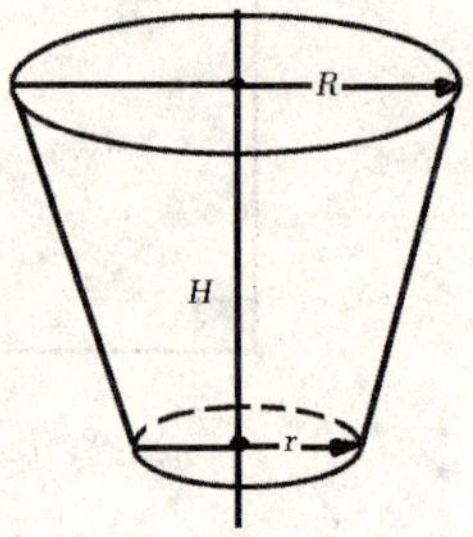

图 1-14 圆形地坑示意图

【例 1-15】 如图 1-15 所示，求某独立柱基础工程量。

【解】 独立柱基础土方量计算如下：

方法 1 工程量 $=[(2+0.3\times2)\times(1.9+0.3\times2)\times2.2+(2+0.3\times2+1.9+0.3\times2)\times0.33\times2.2^2+\frac{4}{3}\times 0.33^2\times2.2^3]m^3=23.99m^3$

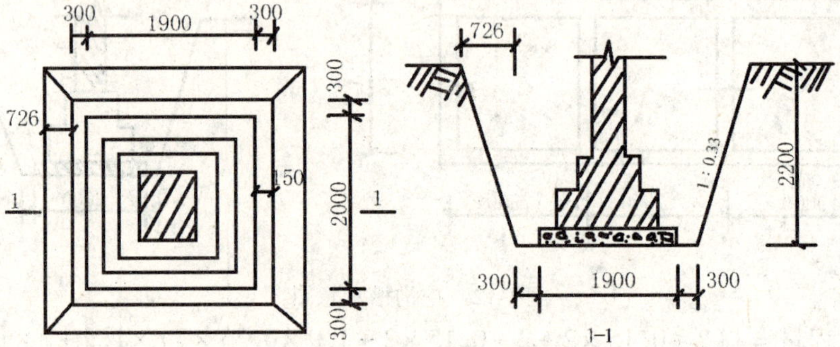

图 1-15 独立柱基础示意图

方法 2 工程量 $=[(2+0.3\times2+0.33\times2.2)\times(1.9+0.3\times2+0.33\times2.2)\times2.2+\frac{1}{3}\times 0.33^2\times2.2^3]m^3=23.99m^3$

【例 1-16】 某建筑采用筏板基础，如图 1-16 所示，筏板尺寸为 60m×42m×0.45m，求土方工程量。

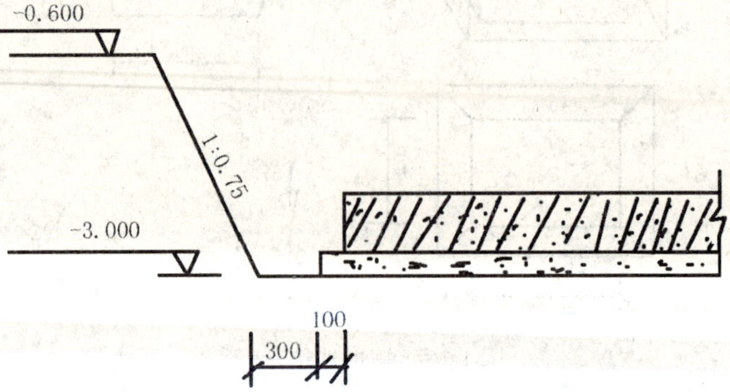

图 1-16 筏板基础断面图

【解】 土方工程量 = [(60 + 0.1 × 2) × (42 + 0.1 × 2) × (3 - 0.6)] m^3
= 6097.056m^3

【例 1-17】 如图 1-17 所示,参照表 1-1,求沟槽挖土需二次放坡工程量(槽长 = 40m)。

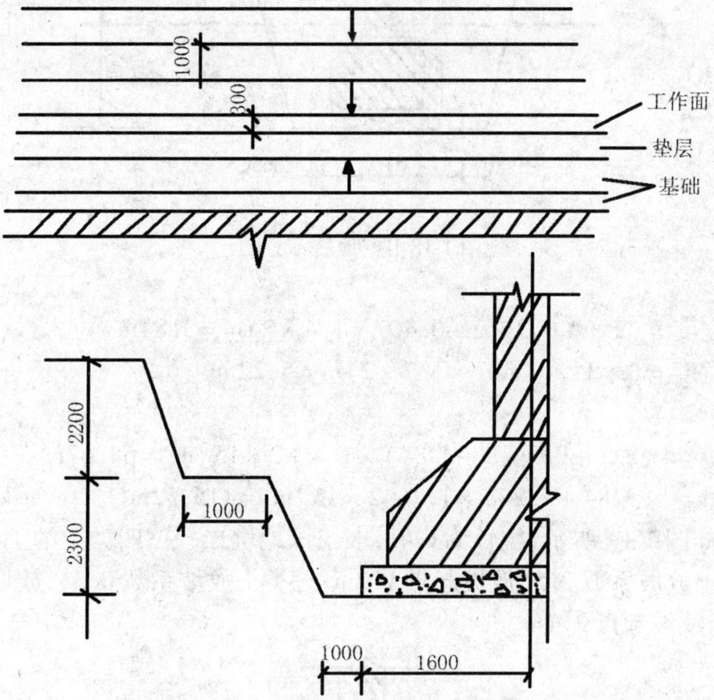

图 1-17 某基础二次放坡示意图

表 1-1 基础挖土方系数表

基础类型	系数
砖基础	2
砖基础带垫层	2
毛石基础	1.9
砂基础	1
桩基础	6.7
杯形基础	9.3
灰土基础	1
基础梁	2.24

注:已知各类基础砌体中工程量乘表中系数,即得挖土方工程量。

【解】 工程量 = {[(1.6 + 0.3) × 2 + (1.6 + 0.3) × 2 + (2.3 × 0.33 × 2)] × 2.3 ÷ 2 + [(1.6 + 0.3) × 2 + (2.3 × 0.33 × 2) + 1.0 × 2] × 2 + 2.2 × 0.33 × 2} × 40m^3 = 1062.95m^3

【例 1-18】 如图 1-18 所示,坑长为 15m,求挖该地坑二、三类土的工程量。

【解】 采用加权平均法计算放坡系数,二类土放坡系数为 0.5,放坡起点 1.2m,三类土放坡系数为 0.33,放坡起点为 1.5m;加权平均放坡系数 $= \dfrac{\sum_{j=1}^{n} f_i x_j}{\sum_{i=1}^{n} x_i} = \dfrac{f_1 x_1 + f_2 x_2 + \cdots + f_n x_n}{x_1 + x_2 + \cdots + x_n}$

$$= \frac{0.5 \times 1.4 + 0.33 \times 1.7}{1.4 + 1.7} = 0.407$$

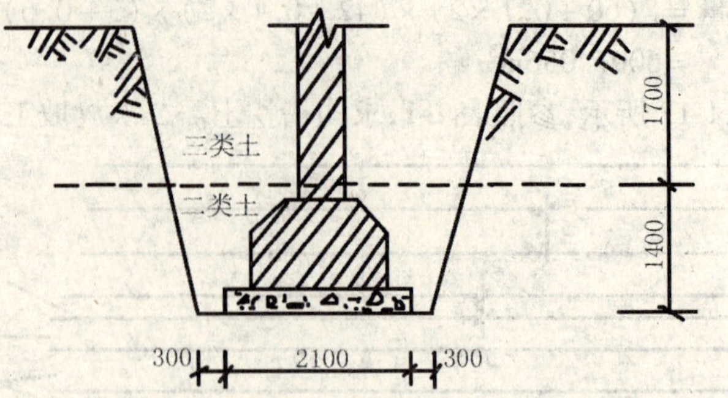

图 1-18　挖地坑示意图

断面计算：

二类土上口宽度 = (2.1 + 0.3 × 2 + 0.407 × 1.4 × 2) m = 3.84m

三类土上口宽度 = (3.84 + 0.407 × 1.7 × 2) m = 5.22m

工程量计算：

二类土工程量 = [(2.1 + 0.3 × 2 + 3.84) × 1.4 ÷ 2 × 15] m^3 = 68.67m^3

三类土工程量 = [(3.84 + 5.22) × 1.7 ÷ 2 × 15] m^3 = 115.52m^3

【例 1-19】 如图 1-19 所示，坑长为 60m，求挖该地坑二、三、四类土的工程量。

【解】 二类土放坡系数 0.5，放坡起点 1.2m；三类土放坡系数 0.33，放坡起点 1.5m；四类土放坡系数 0.25，放坡起点 2.1m。

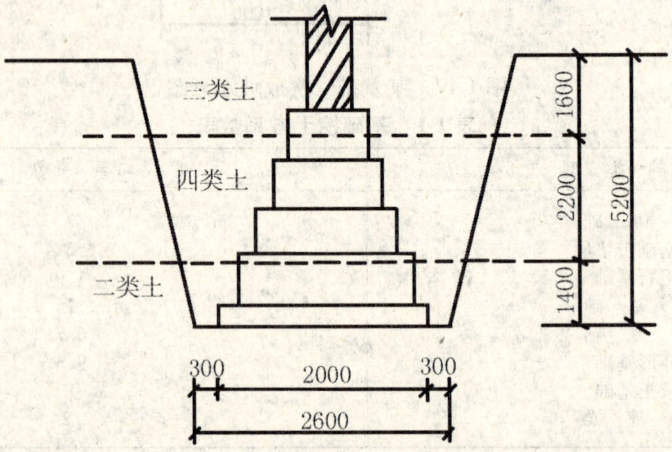

图 1-19　挖地坑示意图

$$\text{加权平均坡度系数} = \frac{\Sigma f_i x_i}{\Sigma x_i} = \frac{0.5 \times 1.4 + 0.33 \times 1.6 + 0.25 \times 2.2}{5.2} = 0.342$$

二类土工程量 = [(2.6 + 2.6 + 1.4 × 0.342 × 2) × 1.4 ÷ 2 × 60] m^3

= 258.62m^3

四类土工程量 = {[(2.6 + 1.4 × 0.342 × 2) × 2 + 2.2 × 0.342 × 2] × 2.2 ÷ 2 × 60} m^3

= 568.92m^3

三类土工程量 = {(2.6 + 1.4 × 0.342 × 2 + 2.2 × 0.342 × 2 + 1.6 × 0.342) × 2 × 1.6 ÷ 2 × 60m^3}

= 538.52m^3

【例 1-20】 如图 1-20 所示，三类土，求挖地坑工程量。

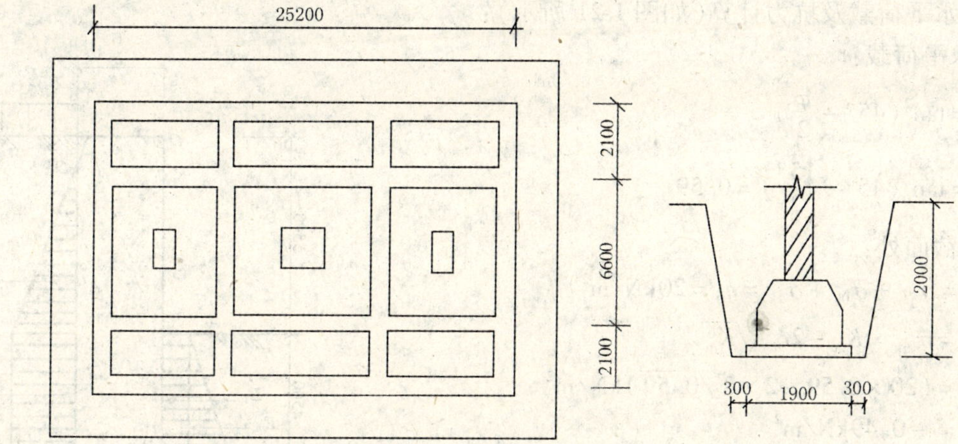

图 1-20　挖地坑示意图

【解】 先按一般放坡计算：

$$工程量\ F_1 = \{(1.9+0.3\times2+1.9+0.3\times2+2\times0.33\times2)\times2\div2 \times[(25.2+6.6+2.1\times2)\times2+(25.2-1.9-0.3\times2)\times2+6.6+2.1\times2-1.9-0.3\times2]\}\,m^3 = 794.42m^3$$

再按大开口放坡计算：

$$工程量\ F_2 = [(25.2+1.9+0.3\times2)\times(6.6+2.1\times2+1.9+0.3\times2)\times2+(25.2+1.9+0.3\times2+6.6+2.1\times2+1.9+0.3\times2)\times0.33\times2^2+(\frac{4}{3}\times0.33^2\times2^3)]\,m^3 = 792.10m^3$$

$F_1 > F_2$，故按大开挖计算工程量为 792.10m^3。

【例 1-21】 某基坑属二级基坑，开挖深度为 5.5m，地面荷载 $q_0 = 20kN/m^2$，土的内摩擦角 $\varphi = 15°$，黏聚力 $c = 8kN/m^2$，土的重度 $\gamma = 18kN/m^3$，拟采用水泥土墙支护结构，试计算水泥土墙的嵌固深度及墙体厚度。

【解】 按《建筑基坑支护技术规程》(JGJ 120—1999)计算。

(1)嵌固深度计算：

本工程为均质黏性土且无地下水，按 $h_0 = n_0 h$ 计算。

土层固结快剪黏聚力系数

$$\delta = \frac{c}{\gamma h} = \frac{8}{18\times5.5} = 0.08$$

根据 φ、δ 查表得 $n_0 = 0.69$

则嵌固深度为：

$h_0 = n_0 h = 0.69\times5.5m = 3.8m$

二级基坑重要性参数 γ_0 取 1.10，则嵌固深度设计值 h_d 为：

$h_d = 1.10h_0 = 1.10 \times 3.8\text{m} = 4.18\text{m}$

取 4.5m。

(2) 水平荷载及抗力计算(如图 1-21 所示):

1) 水平荷载:

$$K_{ai} = \tan^2(45° - \frac{\varphi}{2})$$

$$= \tan^2(45° - \frac{15°}{2}) = 0.59$$

OO'截面处:

$$\sigma_{aik} = \sigma_{\gamma k} + \sigma_{0k} + \sigma_{1k} = q_0 = 20\text{kN/m}^2$$

$$e'_{aik} = \sigma_{aik} \cdot K_{ai} - 2c_i\sqrt{K_{ai}}$$

$$= (20 \times 0.59 - 2 \times 8\sqrt{0.59})\text{kN/m}^2$$

$$= -0.49\text{kN/m}^2$$

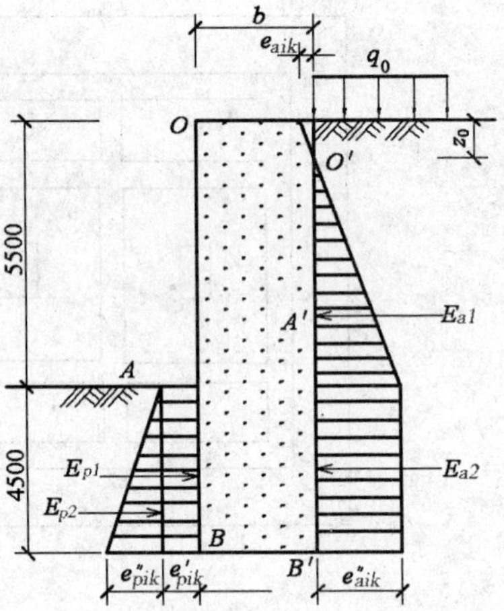

图 1-21 水平荷载及抗力计算简图

AA'截面处:

$$\sigma_{aik} = \sigma_{\gamma k} + \sigma_{0k} + \sigma_{1k}$$

$$= r_{mi}z_i + q_0$$

$$= (18 \times 5.5 + 20)\text{kN/m}^2 = 119\text{kN/m}^2$$

$$e''_{aik} = \sigma_{aik} \cdot K_{ai} - 2c\sqrt{K_{ai}}$$

$$= (119 \times 0.59 - 2 \times 8\sqrt{0.59})\text{kN/m}^2 = 57.9\text{kN/m}^2$$

$$z_0 = \frac{0.49}{57.9 + 0.49} \times 5.5\text{m} = 0.046\text{m}$$

因为 z_0 很小,近似取 $z_0 = 0$

$$E_{a1} = \frac{1}{2}e''_{aik} \cdot h = \frac{1}{2} \times 57.9 \times 5.5\text{kN/m}$$

$$= 159.2\text{kN/m}$$

$$h_{a1} = \frac{1}{3}h + h_d = (\frac{1}{3} \times 5.5 + 4.5)\text{m}$$

$$= 6.33\text{m}$$

$$E_{a2} = e''_{aik} \cdot h_d = (57.9 \times 4.5)\text{kN/m}$$

$$= 260.6\text{kN/m}$$

$$h_{a2} = \frac{1}{2}h_d = \frac{1}{2} \times 4.5\text{m} = 2.25\text{m}$$

$$\Sigma E_{ai} = E_{a1} + E_{a2} = (159.2 + 260.6)\text{kN/m} = 419.8\text{kN/m}$$

$$h_a = \frac{E_{a1}h_{a1} + E_{a2}h_{a2}}{\Sigma E_a} = \frac{159.2 \times 6.33 + 260.6 \times 2.25}{419.8}\text{m} = 3.8\text{m}$$

2) 水平抗力:

$$K_{pi} = \tan^2(45° + \frac{\varphi}{2}) = \tan^2(45° + \frac{15°}{2}) = 1.7$$

AA′截面处:

$$\sigma_{pik} = 0$$

$$e'_{pik}=2c\sqrt{K_{pi}}=(2\times8\sqrt{1.7})\text{kN/m}^2=20.9\text{kN/m}^2$$

$$E_{p1}=e'_{pik}h_d=(20.9\times4.5)\text{kN/m}^2=94.1\text{kN/m}$$

$$h_{p1}=\frac{1}{2}h_d=2.25\text{m}$$

BB'截面处：

$$\sigma_{pik}=\gamma_{mi}z_i=18\times4.5\text{kN/m}^2=81\text{kN/m}^2$$

$$e''_{pik}=\sigma_{pik}K_{pi}=81\times1.7$$

$$=137.7\text{kN/m}^2$$

$$E_{p2}=\frac{1}{2}e''_{pik}\cdot h_d=\frac{1}{2}\times137.7\times4.5\text{kN/m}^2=309.8\text{kN/m}$$

$$h_{p2}=\frac{1}{3}h_d=1.5\text{m}$$

$$\Sigma E_{pj}=E_{p1}+E_{p2}=(94.1+309.8)\text{kN/m}=403.9\text{kN/m}$$

$$h_p=\frac{E_{p1}h_{p1}+E_{p2}h_{p2}}{\Sigma E_p}=\frac{94.1\times2.25+309.8\times1.5}{403.9}\text{m}=1.67\text{m}$$

(3)墙体厚度：

$$b=\sqrt{\frac{2(1.2\gamma_0h_a\Sigma E_{ai}-h_p\Sigma E_{pj})}{\gamma_{cs}(h+h_d)}}$$

$$=\sqrt{\frac{2(1.2\times1.0\times3.8\times419.8-1.67\times403.9)}{19\times(5.5+4.5)}}\text{m}=3.6\text{m}$$

采用2ϕ700水泥土搅拌桩，搭接200mm，格栅式布置，按表取$b=3.70$m，共设置7排。

【例1-22】 土锚杆计算实例：某大厦高24层，地下室2～3层，基础挖土深度13m，如图1-22所示，土质为砂土和卵石，桩基采用直径800mm的人工挖孔的灌注桩，桩距1.5m。工程施工场地狭窄，两面临街，一面紧靠民房，基础挖土不可能放坡大开挖，需用支护结构挡土，垂直开挖，但挡土板桩不能在地面进行拉结，如作为悬臂桩则截面不满足要求，且变形亦大，因此决定采用一道土锚杆拉结板桩。

【解】 (1)土锚杆受力计算：

根据地质资料和施工条件，确定如下参数：

1)土锚杆设置在地面下4.5m处，水平间距1.5m，钻孔的孔径为ϕ140，土锚杆的倾角13°。

2)地面均布荷载按10kN/m^{2}计算。

3)计算主动土压力时，按照土层种类，土的平均重力密度$\gamma_a=19\text{kN/m}^3$，计算被动土压力时，根据土层情况，土的平均重力密度$\gamma_p=19.5\text{kN/m}^3$。主动土压力处土的内摩擦角$\varphi_a=40°$，被动土压力处土的内摩擦角$\varphi_p=45°$，土的内聚力$c=0$。

主动土压力系数 $K_a=\tan^2(45°-\frac{\varphi_a}{2})=\tan^2(45°-\frac{40°}{2})=0.217$

被动土压力系数 $K_p=\tan^2(45°+\frac{\varphi_p}{2})=\tan^2(45°+\frac{45°}{2})=5.83$

①挡土板桩的入土深度计算(如图1-22所示)：

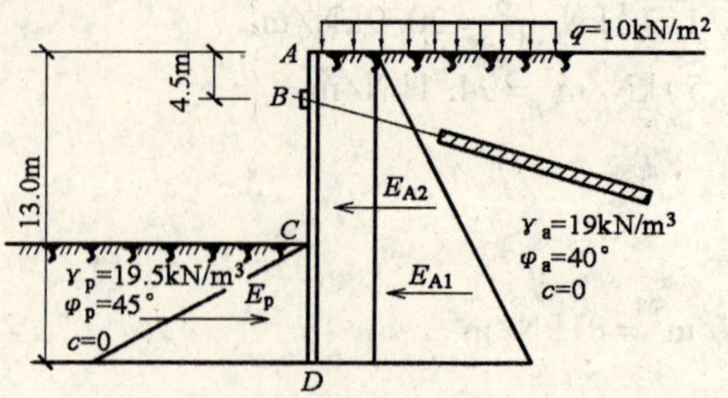

图 1-22　挡土板桩入土深度计算简图

按挡土板桩纵向单位长度计算，则主动土压力：

$$E_{A1}=\frac{1}{2}\gamma_a(h+t)^2K_a$$
$$=\frac{1}{2}\times19\times(13+t)^2\times0.217$$

由地面荷载引起的附加压力：

$$E_{A2}=q(h+t)K_a$$
$$=10\times(13+t)\times0.217$$

被动土压力：

$$E_p=\frac{1}{2}\gamma_p t^2K_p$$
$$=\frac{1}{2}\times19.5\times t^2\times5.83$$

由 $\Sigma M_B=0$ 得

$$\frac{1}{2}\times19\times(13+t)^2\times0.217\times[\frac{2}{3}(13+t)-4.5]+10\times(13+t)\times0.217\times$$
$$[\frac{1}{2}(13+t)-4.5]-\frac{1}{2}\times19.5\times t^2\times5.83\times(\frac{2}{3}t+13-4.5)=0$$

解之，得 $t=2.26$m，取板桩入土深度为 2.30m。

②计算土锚杆的水平拉力：

根据板桩入土深度 $t=2.30$m，则

$$E_{A1}=\frac{1}{2}\gamma_a(h+t)^2K_a=[\frac{1}{2}\times19\times(13+2.3)^2\times0.217]\text{kN}=482.6\text{kN}$$

$$E_{A2}=q(h+t)K_a=[10\times(13+2.3)\times0.127]\text{kN}=19.43\text{kN}$$

$$E_p=\frac{1}{2}\gamma_p t^2K_p=(\frac{1}{2}\times19.5\times2.3^2\times5.83)\text{kN}=301\text{kN}$$

由 $\Sigma M_D=0$ 可求出土锚杆所承受拉力 T 的水平分力 T_d：

$$T_d(13+2.3-4.5)=E_{A1}\times\frac{13+2.3}{3}+E_{A2}\times\frac{13+2.3}{2}-E_p\times\frac{2.3}{3}$$

将上述 E_{A1}、E_{A2}、E_p 的数值代入，则求得：$T_d=220.29$kN

由于土锚杆的间距在 1.5m，所以每根锚杆所承受拉力的水平分力为：

$$T_{d1.5}=(1.5\times220.29)\text{kN}=330.4\text{kN}$$

(2)土锚杆抗拔计算

土层锚杆锚固段所在的砂土层：$\gamma = 19\text{kN/m}^3$，$\varphi = 37°$，$K_0 = 1$。

1)求土锚杆的非锚固段长度(BF)：

由图1-23可知：

$$BE = (13 + 2.3 - 4.5) \times \tan(45° - \frac{\varphi}{2}) = 10.8 \times \tan 26.5° = 5.38\text{m}$$

根据正弦定律：

$$\frac{BE}{\sin\angle BFE} = \frac{BF}{\sin\angle BEF}$$

$$\therefore \quad BF = \frac{BE\sin\angle BEF}{\sin\angle BFE}$$

而

$$\angle BEF = 90° - (45° - \frac{\varphi}{2}) = 90° - (45° - \frac{37°}{2}) = 63.5°$$

$$\angle BFE = 180° - \alpha - 63.5° = 180° - 13° - 63.5° = 103.5°$$

因此 $BF = \dfrac{5.38 \times \sin 63.5°}{\sin 103.5°} = 4.95\text{m}$

非锚固段长度为4.95m。

2)求土锚杆的锚固段长度：

土锚杆拉力的水平分为 $T_{d1.5} = 330.4\text{kN}$，而土锚杆的倾角 $\alpha = 13°$，则该土锚杆的轴向拉力 $T = 330.4/\cos 13°\text{kN} = 339\text{kN}$。

该土锚杆非高压灌浆，按下式计算土体抗剪强度：

$\tau_z = c + k_0\gamma h\tan\varphi$

假定锚固段长度为10m，图1-23中的 O 点为锚固段的中点，则

$$BO = BF + FO = (4.95 + 5.00)\text{m} = 9.95\text{m}$$

锚固段中点 O 至地面的距离

$$h = 4.5 + BO\sin 13° = (4.5 + 9.95\sin 13°)\text{m} = 6.74\text{m}$$

所以 $\tau_z = c + k_0\gamma h\tan\varphi = (0 + 1 \times 19 \times 6.74 \times \tan 37°)\text{kN/m}^2 = 96.5\text{kN/m}^2$

如果取安全系数 $K = 1.50$，则锚固段长度：

$$l = \frac{T \cdot K}{\pi d\tau_z} = \frac{353.8 \times 1.5}{\pi \times 0.14 \times 96.5}\text{m} = 12.50\text{m}$$

因此，原假定锚固段长度10m应予以修正。所以

$$h = 4.5 + (4.95 + \frac{12.5}{2})\sin 13° = 7.02$$

所以 $\tau_z = c + k_0\gamma h\tan\varphi = (0 + 1 \times 19 \times 7.02 \times \tan 37°)\text{kN/m}^2$

$= 100.5\text{kN/m}^2$

锚固段长度 $l = \dfrac{T \cdot K}{\pi d\tau_z} = \dfrac{353.8 \times 1.5}{\pi \times 0.14 \times 100.5}\text{m} = 12\text{m}$

最后确定取锚固段长度为12m。

(3)钢拉杆截面选择：

如钢拉杆选用1ϕ40，则其抗拉设计强度为：

$$A_s f_y = [3.14 \times (\frac{40}{2})^2 \times 290]\text{kN} = 364.24\text{kN} > T = 353.8\text{kN}$$ 满足要求。

(4)土锚杆的深部破裂面稳定性验算(如图 1-24 所示)

每根土层锚杆的水平分力 $T_{A1.5} = 330.4\text{kN}$

$$\theta = \arctan \frac{(13+2.3)-7.02}{(4.95+\frac{12}{2})\cos 13^\circ} = 37.8^\circ$$

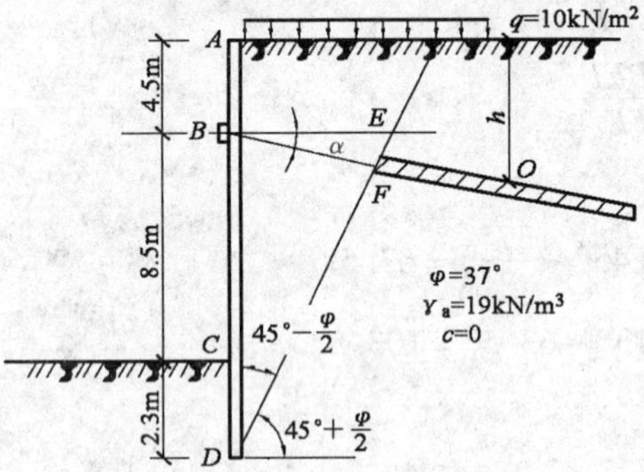

图 1-23 锚固段长度计算简图

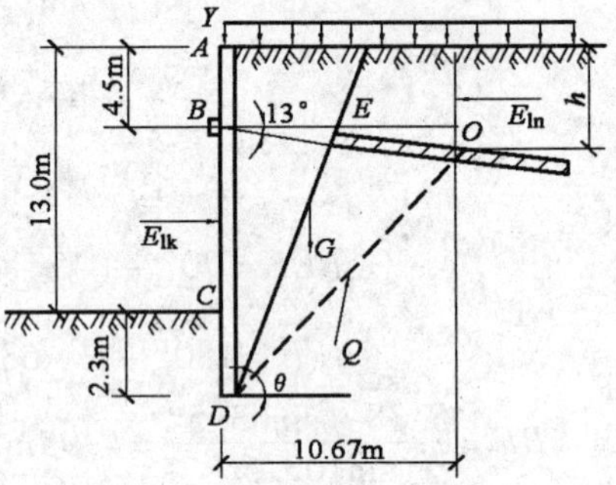

图 1-24 深部破裂面稳定性验算

土体重力 $G = [\frac{7.02+(13+2.3)}{2} \times 10.67 \times 1.5 \times 19]\text{kN} = 3393.7\text{kN}$

设 $\delta = 0$,则作用在支护结构上主动土压力的反作用力(考虑地面荷载)为:

$$E_{ah} = \frac{1}{2}\gamma H^2 K_a 1.5 + qHK_a 1.5$$

$$= [\frac{1}{2} \times 19 \times (13+2.3)^2 \times \tan^2(45^\circ - \frac{37^\circ}{2}) \times 1.5 + 10 \times (13+2.3) \times \tan^2(45^\circ - \frac{37^\circ}{2}) \times 1.5]\text{kN}$$

$$= 884.2\text{kN}$$

作用在假想墙上的主动土压力:

$$E_{1h} = \frac{1}{2}\gamma h^2 K_a 1.5 + qhK_a 1.5$$

$$= [\frac{1}{2} \times 19 \times 7.02^2 \times \tan^2(45^\circ - \frac{37^\circ}{2}) \times 1.5 + 10 \times 7.02 \times \tan^2(45^\circ - \frac{37^\circ}{2}) \times 1.5]\text{kN}$$

$$= 200.3\text{kN}$$

根据下式得:

$$KA_h = \frac{E_{ah} - E_{1h} + (G + E_{1h}\tan\delta - E_{ah}\tan\delta)\tan(\varphi - \theta)}{1 + \tan\alpha\tan(\varphi - \theta)}$$

$$= \frac{884.2 - 200.3 + (3393.7 + 0 - 0)\tan(37^\circ - 37.8^\circ)}{1 + \tan 13^\circ \tan(37^\circ - 37.8^\circ)}\text{kN}$$

$$= 638.4\text{kN}$$

安全系数 $f = \frac{KA_h}{YA_h} = \frac{638.4}{330.4} = 1.93 > 1.50$

所以,该土锚杆的深部破裂面稳定性可以保证。

【例 1-23】 某工程挖地坑,如图 1-25 所示,三面支挡土板一面放坡,放坡系数 0.33,地坑尺寸 4m × 4m。求其土方工程量及支挡土板工程量。

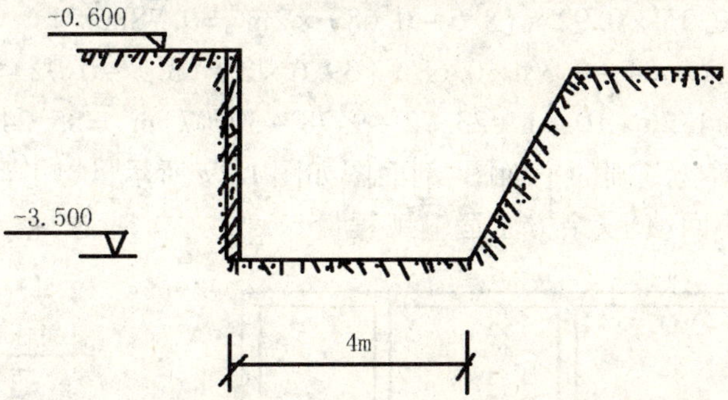

图 1-25 挖地坑示意图

【解】 土方工程量 $= 4 \times 4 \times (3.5 - 0.6)\,m^3$

$= 46.4\,m^3$

清单计价不考虑放坡。

支挡土板工程量 $= 4 \times (3.5 - 0.6) \times 3\,m^2$

$= 34.8\,m^2$

【例 1-24】 某建筑物的基础如图 1-26 所示,计算挖地槽工程量。

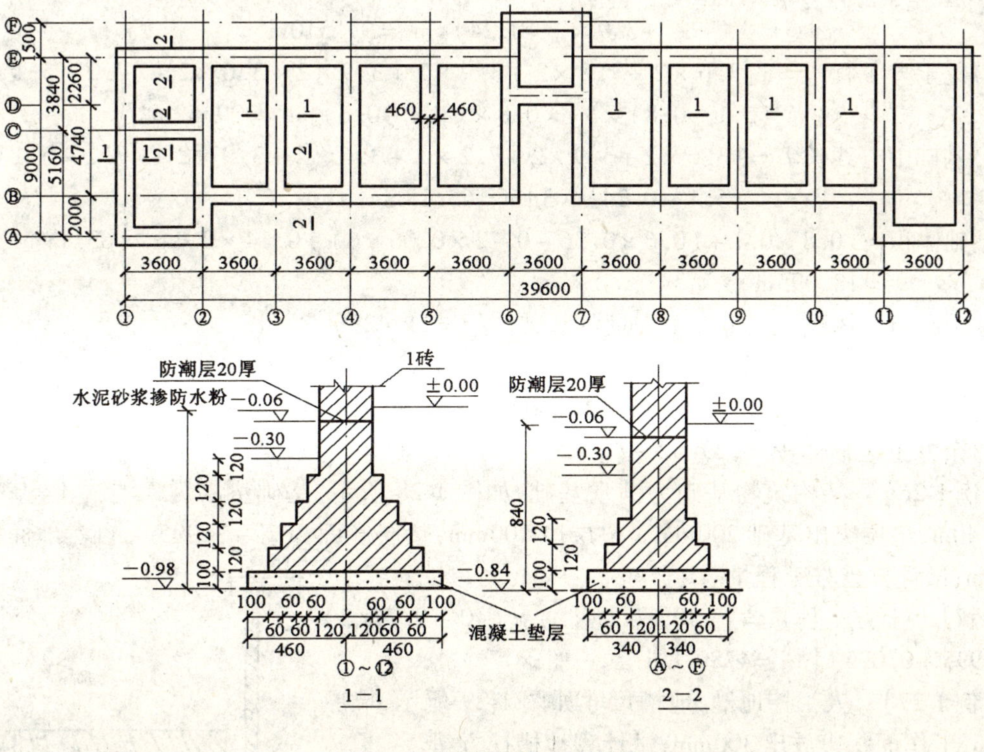

图 1-26 基础挖地槽示意图

【解】 计算次序按轴线编号,从左至右自下而上。基础宽度相同者合并。

①、⑫轴：室外地面至槽底的深度×槽宽×长 = $(0.98-0.3)\times0.92\times9\times2m^3=11.26m^3$

②、⑪轴：$(0.98-0.3)\times0.92\times(9-0.68)\times2m^3=10.41m^3$

③、④、⑤、⑧、⑨、⑩轴：$(0.98-0.3)\times0.92\times(7-0.68)\times6m^3=23.72m^3$

⑥、⑦轴：$(0.98-0.3)\times0.92\times(8.5-0.68)\times2m^3=9.78m^3$

A、B、C、D、E、F 轴：$(0.84-0.3)\times0.68\times[39.6\times2+(3.6-0.92)]m^3=30.07m^3$

挖地槽工程量 = $(11.26+10.41+23.72+9.78+30.07)m^3=85.24m^3$

【例 1-25】 某建筑物基础的平面图、剖面图如图 1-27 所示，试计算该建筑物平整场地、挖土方、基础回填土、房心回填土、余方土运输工程量。

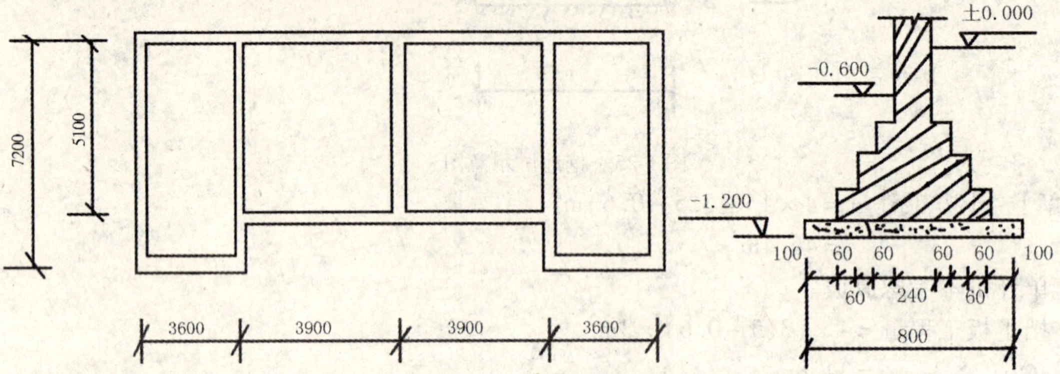

图 1-27 基础示意图

【解】 1）平整场地工程量 = $[(3.9\times2+3.6\times2+0.24)\times(7.2+0.24)-(7.2-5.1)\times(3.9\times2-0.24)]m^2=97.510m^2$

2）挖土方工程量 = $\{[3.6\times2+7.2\times2+3.9\times2+3.9\times2+3.6\times2+(7.2-5.1)\times2+(5.1-0.8)\times3]\times0.8\times(1.2-0.6)\}m^3=29.52m^3$

3）基础中心线长 $L=[3.6\times2+3.9\times2+7.2\times2+3.6\times2+3.9\times2+(7.2-5.1)\times2+(5.1-0.24)\times3]m=63.18m$

基础体积 = $[0.8\times0.1+(0.6\times0.36-0.12\times0.06\times6)+0.14\times0.24]\times63.18m^3$ $=18.095m^3$

基础回填土体积 = 挖土方工程量 − 基础体积 = $11.425m^3$

4）房心回填土工程量 = $\{[(3.6-0.24)\times(7.2-0.24)\times2+(3.9-0.24)\times(5.1-0.24)\times2]\times0.6\}m^3=49.408m^3$

5）余方土运输体积 = $(29.52-11.425-49.408)m^3=-31.313m^3$

【例 1-26】 某构筑物基础为满堂基础，如图 1-28 所示，基础垫层为素混凝土，基础尺寸 $20m\times40m$，垫层突出基础 200mm。垫层厚 100mm，垫层底面标高 −3.995m，自然地面标高 −0.095m，试计算土方工程量。

【解】 土方工程量 = $[(30+0.2\times2)\times(40+0.2\times2)\times(3.995-0.095)]m^3=4789.8m^3$

【例 1-27】 人工挖地槽，地槽尺寸如图 1-29 所示，墙厚 240mm，工作面每边放出 300mm，试计算地槽挖方量。

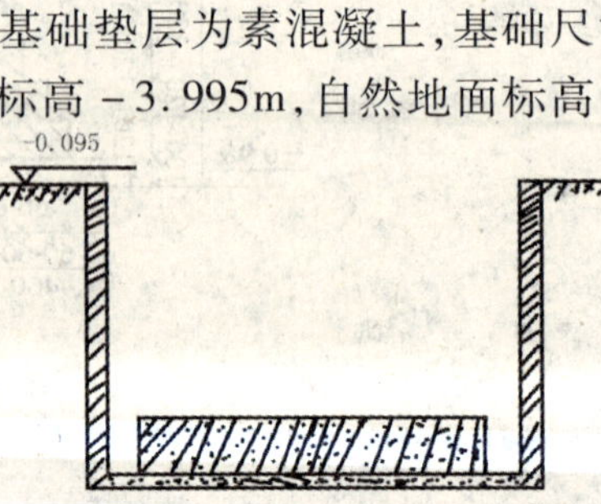

图 1-28 地坑断面图

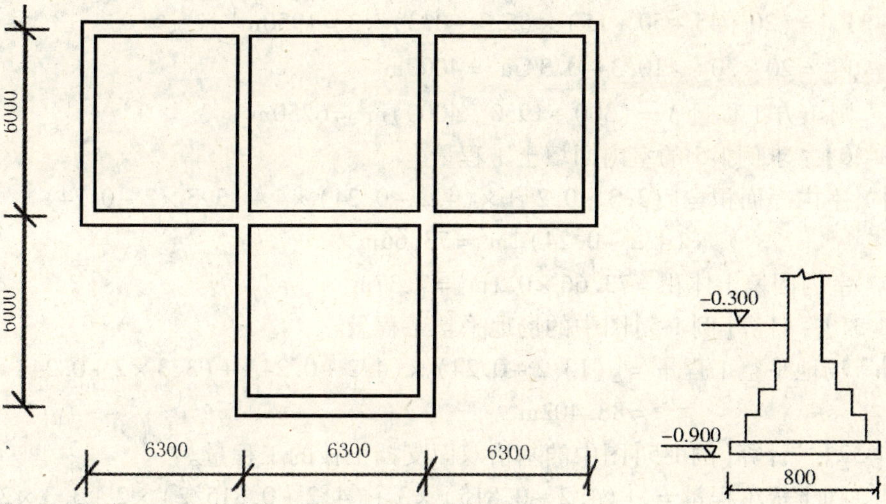

图 1-29　挖地槽示意图

【解】　外墙基槽线长：

$(6.3\times3\times2+6\times4)\text{m}=61.8\text{m}$

内墙基槽线长：$[6.3-0.8+(6-0.8)\times2]\text{m}=15.9\text{m}$

地槽挖方量 $=(15.9+61.8)\times(0.9-0.3)\times0.8\text{m}^3=37.30\text{m}^3$

【例 1-28】　某工程方形柱基，如图 1-30 所示。基础尺寸 600mm × 600mm × 500mm，试计算基坑土方回填量。

【解】　基础体积：

$[0.8\times0.8\times0.1+0.6\times0.6\times0.5+0.36\times0.36\times0.06+(1.1-0.1-0.5-0.06-0.2)\times0.24\times0.24]\text{m}^3$

$=0.2656\text{m}^3$

基坑挖方体积：

$0.8\times0.8\times(1.1-0.2)\text{m}^3=0.576\text{m}^3$

则基坑土方回填量 $=(0.576-0.2656)\text{m}^3=0.3104\text{m}^3$

【例 1-29】　试计算如图 1-31 所示的挖土方工程量，已知地坪标高 -0.300m。图示尺寸为底部尺寸，放坡系数为 0.33。

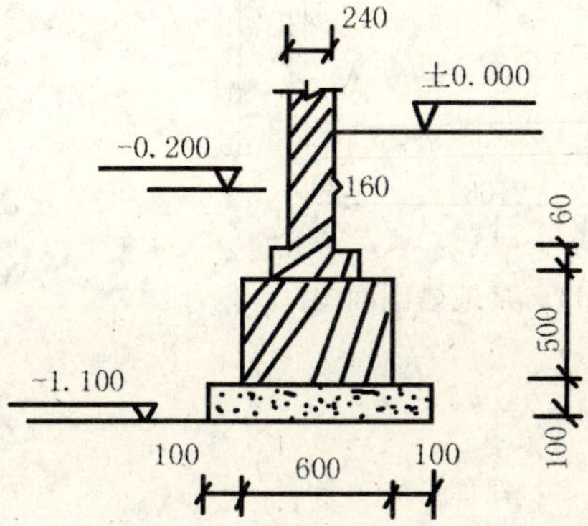

图 1-30　方形柱基示意图

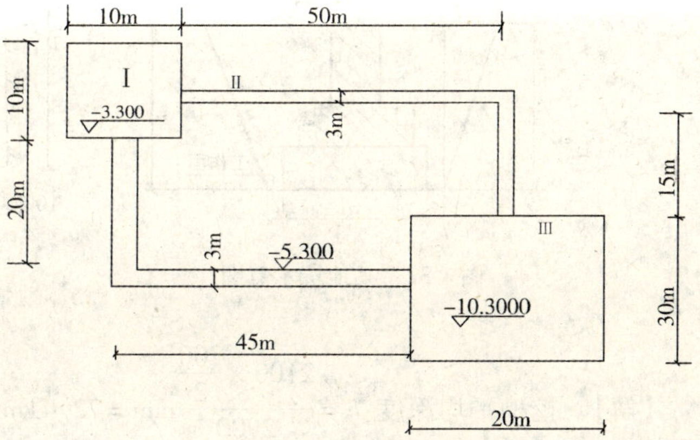

图 1-31　基础平面图

【解】 $V_{\text{I}} = (3.3 - 0.3) \times 10 \times 10\text{m}^3 = 300\text{m}^3$

$V_{\text{II}} = (20 + 45 + 50 + 15) \times (5.3 - 0.3) \times 3 = 1950\text{m}^3$

$V_{\text{III}} = 20 \times 20 \times (10.3 - 0.3)\text{m}^3 = 4000\text{m}^3$

则土方工程量 $V = (300 + 1950 + 4000)\text{m}^3 = 6250\text{m}^3$

【例 1-30】 求例 1-5 的室内回填土工程量。

【解】 室内净面积 $= [(3.3 - 0.24) \times (4.2 - 0.24) \times 4 + (3.3 \times 2 - 0.24) \times (4.2 - 0.24)]\text{m}^2 = 73.66\text{m}^2$

室内回填土体积 $= 73.66 \times 0.1\text{m}^3 = 7.37\text{m}^3$

【例 1-31】 计算【例 1-5】图中的场地平整工程量。

【解】 场地平整工程量 $= [(13.2 + 0.24) \times (4.2 + 0.24) + (3.3 \times 2 + 0.24) \times 4.2]\text{m}^2 = 88.402\text{m}^2$

【例 1-32】 计算【例 1-5】图中的基槽双面支挡土板的工程量。

【解】 挡土板工程量 $= \{[(4.2 - 0.815) \times 3 + (4.2 - 0.815/2) \times 2 + 3.3 \times 2] \times (0.8 - 0.1) \times 2 + [(13.2 \times 2 + 4.2 \times 2) \times (1.0 - 0.1) \times 2 - 0.815 \times 0.9 \times 5]\}\text{m}^2 = 93.05\text{m}^2$

【例 1-33】 如图 1-32 图中 $a = b = 1.2\text{m}$，$a_1 = b_1 = 2.52\text{m}$，求人工挖地坑的工程量。已考虑坡度系数 k = 0.33，不考虑工作面。

【解】 $V = \dfrac{H}{6}[ab + (a + a_1)(b + b_1) + a_1 b_1]$

a、b 为下底边长，a_1、b_1 为上口边长。

人工挖地坑 $= \dfrac{2}{6}[1.2^2 + (1.2 + 2.52)^2 + 2.52^2]\text{m}^3 = 7.21\text{m}^3$

【例 1-34】 如图 1-33 所示为在某一倾斜场地上挖地槽，截面尺寸如图，槽长 105m，求挖槽土方体积。

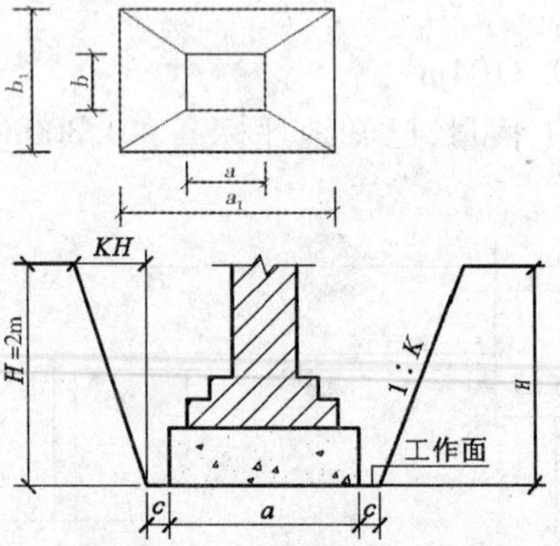

图 1-32 某地坑示意图

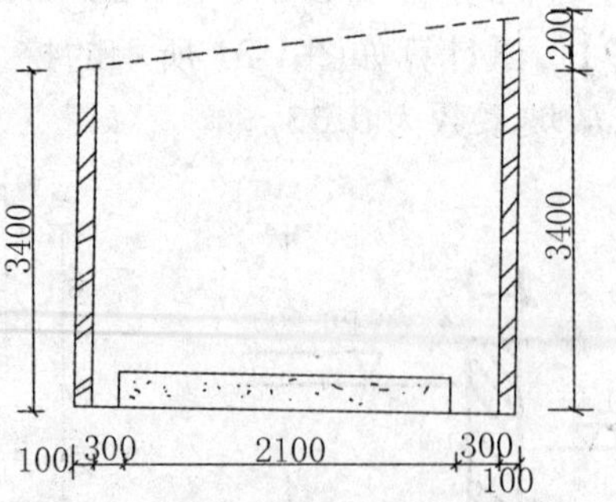

图 1-33 某地槽剖面图

【解】 挖槽平均深度：$h = \dfrac{2100 \times \dfrac{200}{2}}{2900}\text{mm} = 72.41\text{mm}$

挖槽土方体积：

$$(3.4+0.07241)\times2.1\times105m^3=765.67m^3$$

【例 1-35】 某基槽截面图如图 1-34 所示，槽长 100m，基础截面积为 $0.368m^2$，求基础回填土方工程量。

【解】 基础回填土方工程量 $=[1.5\times(3.1-0.3)\times100-0.368\times100]m^3$

$=383.2m^3$

【例 1-36】 如图 1-35 所示，槽长 120m，槽深 1.2m，采用钢筋混凝土独立基础，求其基础土方回填工程量。

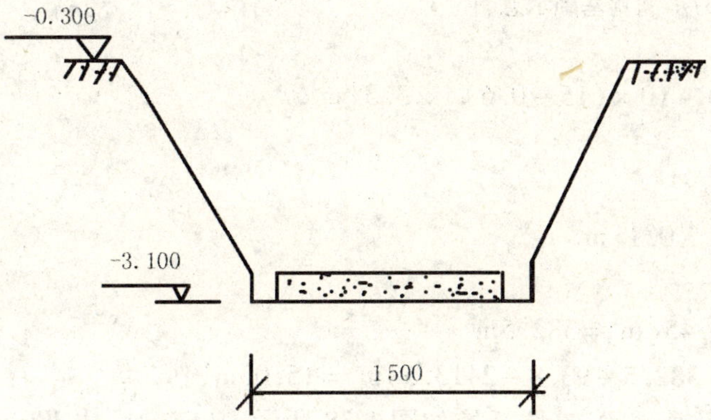

图 1-34 基槽截面图

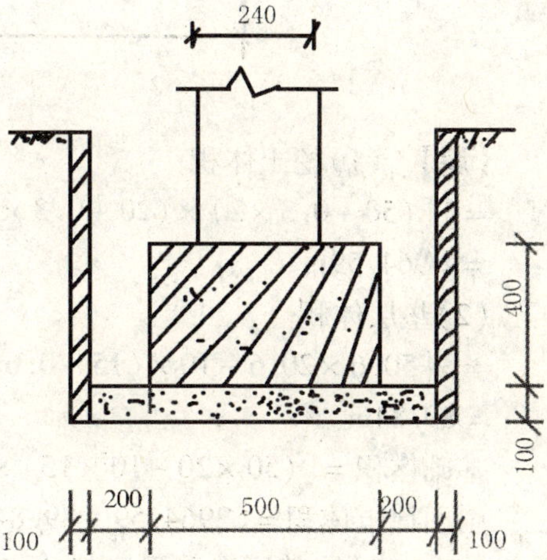

图 1-35 基槽断面图

【解】 土方回填工程量 $=[120\times1.2\times(0.5+0.2\times2)-120\times0.1\times(0.5+0.2\times2)-0.4\times0.5\times120-(1.2-0.5)\times0.24\times120]m^3$

$=74.64m^3$

【例 1-37】 如图 1-36 所示，槽深 1.8m，槽长 120m，基槽采用一面支木挡土板，一面放坡，试求其基槽土方开挖量及基础回填土量。

【解】 基槽土方开挖量

$=1.8\times120\times(0.7+0.2\times2+0.3\times2)m^3$

$=367.2m^3$

基础体积 + 垫层体积

$=120\times[1.1\times0.1+0.7\times0.5+(1.8-0.5-0.1)\times0.37]m^3$

$=108.48m^3$

则基础回填土量 $=(367.2-108.48)m^3$

$=258.72m^3$

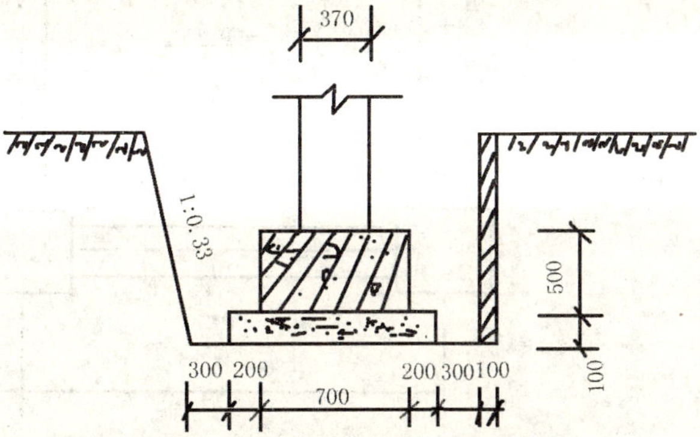

图 1-36 基槽开挖断面图

【例 1-38】 如图 1-37 所示满堂基础，垫层底至自然地面标高为 3.3m，(1) 试计算挖土体积；(2) 垫层厚 100mm，筏板厚 450mm，自然地面下墙体体积为 $93.8m^3$，墙体所围空间为 $2\ 413.5m^3$，求其回填土体积。

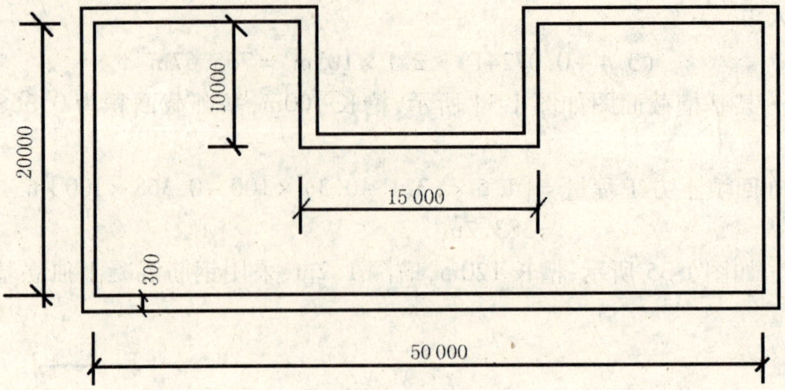

图 1-37　满堂基础示意图

【解】　(1)挖土体积

$=\{[(50+0.3\times2)\times(20+0.3\times2)-10\times(15-0.6)]\times3.3\}m^3$

$=2\,964.59m^3$

(2)垫层体积

$=\{[50.6\times20.6-10\times(15-0.6)]\times0.1\}m^3$

$=89.84m^3$

基础体积 $=[(50\times20-10\times15)\times0.45]m^3=382.5m^3$

则回填土体积 $=(2964.59-89.84-382.5-93.8-2413.5)m^3=15.05m^3$

【例 1-39】　某厂房采用柱基，同时设基础梁，基坑开挖如图 1-38 所示，基础梁尺寸 300×300，基础尺寸 500×500×400，柱基基坑开挖放坡，放坡系数 0.33，求土石方工程量。

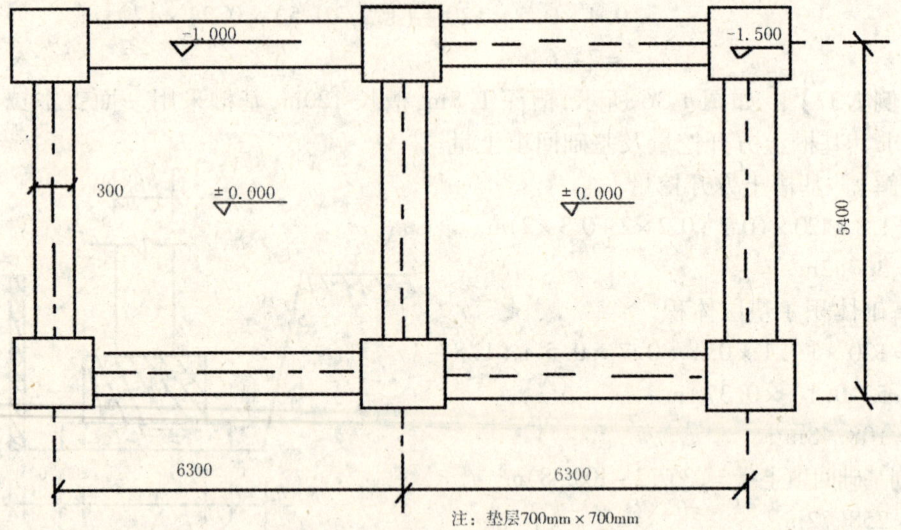

图 1-38　基坑开挖平面图

【解】　柱基基坑开挖量 $=0.7\times0.7\times1.5\times6m^3=4.41m^3$

基础梁土方开挖量 $=[(6.3-0.7)\times4+(5.4-0.7)\times3]\times0.3\times1.0m^3$

$=10.95m^3$

则土方开挖量 $=(4.41+10.95)m^3=15.36m^3$

【例1-40】 计算图1-39所示土方工程（挖土）定额直接费。已知：自然地面标高为±0.00m，地下水位标高为-4.0m，如图所示尺寸均为底部尺寸，土壤为砂砾坚土，采用人工放坡开挖。

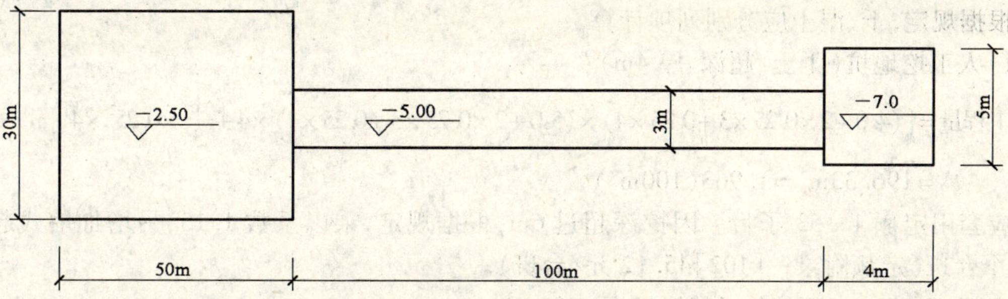

图1-39 土方开挖示意图

【解】 (1)30m×50m基坑定额直接费计算

坑底面积大于$20m^2$且双向尺寸大于3m，属于"人工挖土方"项目。

挖深2.5m，坑底高于地下水位，为干土。挖深大于砂砾坚土放坡起点深度(2.0m)，需放坡。查放坡系数表得砂砾坚土放坡系数 $K=0.25$。

$$工程量=[(30+0.25\times2.5)\times(50+0.25\times2.5)\times2.5+\frac{1}{3}\times0.25^2\times2.5^3]m^3$$

$$=3876.3m^3=38.763(100m^3)$$

根据已知条件，人工挖土方，挖深2.5m，干砂砾坚土人工开挖应套用定额1-19子目，其基价为：825.08元/$100m^3$。

人工挖土方定额直接费=825.08×38.763元=31 982.58元

(2)100m长基槽定额直接费计算

基槽宽度不大于3m，且长是宽的3倍以上，属于"人工挖地槽"项目。基槽挖深为5.0m，槽底位于地下水位以下，干土厚度4m，湿十厚度1m，且挖深超过4m。根据定额规定干、湿土应分别列项计算。

1)人工挖地槽(干土、超深、厚4m)：

工程量 $=100\times(3.0+2\times0.25\times1+0.25\times4)\times4m^3=1800m^3=18.00(100m^3)$

应套用定额1-41子目，且应进行超深换算，换算系数1.1，定额基价为：1081.70元/$100m^3$。

则按定额(1-41)换定额基价=1081.70×1.1元/$100m^3$=1189.87元/$100m^3$

定额直接费=1189.87×18元=21417.66元

2)人工挖地槽(湿土、超深、厚1m)：

工程量 $=100\times(3.0+0.25\times1)\times1m^3=325m^3=3.25(100m^3)$

应套用定额1-41子目，且应进行湿土换算(换算系数1.18)和超深换算(换算系数1.10)。

查1-41子目，定额基价为：1081.70元/$100m^3$

(1-41)换定额基价=1081.70×1.18×1.10元/$100m^3$

=1404.05元/$100m^3$

定额直接费 = 1404.05 × 3.25 元 = 4563.16 元

(3) 4m × 5m 基坑定额直接费计算

底面积为 $20m^2$，不大于 $20m^2$，属于"人工挖地坑"项目。

挖深 7m，坑底在地下水位以下，其中干土厚 4m，湿土厚 3m，挖深超过 4m，须进行超深换算。根据规定，干、湿土应分别列项计算。

1) 人工挖地坑（干土、超深、厚 4m）：

$$工程量 = [(4.0+2\times0.25\times3+0.25\times4)\times(5.0+2\times0.25\times3+0.25\times4)\times4+\frac{1}{3}\times0.25^2\times4^3]m^3$$

$$= 196.33m^3 = 1.963(100m^3)$$

应套用定额 1－53 子目。因挖深超过 6m，根据规定，乘以系数 1.15，另增加塔式起重机 3.25 个台班（定额附录—[102]45.12 元/台班）。

定额（1－53）定额基价：1195.65 元/$100m^3$

定额（1－53）换定额基价：(1195.65 × 1.15 + 3.25 × 45.12) 元/$100m^3$ = 1521.64 元/$100m^3$

定额直接费：1521.64 × 1.963 元 = 2986.98 元

2) 人工挖地坑（湿土、超挖、厚 3m）：

$$工程量 = [(4+0.25\times3)\times(5+0.25\times3)\times3+\frac{1}{3}\times0.25^2\times3^3]m^3 = 82.5m^3$$

$$= 0.825(100m^3)$$

应套用定额 1－53 子目，需进行超深换算（同上）和湿土换算（换算系数 1.18）。

(1－53) 换定额基价：(1195.65 × 1.15 + 45.12 × 3.25) × 1.18 元/$100m^3$ = 1795.53 元/$100m^3$

定额直接费：1795.53 元 × 0.825 = 1481.32 元

(4) 定额直接费合计：

(31982.58 + 21417.66 + 4563.16 + 2986.98 + 1481.32) 元 = 62431.70 元

【例 1-41】 假设例 1-40 中的基础截面尺寸如图 1-40 所示，求其基础回填土工程量。

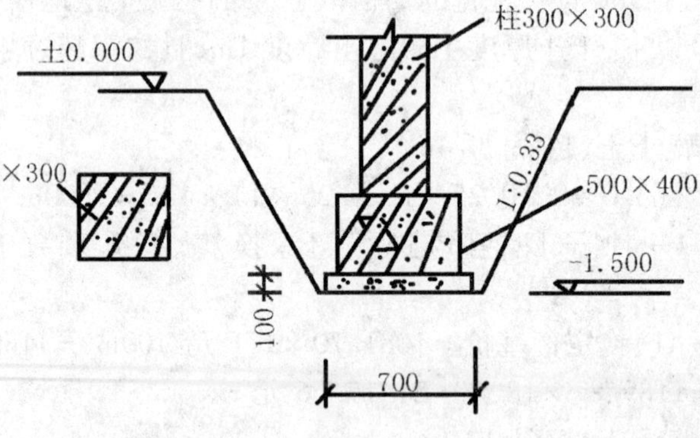

图 1-40 基础断面图

【解】 基础体积 + 垫层体积

$= [(0.7\times0.7\times0.1+0.5\times0.5\times0.4+0.3\times0.3\times(1.5-0.1-0.4)]\times6m^3 = 1.434m^3$

基础梁体积：$0.3\times0.3\times[(6.3-0.3)\times4+(5.4-0.3)\times3]m^3 = 3.537m^3$

则土方回填工程量 = $(10.95-1.434-3.537)m^3 = 5.98m^3$

【例 1-42】 如图 1-41 所示求基础回填土方工程量。

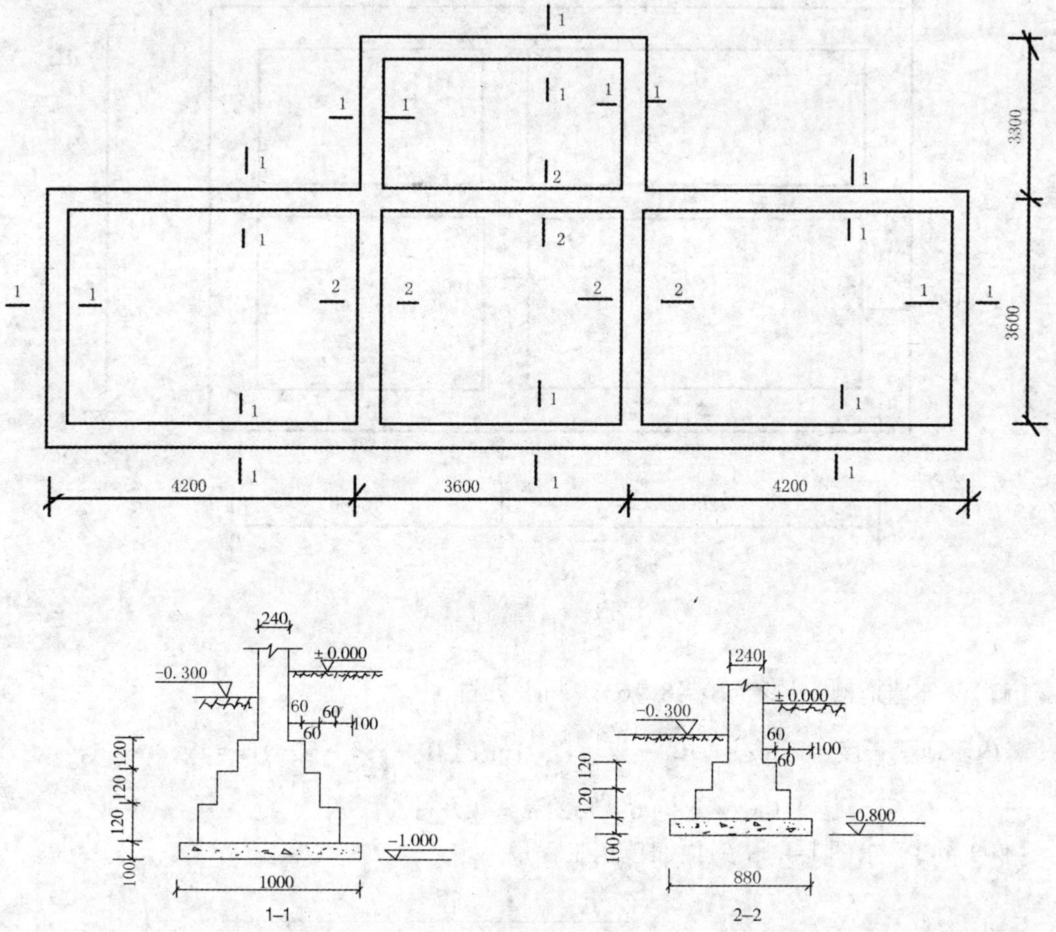

图 1-41 基础开挖示意图

【解】 1—1 截面的中心线总长：$(3.6+3.3\times2+4.2\times2+3.6\times2+4.2\times2+3.6)\text{m}$

$=37.8\text{m}$

2—2 截面的净长线总长：$[(3.6-1.0)\times2+(3.6-1.0)]\text{m}=7.8\text{m}$

1—1 基础截面面积：

$[1.0\times0.1+0.8\times0.36-0.12\times0.06\times6+(1.0-0.36-0.1-0.3)\times0.24]\text{m}^2$

$=0.4024\text{m}^2$

2—2 基础截面面积：$[0.88\times0.1+0.48\times0.24-0.12\times0.06\times2+(0.8-0.3-0.12\times2-0.1)\times0.24]\text{m}^2$

$=0.2272\text{m}^2$

则回填土体积 $=[37.8\times1.0\times(1.0-0.3)+7.8\times0.88\times(0.8-0.3)-37.8\times0.4024-7.8\times0.2272]\text{m}^3=12.91\text{m}^3$

【例 1-43】 根据图 1-42 所示计算地槽长度。

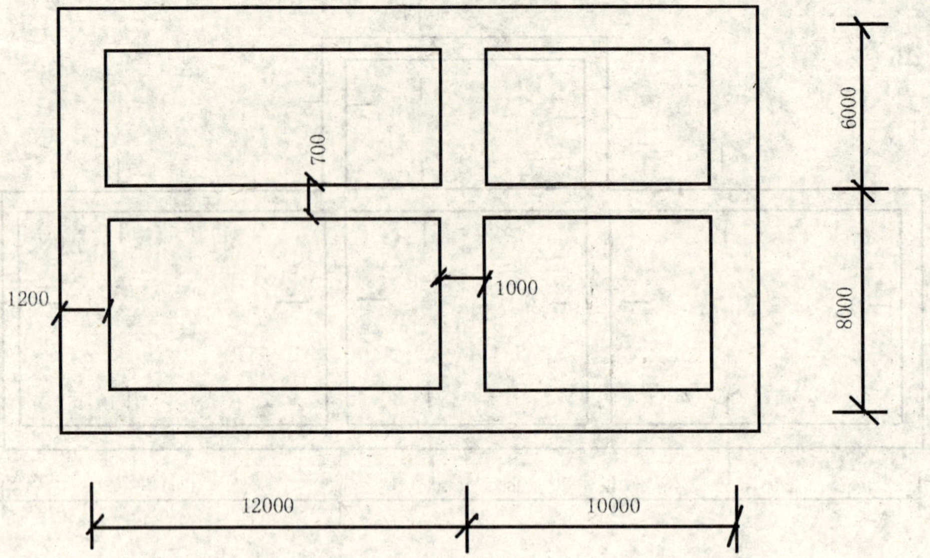

图 1-42　基础平面图

【解】　外墙地槽 = (12 + 10 + 8 + 6) × 2m = 72m

内墙地槽长度:0.7m：　$(12-\frac{1.2}{2}-\frac{1.0}{2})\text{m}+(10-\frac{1.2}{2}-\frac{1.0}{2})\text{m}=19.8\text{m}$

1.0m：　(8 + 6 − 1.2)m = 12.8m

【例 1-44】　求图 1-43 中室内回填土工程量。

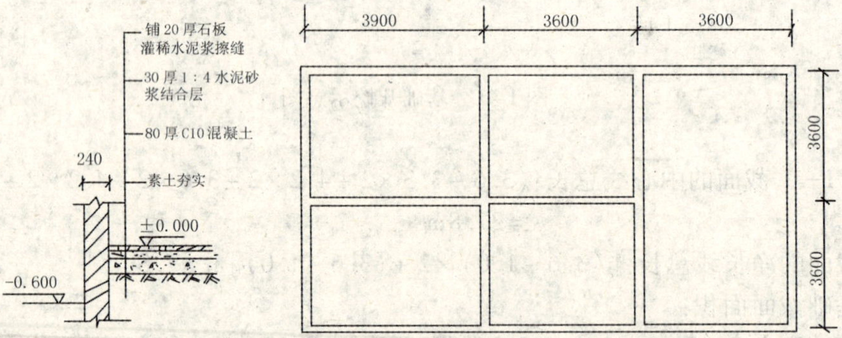

图 1-43　基础平面示意图

【解】　室内回填土厚度 = (0.600 − 0.020 − 0.030 − 0.080)m = 0.47m

室内回填土面积 = [(3.9 − 0.24) × (3.6 − 0.24) × 2 + (3.6 − 0.24) × (3.6 − 0.24) × 2 + (3.6 − 0.24) × (3.6 × 2 − 0.24)]m^2

= 70.56m^2

则室内回填土体积 = 70.56 × 0.47m^3 = 33.16m^3

【例 1-45】　某场地西高东低,如图 1-44 所示,试计算当场地填至标高为 1536.40m 时所需的土方量。

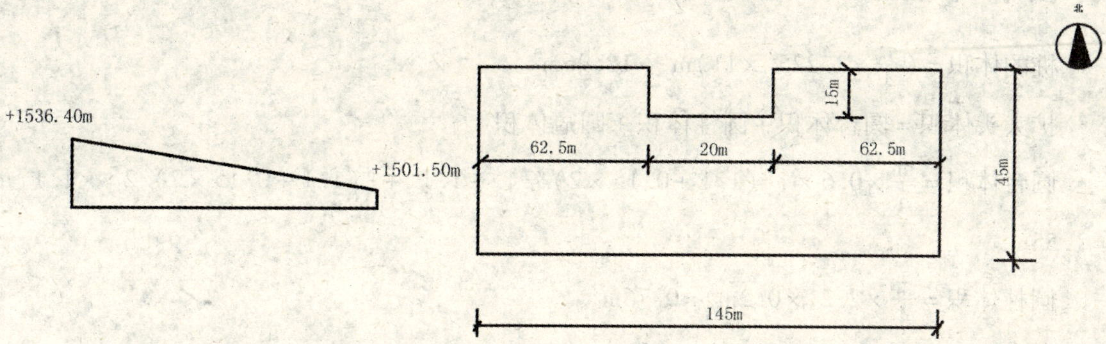

图 1-44　场地平整示意图

【解】　平均回填厚度：$\frac{1536.40-1501.50}{2}\text{m}=17.45\text{m}$

回填面积：$(145\times45-20\times15)\text{m}^2=6225\text{m}^2$

则所需土方量 $=6225\times17.45\text{m}^3=1.086\times10^5\text{m}^3$

【例 1-46】　求图 1-45 所示人工挖孔桩的工程量。

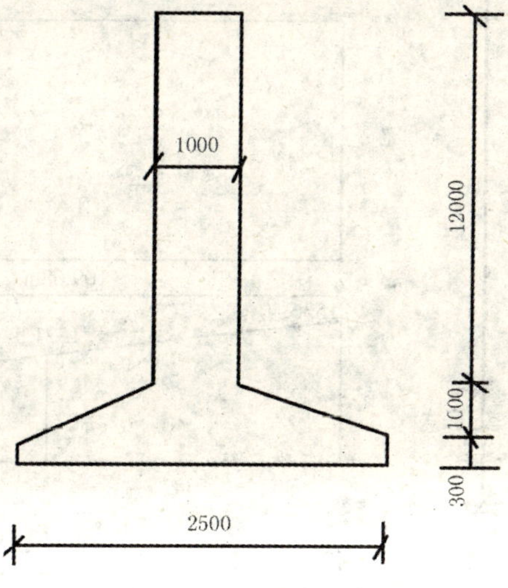

图 1-45　人工挖孔桩示意图

【解】　柱子体积：$\frac{\pi}{4}\times1^2\times12\text{m}^3=9.42\text{m}^3$

圆台体积：

$$\left[\frac{\pi}{3}\times1.0\times(0.5^2+1.25^2+0.5\times1.25)+\frac{\pi}{4}\times2.5^2\times0.3\right]\text{m}^3=4.02\text{m}^3$$

则人工挖孔桩工程量

$V=(9.42+4.02)\text{m}^3=13.44\text{m}^3$

【例 1-47】　试计算图 1-46 人工挖孔桩工程量。

【解】 平均桩径 $=(1.1+\frac{0.15+0.1}{2})\text{m}=1.225\text{m}$

桩的体积 $=(\frac{\pi}{4}\times1.225^2\times11)\text{m}^3=12.96\text{m}^3$

扩大头体积 = 圆台体积 + 圆柱体积 + 圆冠体积

圆台体积 $=\frac{\pi}{3}\times0.6\times\{[(1.1+0.15\times2)/2]^2+1.1^2+[(1.1+0.15\times2)/2]\times1.1\}\text{m}^3$ $=1.55\text{m}^3$

圆柱体积 $=\frac{\pi}{4}\times2.2^2\times0.2\text{m}^3=0.76\text{m}^3$

圆冠体积 $=\pi\times0.6^2\times(\frac{0.6^2+1.1^2}{2\times0.6}-\frac{0.6}{3})\text{m}^3=1.25\text{m}^3$

则人工挖孔桩工程量 $=(12.96+1.55+0.76+1.25)\text{m}^3=16.52\text{m}^3$

【例 1-48】 如图 1－47 所示，计算当平整场地后标高为 1510.00m 时，所需的外运或运进土方量。

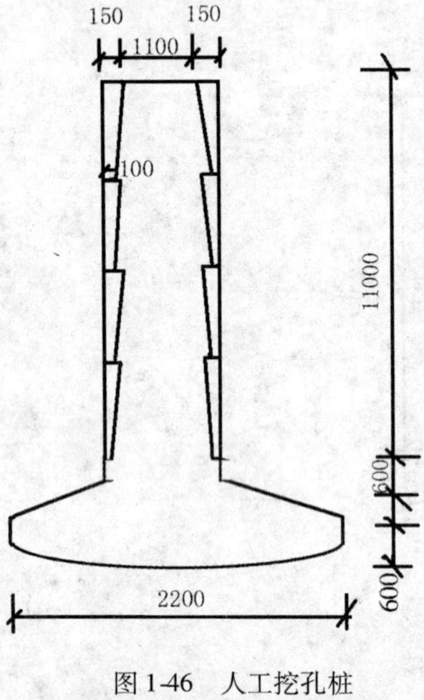

图 1-46 人工挖孔桩

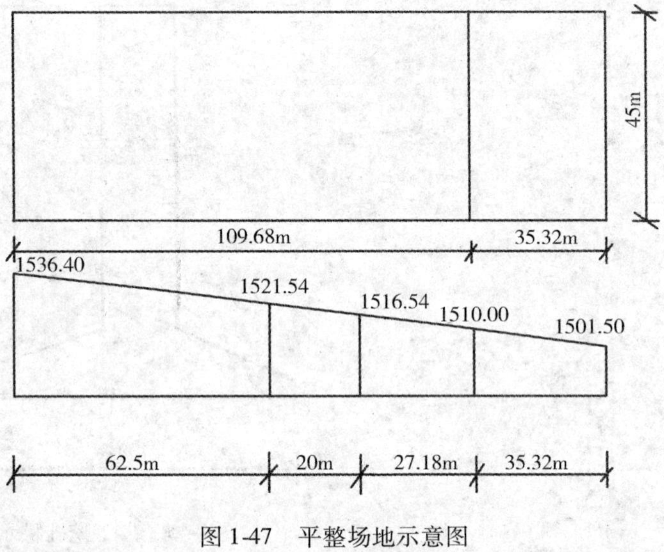

图 1-47 平整场地示意图

【解】 经计算所需的标高和位置示于图中

场地在绝对标高 1510m 以上的土方为：

$\{\frac{1536.40-1510.00}{2}\times[(62.5+20+27.18)\times45]\}\text{m}^3$

$=65149.92\text{m}^3$

应填土方的体积为：$\frac{1510-1501.5}{2}\times35.32\times45\text{m}^3=6754.95\text{m}^3$

则外运土方 $=(65149.92-6754.95)\text{m}^3=58394.97\text{m}^3$

【例 1-49】 某矩形场地，其截面绝对标高如图 1-48 所示，场地宽 150m，求当该场地填至绝对标高为 978.60m 时，场地所需的挖方体积、填方体积，并计算外（内）运土方量。

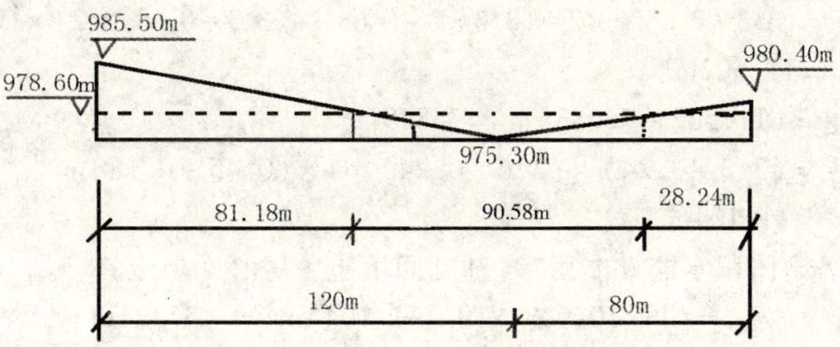

图 1-48　矩形场地平整场地示意图

【解】　绝对标高在 978.60m 以上的场地分布范围经计算如图 1-48 所示。

则挖方体积：$(\frac{985.50-978.60}{2}\times 81.18\times 150+\frac{980.4-978.6}{2}\times 28.24\times 150)m^3$

$=45\ 823.05m^3$

填方体积：$\frac{978.60-975.30}{2}\times 150\times(120+80-81.18-28.24)m^3=22418.55m^3$

则需外运土方量为：$(45823.05-22418.55)m^3=23404.5m^3$

【例 1-50】　某建筑物基础的平面图、剖面图如图 1-49 所示，求建筑物平整场地挖土方、基础回填土、房心回填土、余(方)土运输工程量。

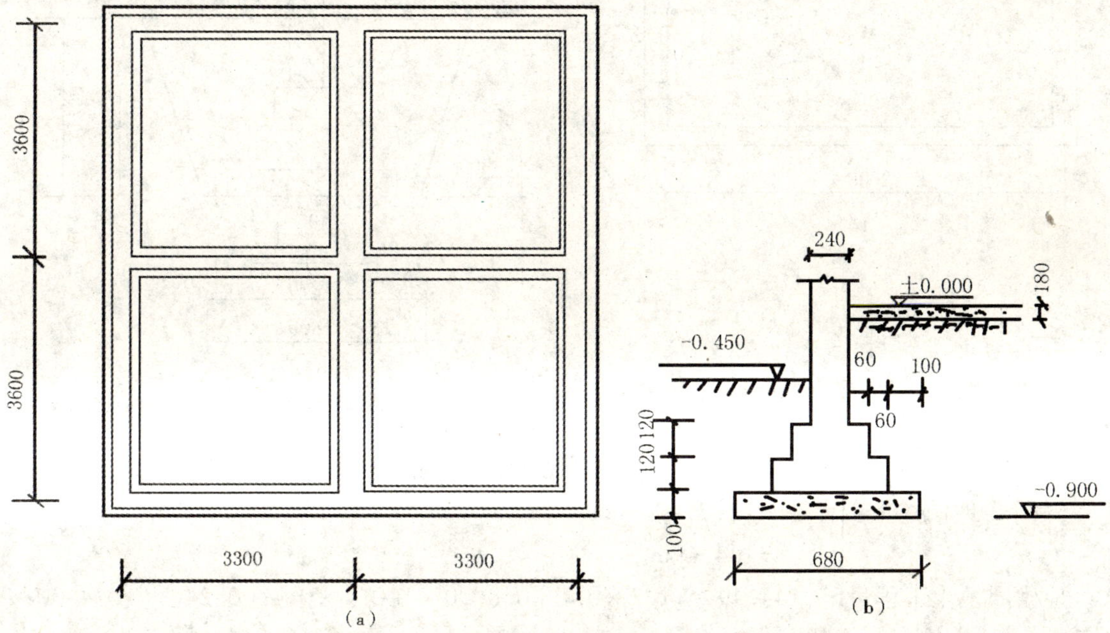

图 1-49　基础示意图

(a)基础平面图；(b)基础剖面图

【解】　基础和垫层截面积：$[0.68\times 0.1+0.48\times 0.24-0.12\times 0.06\times 2+(0.9-0.45-0.1-0.24)\times 0.24]m^2=0.1952m^2$

基础和垫层体积 $=[(3.3\times 2+3.6\times 2)\times 2+(3.3-0.68)\times 2+(3.6\times 2-0.68)]\times 0.1952m^3$

$=7.683m^3$

1)平整场地面积 = 首层建筑面积 $=(3.3\times 2+0.24)\times(3.6\times 2+0.24)m^3=50.89m^2$

2) 挖土方体积 $= [3.3\times2+3.6\times2+(3.6\times2-0.68)+(3.3-0.68)\times2]\times(0.9-0.45)\text{m}^3$
$= 11.502\text{m}^3$

3) 基础回填土 $= (11.502-7.683)\text{m}^3 = 3.819\text{m}^3$

4) 房心回填土 $= (3.3-0.24)\times(3.6-0.24)\times4\times(0.45-0.18)\text{m}^3$
$= 11.104\text{m}^3$

5) 余(方)土运输体积 = 挖方体积 −(基础回填土 + 房心回填土)
$= (11.502-3.819-11.104)\text{m}^3 = -3.421\text{m}^3$

【例 1-51】 计算地槽回填土和余(取)土工程量。

挖地槽时,挖去的土在砌筑完基础等地下结构后,可用来回填。地槽回填土的体积等于挖土体积与室外地坪以下砌筑结构体积之差。挖去的土未填完,需余土外运,余土外运体积等于挖土体积与填土体积之差;挖去的土不够填,需取土运回,取土体积等于填土体积与挖土体积之差。

计算图 1-50 所示建筑物地槽开挖的土方工程量。包括地槽挖土工程量、地槽回填土工程量,室内地面回填土工程量,余土外运或取土工程量。

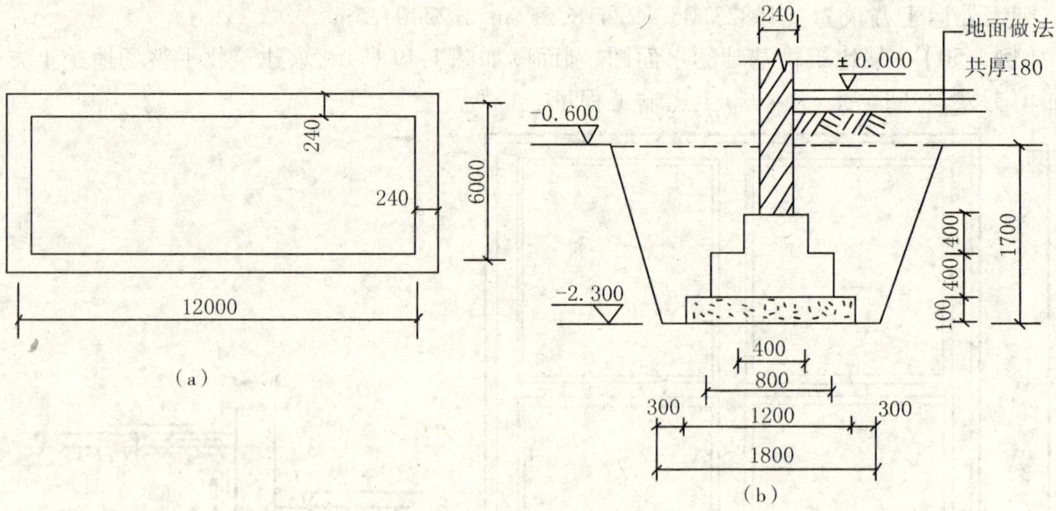

图 1-50 地槽示意图
(a)基础平面图;(b)基础剖面图

【解】 地槽挖土工程量 $= (1.2+0.3\times2+1.7\times0.33)\times1.7\times(12+6)\times2\text{m}^3$
$= 144.49\text{m}^3$

地槽回填土工程量 $= \{144.49-[1.2\times0.1+0.8\times0.4+0.4\times0.4+0.24\times(1.7-0.1-0.4-0.4)]\times(12+6)\times2\}\text{m}^3$
$= 115.98\text{m}^3$

室内地面回填土工程量 $= (0.6-0.18)\times(12-0.12)\times(6-0.12)\text{m}^3 = 29.34\text{m}^3$

取土运输工程量 $= (115.98+29.34-144.49)\text{m}^3$
$= 0.83\text{m}^3$

【例 1-52】 某基础平面图如图 1-51(a)所示,混凝土基础截面尺寸如图 1-52(b)所示,试计算平整场地工程量及基础回填土工程量,该建筑墙厚为 240mm,槽深 1.0m。

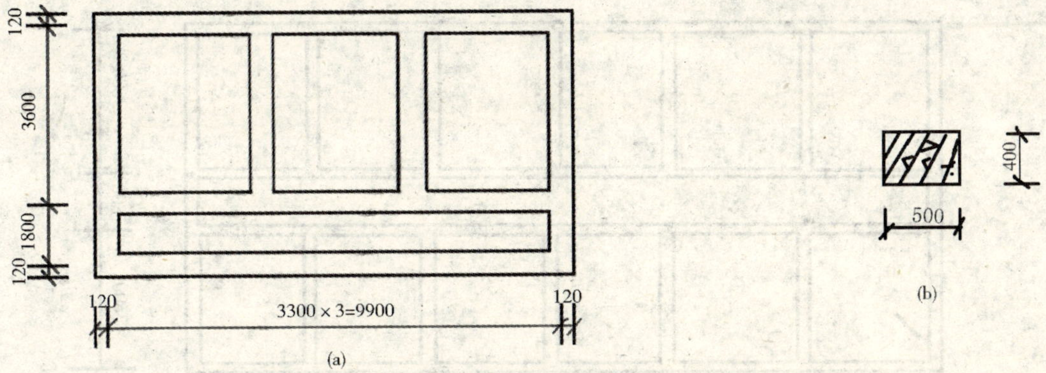

图 1-51　基础平面图

(a)基础平面图;(b)混凝土截面图

【解】　平整场地工程量 $=(9.9+0.24)\times(3.6+1.8+0.24)\mathrm{m}^2=57.19\mathrm{m}^2$

基础体积:$[2\times(9.9+3.6+1.8)+(3.6-0.5)\times2+(9.9-0.5)]\times0.5\times0.4\mathrm{m}^3$

$=9.24\mathrm{m}^3$

挖槽体积:$[2\times(9.9+3.6+1.8)+(3.6-0.5)\times2+(9.9-0.5)]\times0.5\times1\mathrm{m}^3=23.1\mathrm{m}^3$

则基础回填土方工程量 $=(23.1-9.24)\mathrm{m}^3=13.86\mathrm{m}^3$

【例 1-53】　如图 1-52 所示,求建筑物人工平整场地工程量。

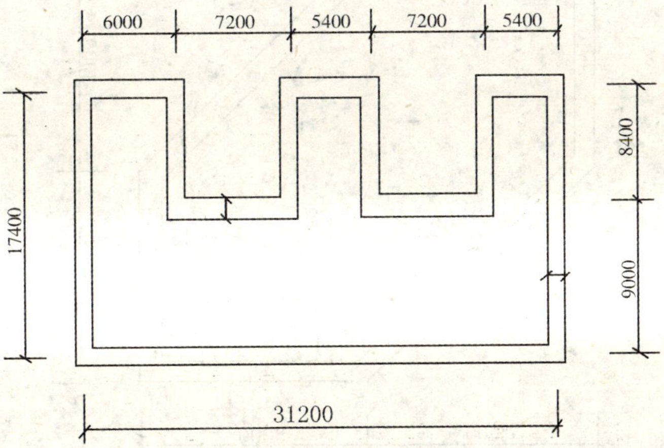

图 1-52　某建筑物底层平面示意图

【解】　人工平整场地工程量 $=[(31.2+0.24)\times(17.4+0.24)-8.4\times(7.2-0.24)\times2]\mathrm{m}^2$

$=437.67\mathrm{m}^2$

【例 1-54】 某建筑物底层平面图如图 1-53 所示，试计算平整场地工程量。

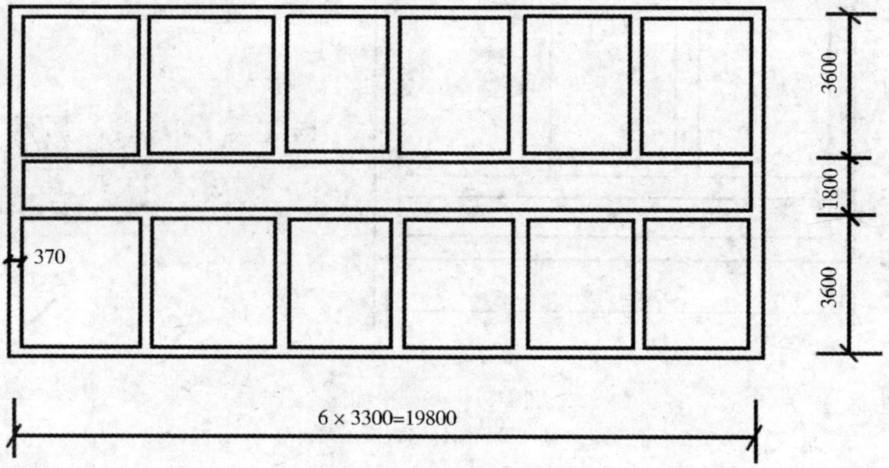

图 1-53 基础平面图

【解】 平整场地工程量 $=(19.8+0.37)\times(3.6\times2+1.8+0.37)m^2$
$=189m^2$

【例 1-55】 如图 1-54 所示，求构筑物人工场地平整工程量。

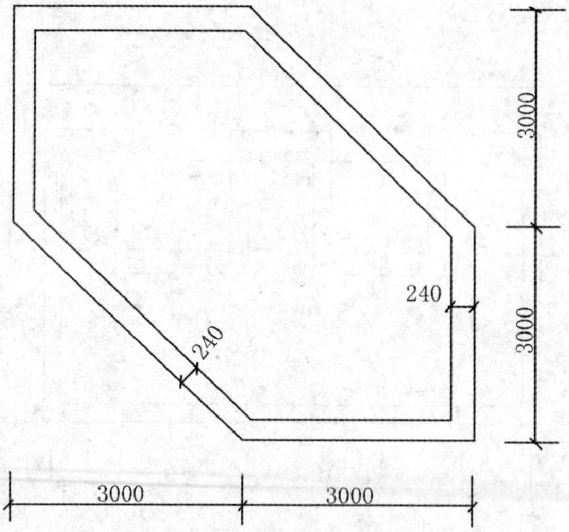

图 1-54 构筑物平面示意图

【解】 构筑物人工场地平整工程量 $=[(3\times2)\times(3\times2)-3\times3\div2\times2]m^2$
$=27m^2$

【例 1-56】 某建筑物外边线尺寸如图 1-55 所示，试计算其平整场地工程量。

【解】 平整场地工程量 $=(36.24\times18.24-12\times6)m^2=589m^2$

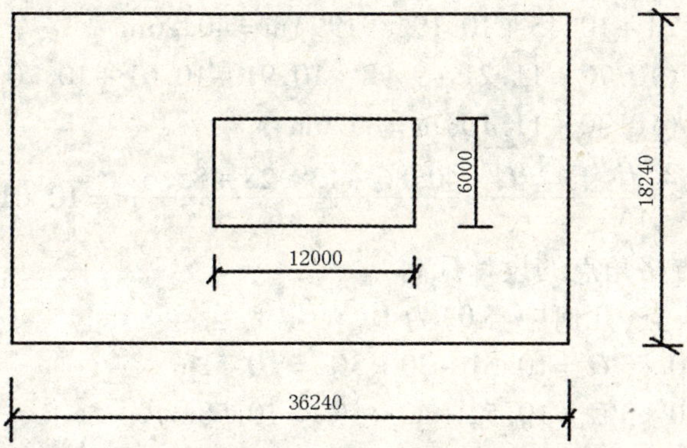

图 1-55　某建筑平面图

【例 1-57】　如图 1-56 所示为某建筑底层平面简图，室外地坪标高为 -0.45m，室内面层厚度 150mm。求其平整场地工程量及室内回填土工程量。

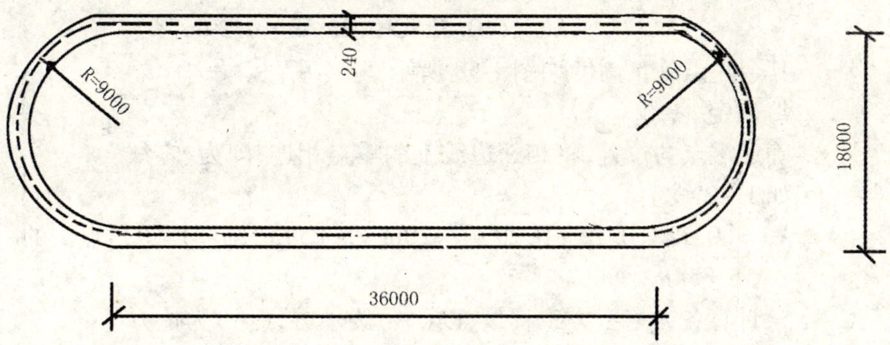

图 1-56　某建筑底层平面图

【解】　平整场地工程量 $=[\pi(9+0.12)^2+36\times(18+0.24)]\text{m}^2=917.81\text{m}^2$

室内回填土方量 $=[36\times(18-0.24)+\pi(9-0.12)^2]\times(0.45-0.15)\text{m}^3=266.1\text{m}^3$

【例 1-58】　某建筑场地地形图和方格网如图 1-57 所示，场地单向排水地面泄水坡度 $i_x=3‰$，方格网边长 $20\text{m}\times20\text{m}$，试确定场地设计标高并计算挖填土方工程量。

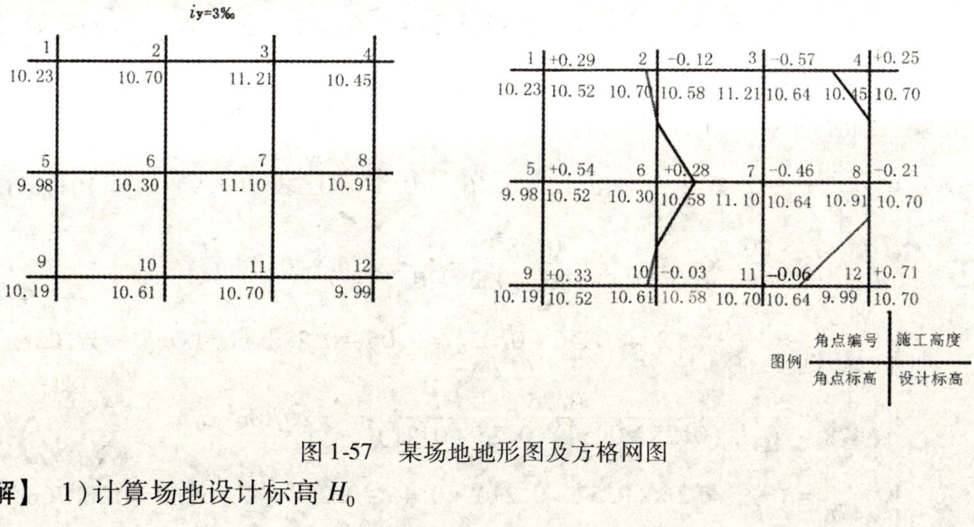

图 1-57　某场地地形图及方格网图

【解】　1）计算场地设计标高 H_0

$\Sigma H_1 = (10.23 + 10.45 + 10.19 + 9.99)\text{m} = 40.86\text{m}$

$2\Sigma H_2 = 2 \times (10.70 + 11.21 + 9.98 + 10.91 + 10.61 + 10.70)\text{m} = 128.22\text{m}$

$4\Sigma H_4 = 4 \times (10.30 + 11.10)\text{m} = 85.6\text{m}$

$$H_0 = \frac{\Sigma H_1 + 2\Sigma H_2 + 4\Sigma H_4}{4N} = \frac{40.86 + 128.22 + 85.6}{4 \times 6}\text{m} = 10.61\text{m}$$

2)计算各方格角点的设计标高

以场地中心点(几何中心 0)为 H_0

$H_1 = H_0 - 30 \times 3‰ = 10.61 - 30 \times 3‰ = 10.52\text{m}$

$H_2 = H_1 + 20 \times 3‰ = 10.52 + 20 \times 3‰ = 10.58\text{m}$

$H_5 = H_9 = H_1 = 10.52\text{m}$

$H_6 = H_{10} = H_2 = 10.58\text{m}$

其余各角点设计标高如图 1-58 所示。

3)计算各角点的施工高度:各角点的施工高度(以"+"为填方,以"-"为挖方)

$$h_1 = (10.52 - 10.23)\text{m} = 0.29\text{m}$$

其余角点施工高度如图 1-58 所示。

4)确定"零线"

确定零点的位置,将相邻边线上的零点相连,即为"零线"。

如 1 ~2 线上:

$X_1 = [0.12/(0.12 + 0.29)] \times 20\text{m} = 5.854\text{m}$,即零点距角点 2 的距离为 5.854m

5)计算各方格土方工程量,以(+)为填方,(-)为挖方

$$V_{1256}^{(-)} = \frac{20^2}{6} \times \frac{0.12^3}{(0.12 + 0.29) \times (0.12 + 0.28)}\text{m}^3 = 0.702\text{m}^3$$

$$V_{1256}^{(+)} = \{\frac{20^2}{6} \times [2 \times (0.29 + 0.28) + 0.54 - 0.12] + 0.702\}\text{m}^3 = 104.702\text{m}^3$$

$$V_{56910}^{(-)} = \frac{20^2}{6} \times \frac{0.03^3}{(0.03 + 0.28)(0.03 + 0.33)}\text{m}^3 = 0.016\text{m}^3$$

$$V_{56910}^{(+)} = \{\frac{20^2}{6} \times [2 \times (0.28 + 0.33) + 0.54 - 0.03] + 0.016\}\text{m}^3 = 115.35\text{m}^3$$

$$V_{2367}^{(+)} = \frac{20^2}{6} \times \frac{0.28^3}{(0.28 + 0.12)(0.28 + 0.46)}\text{m}^3 = 4.94\text{m}^3$$

$$V_{2367}^{(-)} = \{20^2/6 \times [2 \times (0.12 + 0.46) + 0.57 - 0.28] + 4.94\}\text{m}^3 = 101.61\text{m}^3$$

$$V_{671011}^{(+)} = \frac{20^2}{6} \times \frac{0.28^3}{(0.28 + 0.46)(0.28 + 0.03)}\text{m}^3 = 6.38\text{m}^3$$

$$V_{671011}^{(-)} = \{\frac{20^2}{6} \times [2 \times (0.46 + 0.03) + 0.06 - 0.28] + 6.38\}\text{m}^3 = 57.05\text{m}^3$$

$$V_{3478}^{(+)} = \frac{20^2}{6} \times \frac{0.25^3}{(0.25 + 0.57)(0.25 + 0.21)}\text{m}^3 = 2.76\text{m}^3$$

$$V_{3478}^{(-)} = \{\frac{20^2}{6} \times [2 \times (0.57 + 0.21) + 0.46 - 0.25] + 2.76\}\text{m}^3 = 120.76\text{m}^3$$

$$V_{781110}^{(+)} = \frac{20^2}{6} \times \frac{0.71^3}{(0.71+0.21)(0.71+0.06)} \text{m}^3 = 33.68\text{m}^3$$

$$V_{781110}^{(-)} = \left\{\frac{20^2}{6} \times [2 \times (0.21+0.06) + 0.46 - 0.71] + 33.68\right\} \text{m}^3 = 53.01\text{m}^3$$

挖方量 $= (0.702 + 0.016 + 101.61 + 57.05 + 120.76 + 53.01)\text{m}^3 = 333.15\text{m}^3$

填方量 $= (104.702 + 115.35 + 4.94 + 6.38 + 2.76 + 33.68)\text{m}^3 = 267.812\text{m}^3$

【例 1-59】 求图 1-58 的平整场地工程量，基槽开挖量，基础回填土量，室内回填土量，余(方)土方量。

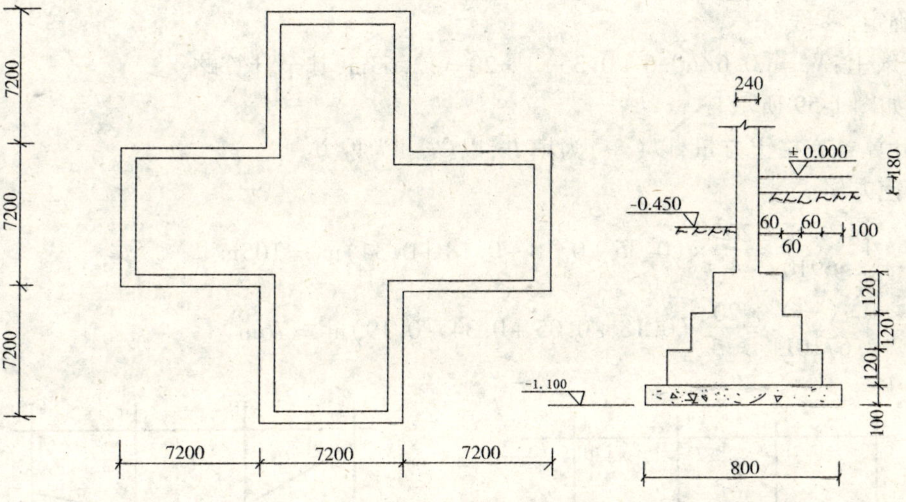

图 1-58 某场地平面及基础示意图

【解】 1)平整场地工程量 $= [(7.2 \times 3 + 0.24)^2 - 7.2 \times 7.2 \times 4]\text{m}^2 = 269.63\text{m}^2$

2)基槽开挖量 $= (7.2 \times 3 + 7.2 \times 3) \times 2 \times 0.8 \times 1 \times (1.1 - 0.45)\text{m}^3 = 44.93\text{m}^3$

3)基础和垫层体积 $= [0.8 \times 0.1 + 0.6 \times 0.36 - 0.06 \times 0.12 \times 6 + 0.24 \times (1.1 - 0.45] \times (7.2 \times 3 + 7.2 \times 3) \times 2\text{m}^3 = 35.32\text{m}^3$

则基础回填土量 $= (44.93 - 35.32)\text{m}^3 = 9.61\text{m}^3$

4)室内回填土量 $[(7.2 - 0.24) \times 7.2 \times 4 + (7.2 - 0.24)^2] \times (0.45 - 0.18)\text{m}^3 = 67.2\text{m}^3$

5)余(方)土方量 $= (44.93 - 9.61 - 67.2)\text{m}^3 = -31.88\text{m}^3$

【例 1-60】 某建筑场地方格网如图 1-59 所示，需求场地双向排水，$i_{x_2} = 3‰$，$i_{y_2} = 2‰$，试求场地设计地面标高，并计算土方量。

【解】 (1)计算场地标高 H_0

$\Sigma H_1 = (15.31 + 15.64 + 15.63 + 15.63)\text{m} = 62.21\text{m}$

$2\Sigma H_2 = 2 \times (15.21 + 15.73 + 16.22 + 16.14 + 16.01 + 15.75 + 15.47 + 16.23)\text{m} = 253.52\text{m}$

$4\Sigma H_4 = 4 \times (16.11 + 16.04 + 16.23 + 16.14)\text{m} = 258.08\text{m}$

$$H_0 = \frac{\Sigma H_1 + 2\Sigma H_2 + 4\Sigma H_4}{4H} = \frac{62.21 + 253.52 + 258.08}{4 \times 9}\text{m} = 15.94\text{m}$$

(2)根据池水坡度计算各方格角点的设计标高

以场地中心点(几何中心 O)为 H_0

$H_1 = H_0 - 30 \times 3‰ + 30 \times 2‰ = 15.91\text{m}$

$$H_2 = H_1 + 20 \times 3‰ = 15.97\text{m}$$

$$H_5 = H_0 - 30 \times 3‰ + 10 \times 2‰ = 15.87\text{m}$$

$$H_9 = H_0 - 30 \times 3‰ - 10 \times 2‰ = 15.83\text{m}$$

其余各角点设计标高如图 1-59 所示。

(3)计算各角点的施工高度

各角点的施工高度(以“+”为填方、“-”为挖方)

$$h_1 = 15.91 - 15.31 = 0.60\text{m} 。$$

其余各角点施工高度如图 1-59 所示。

(4)确定“零线”

1 ~5 线上:$X_1 = [0.6/(0.6 + 0.35)] \times 20 = 12.63\text{m}$,其余计算略。

零线如图 1-59 所示。

(5)计算各方格土方量,以(+)为填方,以(-)为挖方。

1)全挖方格。

$$V_{56910}^{(-)} = \frac{20^2}{4} \times (0.35 + 0.18 + 0.18 + 0.34)\text{m}^3 = 105\text{m}^3$$

$$V_{671011}^{(-)} = \frac{20^2}{4}(0.18 + 0.05 + 0.34 + 0.19)\text{m}^3 = 76\text{m}^3$$

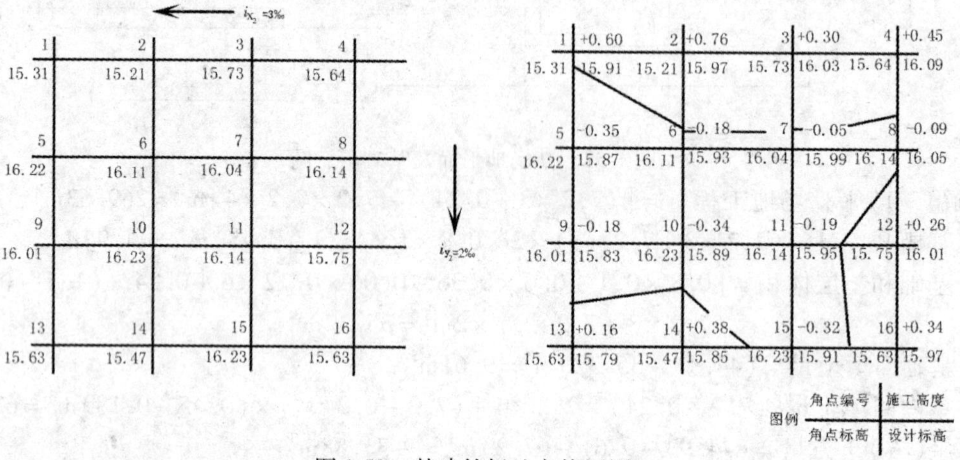

图 1-59　某建筑场地方格网图

2)两填两挖方格。

$$V_{1256}^{(+)} = \frac{20}{8} \times (12.63 + 16.17) \times (0.6 + 0.76)\text{m}^3 = 97.92\text{m}^3$$

$$V_{1256}^{(-)} = \frac{20}{8} \times (20 \times 2 - 12.63 - 16.17) \times (0.35 + 0.18)\text{m}^3 = 14.84\text{m}^3$$

$$V_{2367}^{(+)} = \frac{20}{8} \times (16.17 + 17.14) \times (0.76 + 0.30)\text{m}^3 = 88.27\text{m}^3$$

$$V_{2367}^{(-)} = \frac{20}{8} \times (20 \times 2 - 16.17 - 17.14) \times (0.18 + 0.05)\text{m}^3 = 3.85\text{m}^3$$

$$V_{3478}^{(+)} = \frac{20}{8} \times (17.14 + 16.67) \times (0.30 + 0.45)\text{m}^3 = 63.39\text{m}^3$$

$$V_{3478}^{(-)}=\frac{20}{8}\times(20\times2-17.14-16.67)\times(0.05+0.09)\mathrm{m}^3=2.17\mathrm{m}^3$$

$$V_{9101314}^{(-)}=\frac{20}{8}\times(10.56+9.41)\times(0.18+0.34)\mathrm{m}^3=25.96\mathrm{m}^3$$

$$V_{9101314}^{(+)}=\frac{20}{8}\times(20\times2-10.56-9.41)\times(0.16+0.38)\mathrm{m}^3=27.04\mathrm{m}^3$$

$$V_{11121516}^{(-)}=\frac{20}{8}\times(9.70+8.44)\times(0.19+0.32)\mathrm{m}^3=23.13\mathrm{m}^3$$

$$V_{11121516}^{(+)}=\frac{20}{8}\times(20\times2-9.7-8.44)\times(0.26+0.34)\mathrm{m}^3=32.79\mathrm{m}^3$$

3)三填一挖或三挖一填。

$$V_{781112}^{(+)}=\frac{11.56\times14.86}{6}\times0.26\mathrm{m}^3=7.44\mathrm{m}^3$$

$$V_{781112}^{(-)}=(20^2-\frac{11.56\times14.86}{2})\times\frac{0.05+0.09+0.19}{5}\mathrm{m}^3=20.73\mathrm{m}^3$$

$$V_{10111415}^{(+)}=\frac{10.56\times10.86}{6}\times0.38\mathrm{m}^3=7.26\mathrm{m}^3$$

$$V_{10111415}^{(-)}=(20^2-\frac{10.56\times10.86}{2})\times\frac{0.34+0.19+0.32}{5}\mathrm{m}^3=58.25\mathrm{m}^3$$

挖方工程量 $=(14.84+3.85+2.17+25.96+23.13+20.73+58.25)\mathrm{m}^3=148.93\mathrm{m}^3$

填方工程量 $=(97.92+88.27+63.39+27.04+32.79+7.44+7.26)\mathrm{m}^3=324.11\mathrm{m}^3$

【例 1-61】 图 1-60 为一建设场地土石方方格网图,方格边长 $a=10\mathrm{m}$,各角点上方括号内的字及下方数字分别为设计标高和实测标高,试计算该场地土方量。

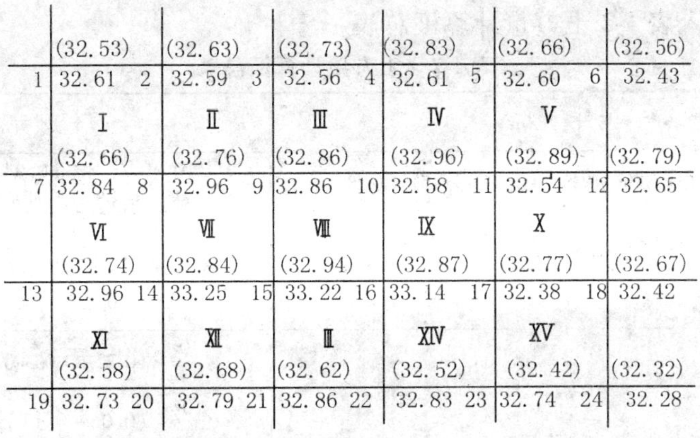

图 1-60 某建设场地土石方方格网图

【解】 (1)先计算施工高程 = 实测标高 - 设计标高

正号表示该角点需挖土,负号表示该角点需填土。

将计算出施工的高程记在各角点左上角如图 1-61 所示。

(2)求零点,划零线

在图 1-61 中,寻找方格图中正负号不一致的相邻角点。其间的方格线上必有零点,1-2,

2－8,2－9,10－16,16－17,17－23,23－24 这些线上求零点。

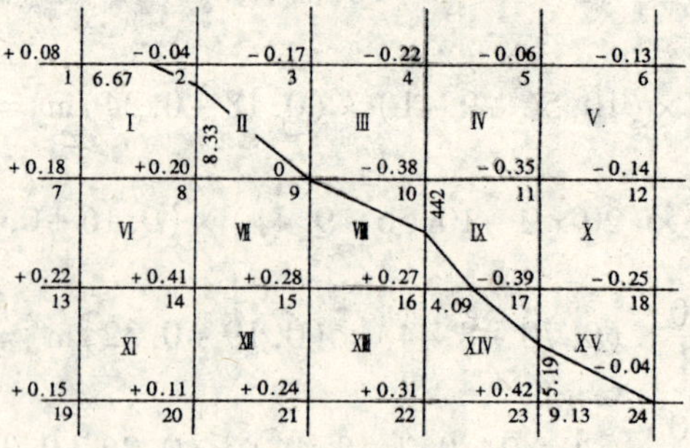

图 1-61　土方方格网图

$i-j$ 线的零点距 i 角点的距离为 $x=\dfrac{|Hi|}{|Hi|+|Hj|}\times a$

式中，Hi，Hj 分别为 i、j 角点施工高程。

具体结果标在图 1-61 中。连接相邻零点的折线即为零线，零线上方为填方区，下方为挖方区。

(3)计算各方格中挖(填)方土方量

当四角点全部为挖方或填方时，如Ⅳ、XI 方格，可采用公式：

$$V_{填(挖)}=\frac{a^2}{4}(h_1+h_2+h_3+h_4)$$

当四角点部分挖部分填时，如Ⅷ、XV 方格，可采用公式：

$$V_{填(挖)}=\frac{a^2}{4}=\frac{[\Sigma h_{填(挖)}]^2}{\Sigma h}$$

以上两式中，h_i 为各角点施工高度，均取绝对值。

将计算结果填入表 1-2 土方量计算汇总表。

表 1-2　土方量计算汇总表

方格编号	挖方/m³	填方/m³
Ⅰ	$10\times10\times(0.08+0.18+0.2)^2/(4\times0.5)=10.58$	$\frac{10^2}{4}\times\frac{(0.04)^2}{0.08+0.04+0.18+0.2}=0.08$
Ⅱ	$\frac{10^2}{4}\times\frac{(0.2)^2}{0.04+0.17+0.2}=2.44$	$\frac{10^2}{4}\times\frac{(0.04+0.17)^2}{0.04+0.17+0.2}=2.69$
Ⅲ		$\frac{10^2}{4}\times(0.17+0.22+0.38)=19.25$
Ⅳ		$\frac{10^2}{4}\times(0.22+0.06+0.38+0.35)=25.25$
Ⅴ		$\frac{10^2}{4}\times(0.06+0.13+0.35+0.14)=17$
Ⅵ	$\frac{10^2}{4}\times(0.18+0.2+0.22+0.41)=25.25$	
Ⅶ	$\frac{10^2}{4}\times(0.2+0.41+0.28)=22.25$	
Ⅷ	$\frac{10^2}{4}\times\frac{(0.28+0.27)^2}{0.38+0.28+0.27}=8.13$	$\frac{10^2}{4}\times\frac{(0.38)^2}{0.38+0.28+0.27}=3.88$
Ⅸ	$\frac{10^2}{4}\times\frac{(0.27)^2}{0.38+0.35+0.27+0.39}=1.31$	$\frac{10^2}{4}\times\frac{(0.38+0.35+0.39)^2}{0.38+0.35+0.27+0.39}=22.56$

续表

方格编号	挖　方/m³	填　方/m³
X		$\frac{10^2}{4}\times(0.35+0.14+0.39+0.25)=28.25$
XI	$\frac{10^2}{4}\times(0.22+0.41+0.15+0.11)=22.25$	
XII	$\frac{10^2}{4}\times(0.41+0.28+0.11+0.24)=26$	
XIII	$\frac{10^2}{4}\times(0.28+0.27+0.24+0.31)=27.5$	
XIV	$\frac{10^2}{4}\times\frac{(0.27+0.31+0.42)^2}{0.27+0.39+0.31+0.42}=17.99$	$\frac{10^2}{4}\times\frac{(0.39)^2}{0.27+0.39+0.31+0.42}=2.73$
XV	$\frac{10^2}{4}\times\frac{(0.42)^2}{0.39+0.25+0.42+0.04}=4.01$	$\frac{10^2}{4}\times\frac{(0.39+0.25+0.04)^2}{0.39+0.25+0.42+0.04}=10.51$
合计	167.71	132.20

余土外运量 $=(167.71-132.2)\text{m}^3=35.51\text{m}^3$

【例 1-62】 方格网如图 1-62 所示，方格边长为 20m。试计算挖填土方工程量。

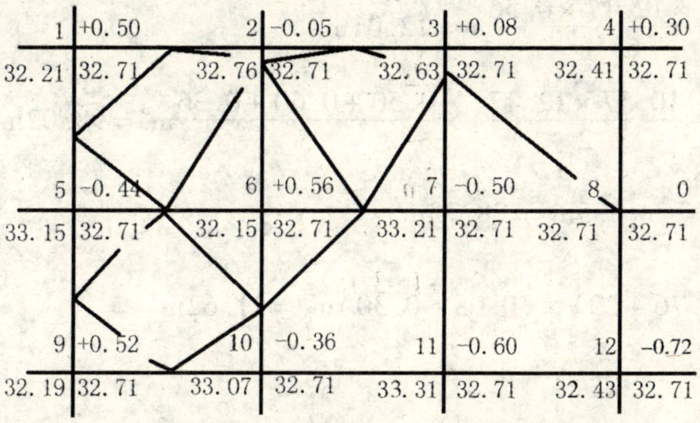

图 1-62　某场地方格网

【解】 (1)计算场地设计标高 H_0

$\Sigma H_1=(32.21+32.41+32.19+32.43)\text{m}=130.24\text{m}$

$2\Sigma H_2=2\times(32.76+32.63+33.15+32.71+33.07+32.31)\text{m}=393.26\text{m}$

$4\Sigma H_4=4\times(32.15+33.21)\text{m}=261.44\text{m}$

$$H_0=\frac{130.24+393.26+261.44}{4\times6}\text{m}=32.71\text{m}$$

(2)计算各角点的施工高度

各角点的施工高度(以“+”为填方，“-”为挖方)

$$h_1=(32.71-32.21)\text{m}=0.50\text{m}$$

其余各角点的施工高度如图 1-62 所示。

(3)确定“零线”1～5 线

$x_1=[0.50/(0.50+0.44)]\times20\text{m}=10.64\text{m}$，即零点距角点 1 的距离为 10.64m，零线如图 1-62 所示。

(4)计算各方格土方工程量,以(+)为填方,以(-)为挖方

1)两挖,两填方格

$$V_{1256}^{(+)}=(\frac{10.64\times10\times0.5}{6}+\frac{11.2\times18.36\times0.56}{6})m^3=28.06m^3$$

$$V_{1256}^{(-)}=(\frac{9.36\times8.8\times0.44}{6}+\frac{10\times1.64\times0.05}{6})m^3=6.18m^3$$

$$V_{56910}^{(-)}=(\frac{8.8\times9.17\times0.44}{6}+\frac{8.18\times7.83\times0.36}{6})m^3=9.76m^3$$

$$V_{56910}^{(+)}=(\frac{10.83\times11.82\times0.52}{6}+\frac{12.17\times11.2\times0.56}{6})m^3=23.82m^3$$

$$V_{2367}^{(-)}=(\frac{7.69\times1.64\times0.05}{6}+\frac{9.43\times17.24\times0.5}{6})m^3=13.65m^3$$

$$V_{2367}^{(+)}=(\frac{10.57\times18.36\times0.56}{6}+\frac{12.31\times2.76\times0.08}{6})m^3=18.57m^3$$

2)一挖三填或一填三挖

$$V_{671011}^{(+)}=\frac{10.57\times12.17\times0.56}{6}m=12.01m$$

$$V_{671011}^{(-)}=(20^2-\frac{10.57\times12.17}{2})\times\frac{0.50+0.60+0.36}{5}m^3=98.02m^3$$

$$V_{3478}^{(-)}=\frac{20\times17.24}{6}\times0.5m^3=28.73m^3$$

$$V_{3478}^{(+)}=\frac{20}{8}\times(2.76+20)\times(0.08+0.30)m^3=21.62m^3$$

3)全挖方格

$$V_{781112}^{(-)}=\frac{20^2}{4}\times(0.5+0.6+0.72)m^3=182m^3$$

挖方工程量:338.34m^3

填方工程量:104.08m^3

【例 1-63】 某场地平整工程,长 100m,宽 80m,取挖方区边坡坡度为 1∶1.20,填方区边坡坡度为 1∶1.33,已知平面图挖填分界线尺寸及角点标高如图 1-63 所示,求边坡挖填土方量。

【解】 角点 1 挖方宽度:(0.91×1.20)m=1.09m

角点 2 填方宽度:(0.35×1.33)m=0.47m

角点 3 挖方宽度:(0.73×1.20)m=0.88m

角点 4 填方宽度:(0.71×1.33)m=0.94m

利用作图法可得边坡平面尺寸如图 1-63 所示。

(1)挖方区边坡土方量

$$V_{①}=(\frac{1}{3}\times\frac{0.88\times0.73}{2}\times40)m^3=4.28m^3$$

$$V_{②}=(\frac{1}{3}\times\frac{0.88\times0.73}{2}\times0.84)m^3=0.09m^3$$

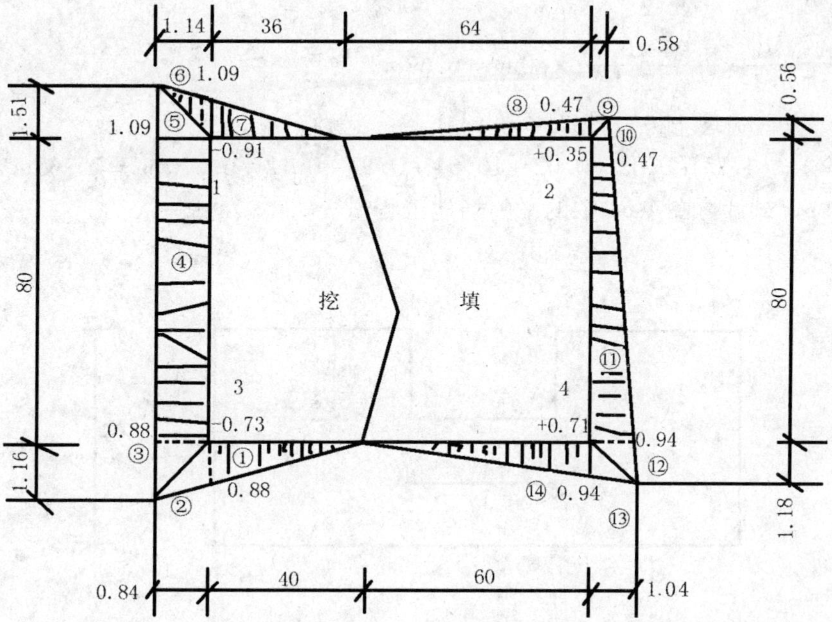

图 1-63　某场地平整工程示意图

$$V_{③}=(\frac{1}{3}\times\frac{0.88\times0.73}{2}\times1.16)\,m^3=0.12m^3$$

$$V_{④}=(\frac{1}{2}\times(\frac{0.88\times0.73}{2}+\frac{1.09\times0.91}{2})\times80)\,m^3=32.69m^3$$

$$V_{⑤}=(\frac{1}{3}\times\frac{1.09\times0.91}{2}\times1.51)\,m^3=0.25m^3$$

$$V_{⑥}=(\frac{1}{3}\times\frac{1.09\times0.91}{2}\times1.14)\,m^3=0.19m^3$$

$$V_{⑦}=(\frac{1}{3}\times\frac{1.09\times0.91}{2}\times36)\,m^3=5.95m^3$$

挖方区边坡土方合计：

$$V_{挖}=(4.28+0.09+0.12+32.69+0.25+0.19+5.95)\,m^3=43.57m^3$$

(2)填方区边坡的土方量

$$V_{⑧}=\frac{1}{3}\times\frac{0.47\times0.35}{2}\times64m^3=1.75m^3$$

$$V_{⑨}=\frac{1}{3}\times\frac{0.47\times0.35}{2}\times0.58m^3=0.02m^3$$

$$V_{⑩}=\frac{1}{3}\times\frac{0.47\times0.35}{2}\times0.56m^3=0.02m^3$$

$$V_{⑪}=\frac{1}{2}\times(\frac{0.47\times0.35}{2}+\frac{0.94\times0.71}{2})\times80m^3=16.64m^3$$

$$V_{⑫}=\frac{1}{3}\times\frac{0.94\times0.71}{2}\times1.18m^3=0.13m^3$$

$$V_{⑬} = \frac{1}{3} \times \frac{0.94 \times 0.71}{2} \times 1.04\text{m}^3 = 0.12\text{m}^3$$

$$V_{⑭} = \frac{1}{3} \times \frac{0.94 \times 0.71}{2} \times 60\text{m}^3 = 6.67\text{m}^3$$

填方区边坡土方合计：

$$V_{填} = (1.75 + 0.02 + 0.02 + 16.64 + 0.13 + 0.12 + 6.67)\text{m}^3 = 25.35\text{m}^3$$

【例 1-64】 试计算图 1-64 中的平整场地工程量。

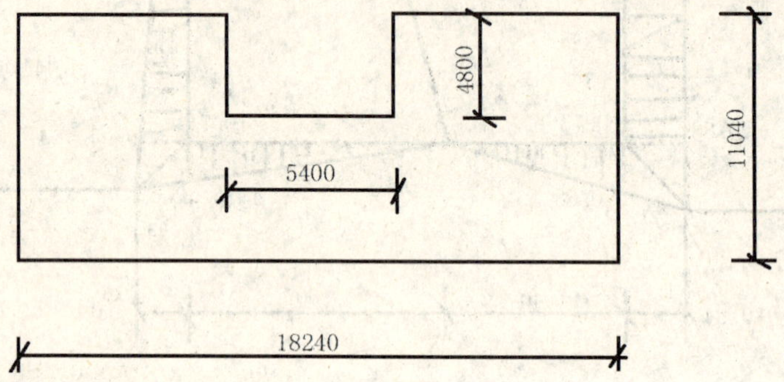

图 1-64 某场地平面示意图

【解】 平整场地工程量 = $(18.24 \times 11.04 - 5.4 \times 4.8)\text{m}^2 = 175.45\text{m}^2$

【例 1-65】 某建筑场地方格网如图 1-65 所示，地面池水坡度 $i_y = 3‰$，方格边长 20m，试计算挖、填土方量。

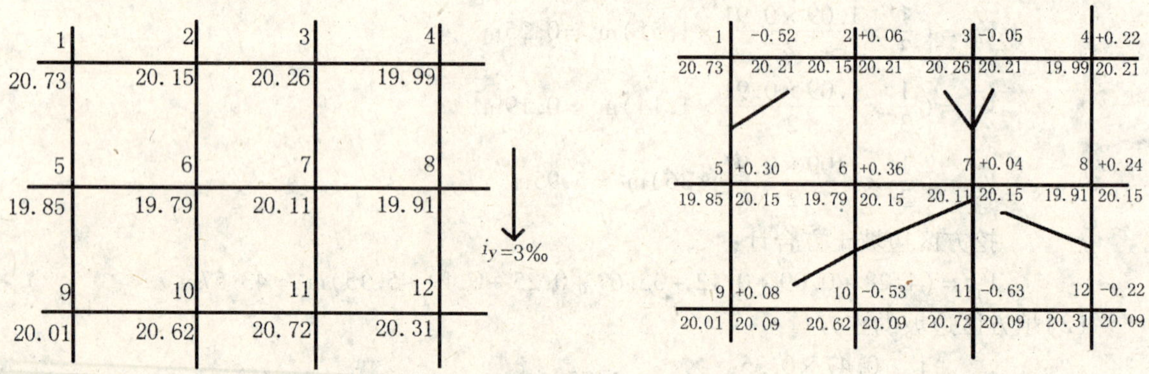

图 1-65 某场地地形图和方格网示意图

【解】 (1) 计算场地设计标高 H_0

$$\Sigma H_1 = (20.73 + 19.99 + 20.01 + 20.31)\text{m} = 81.04\text{m}$$

$$2\Sigma H_2 = 2 \times (20.15 + 20.26 + 19.85 + 19.91 + 20.62 + 20.72)\text{m} = 243.02\text{m}$$

$$4\Sigma H_4 = 4 \times (19.79 + 20.11)\text{m} = 159.6\text{m}$$

$$H_0 = \frac{\Sigma H_1 + 2\Sigma H_2 + 4\Sigma H_4}{4 \times 6} = 20.15\text{m}$$

(2)根据泄水坡度计算方格角点的设计标高

$H_9 = H_0 - 3‰ \times 20 = 20.09\text{m}$

$H_9 = H_{10} = H_{11} = H_{12} = 20.09\text{m}$

其余各角点设计标高均可求出,如图 1-65 所示。

(3)计算各施工角点的施工高,("+"为填方,"-"为挖方)

$$h_1 = (20.21 - 20.73)\text{m} = -0.52\text{m}$$

其余如图 1-65 所示。

(4)确定"零线"

$x_1 = [0.52/(0.52 + 0.06)] \times 20\text{m} = 17.93\text{m}$　　即零点距角点 1 的距离为 17.93m

(5)计算各方格土方工程量(+)为填方,(-)为挖方

1)两挖两填方格

$$V_{671011}^{(+)} = \frac{20}{8} \times (1.19 + 8.09) \times (0.36 + 0.04)\text{m}^3 = 9.28\text{m}^3$$

$$V_{671011}^{(-)} = \frac{20}{8} \times (20 \times 2 - 1.19 - 8.09) \times (0.53 + 0.63)\text{m}^3 = 89.09\text{m}^3$$

$$V_{781112}^{(+)} = \frac{20}{8} \times (1.19 + 10.43) \times (0.04 + 0.24)\text{m}^3 = 8.13\text{m}^3$$

$$V_{781112}^{(-)} = \frac{20}{8} \times (2 \times 20 - 1.19 - 10.43) \times (0.63 + 0.22)\text{m}^3 = 60.31\text{m}^3$$

2)三挖一填或三填一挖方格

$$V_{1256}^{(-)} = \frac{12.68 \times 17.93}{6} \times 0.52\text{m}^3 = 19.70\text{m}^3$$

$$V_{1256}^{(+)} = (20^2 - \frac{12.68 \times 17.93}{2}) \times \frac{0.06 + 0.30 + 0.36}{5}\text{m}^3 = 41.23\text{m}^3$$

$$V_{2367}^{(-)} = \frac{9.09 \times 11.11}{6} \times 0.05\text{m}^3 = 0.84\text{m}^3$$

$$V_{2367}^{(+)} = (20^2 - \frac{9.09 \times 11.11}{2}) \times \frac{0.06 + 0.36 + 0.04}{5}\text{m}^3 = 32.15\text{m}^3$$

$$V_{3478}^{(-)} = \frac{3.70 \times 11.11}{6} \times 0.05\text{m}^3 = 0.34\text{m}^3$$

$$V_{3478}^{(+)} = (20^2 - \frac{3.70 \times 11.11}{2}) \times \frac{0.22 + 0.24 + 0.04}{5}\text{m}^3 = 37.94\text{m}^3$$

$$V_{56910}^{(-)} = \frac{17.38 \times 11.91}{6} \times 0.53\text{m}^3 = 18.28\text{m}^3$$

$$V_{56910}^{(+)} = (20^2 - \frac{17.38 \times 11.91}{2}) \times \frac{0.30 + 0.36 + 0.08}{5}\text{m}^3 = 43.88\text{m}^3$$

$V_{挖} = (89.09 + 60.31 + 19.70 + 0.84 + 0.34 + 18.28)\text{m}^3 = 188.56\text{m}^3$

$V_{填} = (9.28 + 8.13 + 41.23 + 32.15 + 37.94 + 43.88)\text{m}^3 = 172.61\text{m}^3$

挖填基本平衡。

【例 1-66】 某建筑物施工场地的地形方格网如图 1-66 所示，方格网边长 20m，泄水坡度 $i_x = 3‰$，$i_y = 3‰$，求挖填土方量。

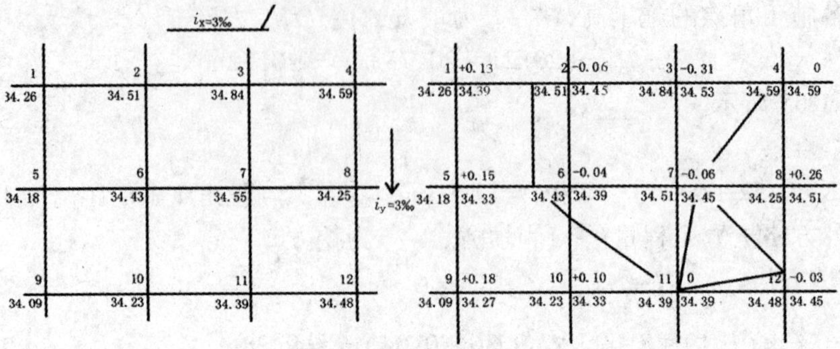

图 1-66 某施工场地地形方格网

【解】 (1)计算场地设计标高 H_0

$\Sigma H_1 = (34.26 + 34.59 + 34.09 + 34.48)\text{m} = 137.42\text{m}$

$2\Sigma H_2 = 2 \times (34.51 + 34.84 + 34.18 + 34.25 + 34.23 + 34.39)\text{m} = 412.80\text{m}$

$4\Sigma H_4 = 4 \times (34.43 + 34.55) = 275.92\text{m}$

$$H_0 = \frac{\Sigma H_1 + 2\Sigma H_2 + 4\Sigma H_4}{4 \times 6} = 34.42\text{m}$$

(2)根据泄水坡度计算各方格角点的设计标高

以场地中心点(几何中心)为 H_0

$H_1 = H_0 - 30 \times 3‰ + 20 \times 3‰ = 34.39\text{m}$

$H_2 = H_1 + 20 \times 3‰ = 34.45\text{m}$

$H_5 = H_0 - 30 \times 3‰ = 34.33\text{m}$

$H_6 = H_5 + 20 \times 3‰ = 34.39\text{m}$

(3)计算各角点施工高度

各角点施工高度(以“+”为填方，以“-”为挖方)

$h_1 = (34.39 - 34.26)\text{m} = 0.13\text{m}$

其余各点如图 1-66 所示。

(4)确定“零线”

$x_1 = [0.13/(0.13 + 0.06)] \times 20 = 13.68\text{m}$，即距 1 点为 13.68m

(5)计算各方格土方工程量以(+)为填方，以(-)为挖方

$$V_{2367}^{(-)} = \frac{20^2}{4} \times (0.06 + 0.31 + 0.04 + 0.06)\text{m}^3 = 47\text{m}^3$$

$$V_{1256}^{(+)} = \frac{20}{8} \times (20 \times 2 - 15.79 \times 2) \times (0.06 + 0.04)\text{m}^3 = 2.11\text{m}^3$$

$$V_{1256}^{(-)} = \frac{20}{8} \times (15.79 + 15.79) \times (0.13 + 0.15)\text{m}^3 = 22.11\text{m}^3$$

$$V_{3478}^{(-)}=\frac{20}{8}\times(20+3.75)\times(0.31+0.06)m^3=21.97m^3$$

$$V_{3478}^{(+)}=\frac{20\times16.25}{6}\times0.26m^3=14.08m^3$$

$$V_{56910}^{(-)}=\frac{4.21\times5.71}{6}\times0.04m^3=0.16m^3$$

$$V_{56910}^{(+)}=(20^2-\frac{4.21\times5.71}{2})\times\frac{0.15+0.18+0.10}{5}m^3=33.37m^3$$

$$V_{671011}^{(-)}=\frac{20}{8}\times(5.71+20)\times(0.04+0.06)m^3=6.43m^3$$

$$V_{671011}^{(+)}=\frac{14.29\times20}{6}\times0.10m^3=4.76m^3$$

$$V_{781112}^{(-)}=(\frac{3.75\times20}{6}\times0.06+\frac{2.07\times20}{6}\times0.03)m^3=0.957m^3$$

$$V_{781112}^{(+)}=\frac{16.25\times17.93}{6}\times0.26m^3=12.63m^3$$

$$V_{挖}=(47+22.11+21.97+0.16+6.43+0.957)m^3=96.63m^3$$

$$V_{填}=(2.11+14.08+33.37+4.76+12.63)m^3=66.95m^3$$

【例 1-67】 求如图 1-67 所示的平整场地工程量。

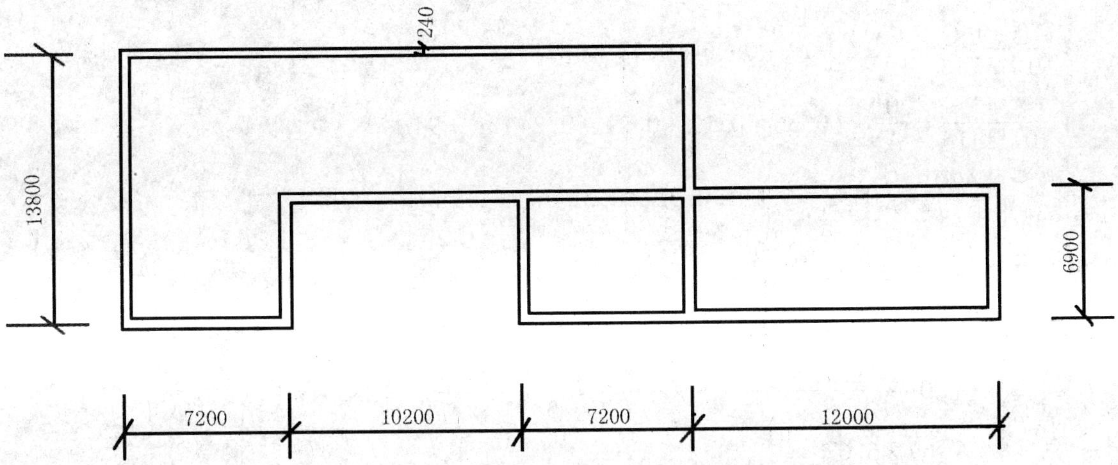

图 1-67 场地平面示意图

【解】 平整场地工程量 $=[(13.8+0.24)\times(7.2\times2+10.2+12+0.24)-10.2\times6.9-(13.8-6.9)\times12]m^2$

$=364.05m^2$

【例 1-68】 某建筑场地方格网及设计高度如图 1-68 所示，方格边长 20m，求挖填土方量。

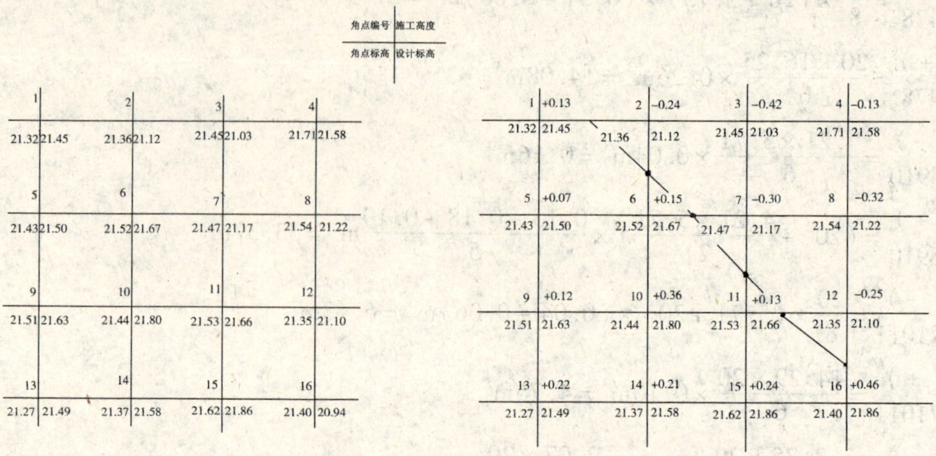

图 1-68 某建筑场地方格网图

【解】 (1)确定零线

$x_1=[0.13/(0.13+0.24)]\times 20\text{m}=7.03\text{m}$，即零点距角点 1 为 7.03m，用同类方法求出其余零点，连线即得零线。

(2)计算挖填土方工程量，以(+)为填方，以(−)为挖方

1)全填或全挖方格：

$$V\frac{(+)}{56910}=\frac{20^2}{4}\times(0.07+0.15+0.12+0.36)\text{m}^3=70\text{m}^3$$

$$V\frac{(+)}{9101314}=\frac{20^2}{4}\times(0.12+0.36+0.22+0.21)\text{m}^3=91\text{m}^3$$

$$V\frac{(+)}{10111415}=\frac{20^2}{4}\times(0.36+0.13+0.21+0.24)\text{m}^3=94\text{m}^3$$

$$V\frac{(-)}{3478}=\frac{20^2}{4}\times(0.42+0.13+0.30+0.32)\text{m}^3=117\text{m}^3$$

2)三填一挖或三挖一填方格

$$V^{(-)}_{1256}=\frac{12.97\times 12.31\times 0.24}{6}\text{m}^3=6.39\text{m}^3$$

$$V^{(+)}_{1256}=(20^2-\frac{12.97\times 12.31}{2})\times\frac{0.13+0.07+0.15}{5}\text{m}^3=22.41\text{m}^3$$

$$V^{(+)}_{2367}=\frac{7.69\times 6.67}{6}\times 0.15\text{m}^3=1.28\text{m}^3$$

$$V^{(-)}_{2367}=(20^2-\frac{7.69\times 6.67}{2})\times\frac{0.24+0.42+0.30}{5}\text{m}^3=71.88\text{m}^3$$

$$V^{(-)}_{671011}=\frac{13.95\times 13.33}{6}\times 0.30\text{m}^3=9.30\text{m}^3$$

$$V^{(+)}_{671011}=(20^2-\frac{13.95\times 13.33}{2})\times\frac{0.15+0.36+0.13}{5}\text{m}^3=39.30\text{m}^3$$

$$V^{(+)}_{781112}=\frac{6.05\times 6.84\times 0.13}{6}\text{m}^3=0.90\text{m}^3$$

$$V_{781112}^{(-)}=(20^2-\frac{6.05\times6.84}{2})\times\frac{0.30+0.32+0.25}{5}m^3=66.00m^3$$

$$V_{11121516}^{(-)}=\frac{13.16\times7.04}{6}\times0.46m^3=7.10m^3$$

$$V_{11121516}^{(+)}=(20^2-\frac{13.16\times7.04}{2})\times\frac{0.13+0.24+0.46}{5}m^3=58.71m^3$$

$$V_{挖}=(117+6.39+71.88+9.30+66.00+7.10)m^3=277.67m^3$$

$$V_{填}=(70+91+94+22.41+1.28+39.30+0.90+58.71)m^3=377.60m^3$$

【例 1-69】 求【例 1-68】的余(方)土方量。

【解】 $V_{余方}=V_{填}-V_{挖}=(377.60-277.67)m^3=99.93m^3$

【例 1-70】 某建筑场地方格网如图 1-69 所示,各方格边长 20m,泄水坡度 $i_x=2‰$,$i_y=3‰$,试计算挖填土方工程量。

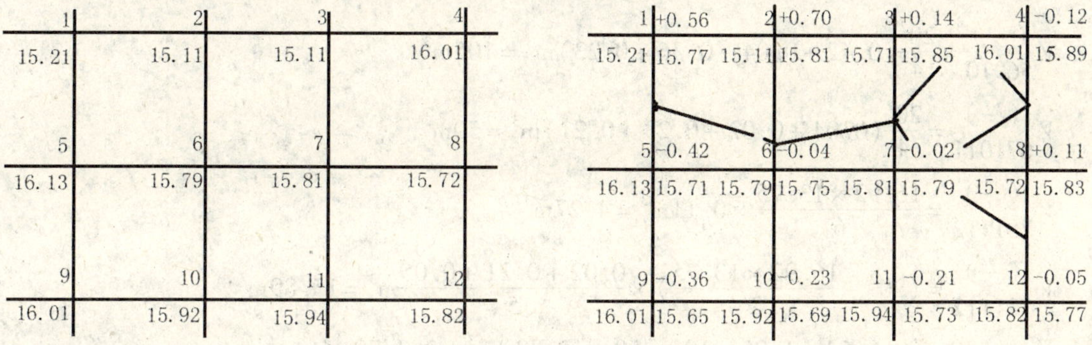

图 1-69 建筑场地方格网

【解】 (1)计算场地设计标高 H_0

$\Sigma H_1=(15.21+16.01+16.01+15.82)m=63.05m$

$2\Sigma H_2=(15.11+15.71+16.13+15.72+15.92+15.94)\times2m=189.06m$

$4\Sigma H_4=4\times(15.79+15.81)m=126.4m$

$H_0=(\Sigma H_1+2\Sigma H_2+4\Sigma H_4)/4\times6m=15.77m$

(2)根据泄水坡度计算各方格角点的设计标高以场地中心(几何中心 0)为 H_0

$H_1=H_0-30\times2‰+20\times3‰=H_0=15.77m$

$H_5=H_0-30\times2‰=15.71m$

$H_6=H_0-30\times2‰-20\times3‰=15.65m$

其余各点如图 1-69 所示。

(3)计算各角点的施工高度

各角点的施工高度(以"+"为填方,以"-"为挖方)

$$h_1=(15.77-15.21)m=0.56m$$

其余各角点的施工高度如图 1-69 所示。

(4)确定"零线"

1-5 线上,$x_1=[0.56/(0.56+0.42)]\times20m=11.43m$

其余零点计算从略,零线如图 1-69 所示。

(5)计算各方格土方工程量,以(+)为填方以(-)为挖方

$$V_{1256}^{(+)}=\frac{20}{8}\times(11.43+18.92)\times(0.56+0.70)\text{m}^3=95.60\text{m}^3$$

$$V_{1256}^{(-)}=\frac{20}{8}\times(20\times2-11.43-18.92)\times(0.56+0.70)\text{m}^3=30.40\text{m}^3$$

$$V_{2367}^{(+)}=\frac{20}{8}\times(18.92+17.50)\times(0.70+0.14)\text{m}^3=76.48\text{m}^3$$

$$V_{2367}^{(-)}=\frac{20}{8}\times(20\times2-18.92-17.50)\times(0.04+0.02)\text{m}^3=0.54\text{m}^3$$

$$V_{3478}^{(+)}=\frac{10.77\times17.5}{6}\times0.14\text{m}^3+\frac{16.92\times9.57}{6}\times0.11\text{m}^3=7.37\text{m}^3$$

$$V_{3478}^{(-)}=\frac{9.23\times10.43}{6}\times0.12\text{m}^3+\frac{2.50\times3.08}{6}\times0.02\text{m}^3=1.95\text{m}^3$$

$$V_{56910}^{(-)}=\frac{20^2}{4}(0.42+0.04+0.36+0.23)\text{m}^3=105\text{m}^3$$

$$V_{671011}^{(-)}=\frac{20^2}{4}(0.04+0.02+0.23+0.21)\text{m}^3=50\text{m}^3$$

$$V_{781112}^{(+)}=\frac{16.92\times13.75}{6}\times0.11\text{m}^3=4.27\text{m}^3$$

$$V_{781112}^{(-)}=(20^2-\frac{16.92\times13.75}{2})\times\frac{0.02+0.21+0.05}{5}\text{m}^3=15.89\text{m}^3$$

$$V_{挖}=(30.40+0.54+1.95+105+50+15.89)\text{m}^3=203.78\text{m}^3$$

$$V_{填}=(95.60+76.48+7.37+4.27)\text{m}^3=183.72\text{m}^3$$

【例 1-71】 场地平整工程,长 100m,宽 100m,土质为粉质黏土,取挖方区边坡坡度为 1:1.3,填方边坡坡度为 1:1.5,已知平面图挖填分界线尺寸及角点标高如图 1-70 所示,试求边坡挖、填土方量。

【解】 先求边坡角点 1~4 的挖填方高度

角点 2 挖方高度 $=0.68\times1.3\text{m}$
$=0.88\text{m}$

角点 3 填方高度 $=0.76\times1.5\text{m}$
$=1.14\text{m}$

角点 4 挖方高度 $=1.01\times1.3\text{m}$
$=1.31\text{m}$

利用作图法可得出边坡平面尺寸如图 1-70 所示。

1)挖方区边坡土方量

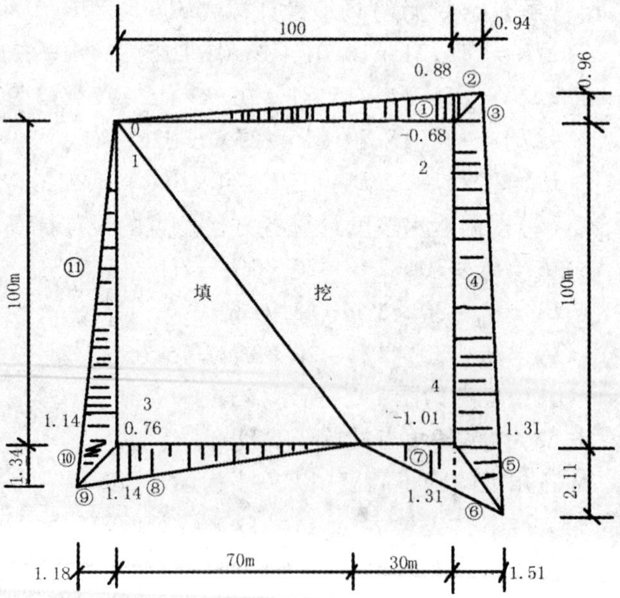

图 1-70 场地平整示意图

$V_{①}=\frac{1}{3}\times\frac{0.88\times0.68}{2}\times100\text{m}^3=9.97\text{m}^3$

$V_{②}=\frac{1}{3}\times\frac{0.88\times0.68}{2}\times0.94\text{m}^3=0.09\text{m}^3$

$V_{③}=\frac{1}{3}\times\frac{0.88\times0.68}{2}\times0.96\text{m}^3=0.10\text{m}^3$

$V_{④}=\frac{1}{2}\times(\frac{0.88\times0.68}{2}+\frac{1.01\times1.31}{2})\times100\text{m}^3=48.04\text{m}^3$

$V_{⑤}=\frac{1}{3}\times\frac{1.01\times1.31}{2}\times2.11\text{m}^3=0.47\text{m}^3$

$V_{⑥}=\frac{1}{3}\times\frac{1.01\times1.31}{2}\times1.51\text{m}^3=0.33\text{m}^3$

$V_{⑦}=\frac{1}{3}\times\frac{1.01\times1.31}{2}\times30\text{m}^3=6.62\text{m}^3$

$V_{挖}=(9.97+0.09+0.10+48.04+0.47+0.33+6.62)\text{m}^3=65.62\text{m}^3$

2)填方区边坡土方量

$V_{⑧}=\frac{1}{3}\times\frac{0.76\times1.14}{2}\times70\text{m}^3=10.11\text{m}^3$

$V_{⑨}=\frac{1}{3}\times\frac{0.76\times1.14}{2}\times1.18\text{m}^3=0.17\text{m}^3$

$V_{⑩}=\frac{1}{3}\times\frac{0.76\times1.14}{2}\times1.34\text{m}^3=0.19\text{m}^3$

$V_{⑪}=\frac{1}{3}\times\frac{0.76\times1.14}{2}\times100\text{m}^3=14.44\text{m}^3$

$V_{填}=(10.11+0.17+0.19+14.44)\text{m}^3=24.91\text{m}^3$

【例 1-72】 计算如图 1-71 所示的填方体积,断面长 40m,假定全长范围内截面不发生变化。

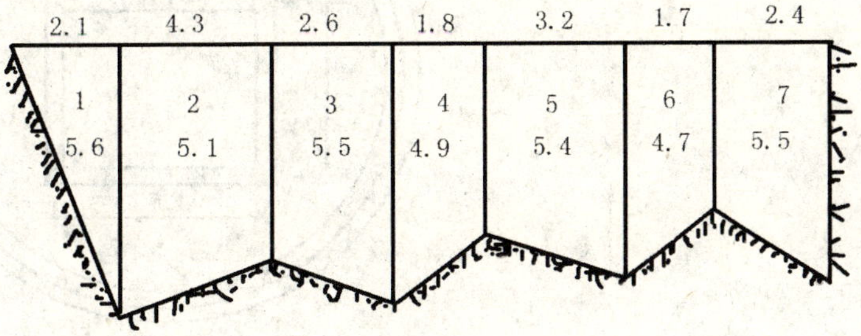

图 1-71 填方体积示意图

【解】 $f_1=\frac{1}{2}\times2.1\times5.6\text{m}^2$

$=5.88\text{m}^2$

$f_2=\frac{1}{2}\times(5.6+5.1)\times4.3\text{m}^2$

$=23.01\text{m}^2$

$f_3=\frac{1}{2}\times(5.1+5.5)\times2.6\text{m}^2$

$=13.78\text{m}^2$

$f_4=\frac{1}{2}\times(5.5+4.9)\times1.8\text{m}^2=9.36\text{m}^2$

$f_5=\frac{1}{2}\times(4.9+5.4)\times3.2\text{m}^2=16.48\text{m}^2$

$$f_6=\frac{1}{2}\times(4.7+5.4)\times1.7\text{m}^2=8.59\text{m}^2$$

$$f_7=\frac{1}{2}\times(4.7+5.5)\times2.4\text{m}^2=12.24\text{m}^2$$

则填方体积 $=(5.88+23.01+13.78+9.36+16.48+8.59+12.24)\times40\text{m}^3$

$=3573.6\text{m}^3$

【例 1-73】 根据图 1-72 计算人工平整场地工程量，图中尺寸为外边线尺寸。

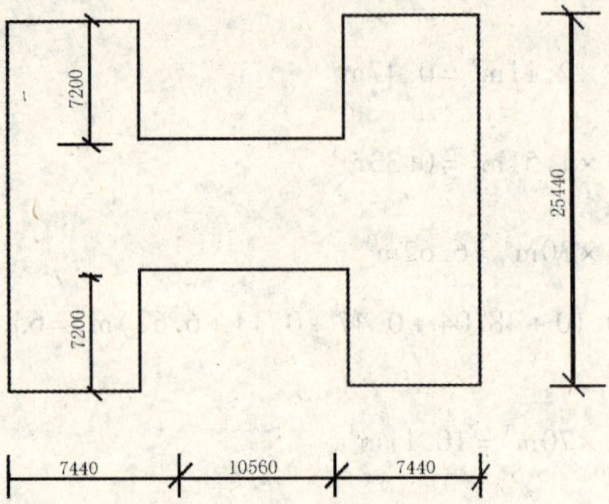

图 1-72　场地平面示意图

【解】 平整场地工程量 $=[25.44\times(10.56+7.44\times2)-7.2\times10.56\times2]\text{m}^2=495.13\text{m}^2$

【例 1-74】 根据图 1-73 计算人工平整场地工程量。

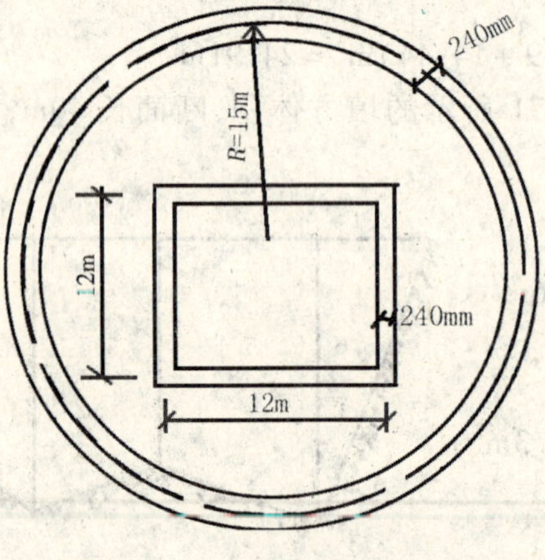

图 1-73　圆形广场平面示意图

【解】 人工平整场地工程量 $=[\pi\times(15+0.12)^2-(12-0.24)^2]\text{m}^2$

$=579.55\text{m}^2$

【例 1-75】 计算图 1-74 的场地平整工程量。

【解】 平整场地工程量 $=(\frac{1}{2}\pi\times30.12^2-\frac{1}{2}\pi\times22.56^2+30.24\times9.24)\text{m}^2=904.69\text{m}^2$

【例 1-76】 利用方格网计算土方量、余土外运（或取土内运）、推土机推土运距。

图 1-75 给出的是经计算后得到施工高程的方格网。根据该方格网图求出每个方格的挖

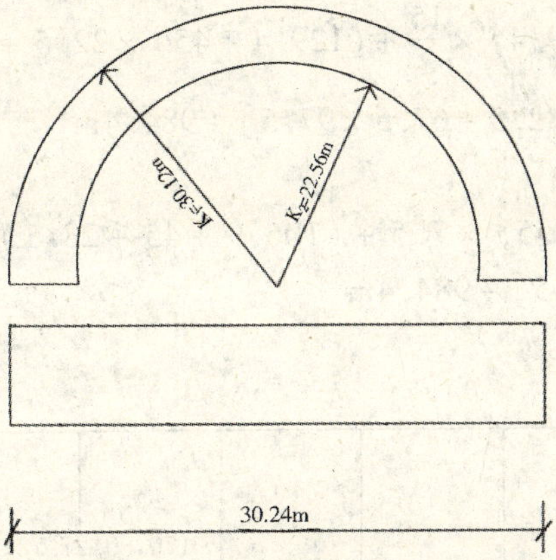

图 1-74　平整场地平面示意图

填工程量并填入相应的方格中，挖土取正，填土取负，方格边长为 15m。

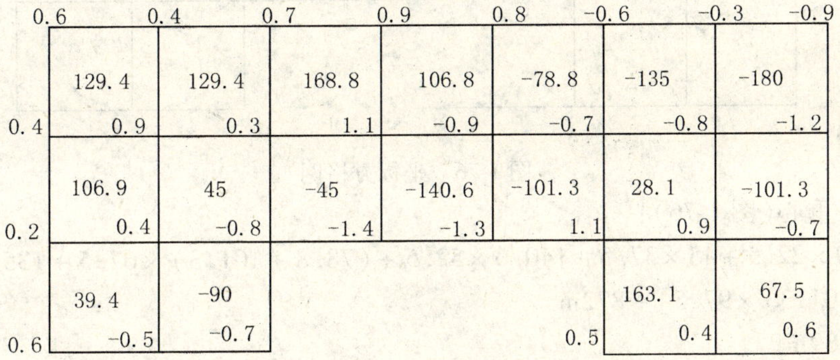

图 1-75　方格网图

【解】　挖方量 $=(129.4+129.4+168.8+106.8+106.9+45+28.1+39.4+163.1+67.5)\text{m}^3$

$=984.4\text{m}^3$

填方量 $=(78.8+135+180+45+140.6+101.3+101.3+90)\text{m}^3$

$=872\text{m}^3$

余土外运量 $=(984.4-872)\text{m}^3=112.4\text{m}^3$

计算推土机运距

由于本例无施工组织设计，故按定额规定执行，先计算挖方区和填方区重心，两者间的直线距离即为推土机运距。

重心的求法采用取距法，即选定 x、y 轴，则重心到 x、y 轴的距离分别为 y'_0、x'_0，有：

$$y_0' = \frac{\sum[V_{i挖(填)} \times y_{i挖(填)}]}{\sum V_{i挖(填)}}$$

$$x_0' = \frac{\sum[V_{i挖(填)} \times x_{i挖(填)}]}{\sum V_{i挖(填)}}$$

其中，V_i 为 i 方格的挖(填)方量；

x_i 为 i 方格中心到 y 轴距离；

y_i 为 i 方格中心到 x 轴距离。

求挖方区重心(图 1-76)：

$$x'_{挖} = [(129.4+106.9+39.4)\times\frac{15}{2}+(129.4+45)\times 22.5+168.8\times 37.5+106.8\times 52.5 +(28.1+163.1)\times 82.5+67.5\times 97.5]\div 984.4\text{m} = 40.92\text{m}$$

$$y'_{挖} = [(39.4+163.1+67.5)\times 7.5+(106.9+45+28.1)\times 22.5+(129.4+129.4+168.8+106.8)\times 37.5]\div 984.4\text{m} = 26.53\text{m}$$

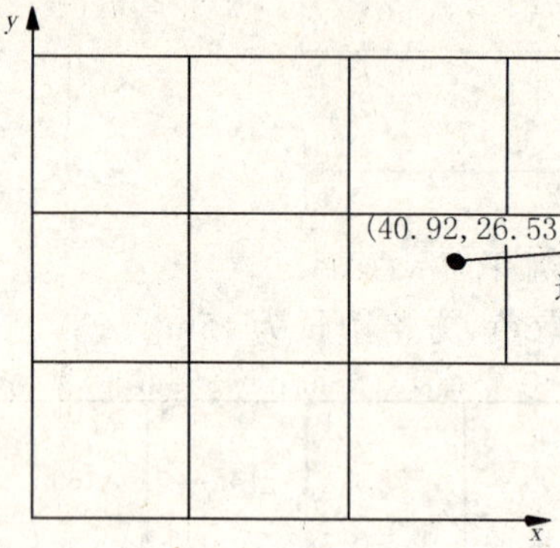

图 1-76　坐标方格网

求填方区重心(图 1-76)：

$$x'_{填} = [90\times 22.5+45\times 37.5+140.6\times 52.5+(78.8+101.3)\times 67.5+135\times 82.5+(180+101.3)\times 97.5]\div 872\text{m} = 70.89\text{m}$$

$$y'_{填} = [90\times 7.5+(45+140.6+101.3+101.3)\times 22.5+(78.8+135+180)\times 37.5]\div 872\text{m} = 27.73\text{m}$$

计算推土机运距：

$$L=\sqrt{(x'_{挖}-x'_{填})^2+(y'_{挖}-y'_{填})^2}=\sqrt{(40.92-70.89)^2+(26.53-27.73)^2}\text{m} = 29.99\text{m}$$

【例 1-77】　设某工程挖一矩形地坑如图 1-77 所示，其坑深为 5.6m，地坑底面尺寸为 $a\times b=60\text{m}\times 18\text{m}$，工作面取 $c=0.8\text{m}$，土壤为一、二类土，根据施工组织设计要求，推土机只能沿地坑长度方向推土。试求在不同的推土机重车上坡系数条件下的推土运距。

【解】　(1)计算挖方区重心至坑边斜长

$L_{斜}=\sqrt{(60/2+0.8)^2+5.6^2}\text{m}=31.305\text{m}$

(2)当坡度为 5% 时，其挖土深度为

$h_1=31.305\text{m}\times 5\%=1.57\text{m}$

(3)当坡度为 10% 时，其挖土深为

$h_2=31.305\text{m}\times 10\%=3.13\text{m}$

(4)当坡度为 15% 时，其挖土深度为

$h_3=31.305\text{m}\times 15\%=4.70\text{m}$

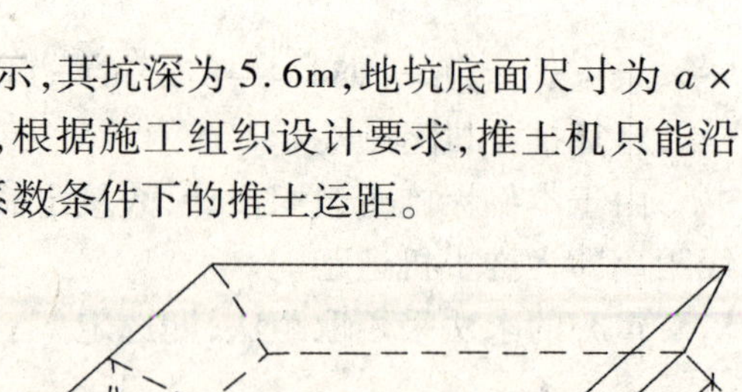

图 1-77　矩形地坑示意图

(5)当坡度介于 15% ~20% 时，其挖土深度为

$h_4 = h_0 - h_3 = (5.60 - 4.70)\text{m} = 0.90\text{m}$

则当挖土深度在 $h_1 = 1.57\text{m}$ 到 $h_2 = 3.13\text{m}$ 之间的挖方到坑边距离为：

$31.305 \times 1.75\text{m} = 54.78\text{m}$

当挖土深度在 $h_2 = 3.13\text{m}$ 到 $h_3 = 4.70\text{m}$ 之间的挖方到坑边距离为：

$31.305 \times 2.00 = 62.61\text{m}$

当挖土深度在 $h_3 = 4.70\text{m}$ 到 $h_0 = 5.6\text{m}$ 之间的挖方至坑边距离为：

$31.305 \times 2.25\text{m} = 70.44\text{m}$

注:1.75,2.00,2.25 均为不同坡度对应的推土机上坡系数。

【例 1-78】 矩形广场各调配区的土方量和相互之间的平均运距如图 1-78 所示,试求最优土方调配方案和土方总运输量及总的平均运距。

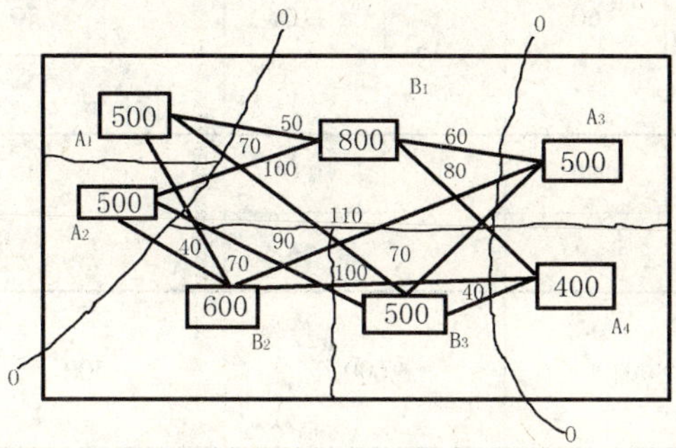

图 1-78 各调配区的土方量和平均运距

【解】 (1)先将图 1-78 中的数值标注在填、挖方平衡及运距表 1-3 中。

(2)采用"最小元素法"编初始调配方案,即根据对应于最小的 L_{ij}(平均运距)取尽可能最大的 x_{ij} 值的原则进行调配。首先在运距表内的小方格中找一个 L_{ij} 最小数值,如表中 $L_{22} = L_{43=40,}$ 任取其中一个,如 L_{43},于是先确定 x_{43} 的值,使其尽可能的大,即 $x_{43} = \max(400、500) = 500$,由于 A_4 挖方区的土方全部调到 B_3 填方区,所以 $x_{41} = x_{42} = 0$,将 400 填入表 1-4 中 x_{43} 格内,加一个括号,同时在 x_{41}、x_{42} 格内打个"×"号,然后在没有"( )"、"×"的方格内重复上面步骤,依次地确定其余 x_{ij} 数值,最后得出初始调配方案(表 1-4)。

(3)在表 1-4 基础上,再进行调配、调整,用"乘数法"比较不同调配方案的总运输量,取其最小者,求得最优调配方案(表 1-5)。

该土方最优调配方案的土方总运输量为:

$W = (400 \times 50 + 100 \times 70 + 550 \times 40 + 400 \times 60 + 50 \times 70 + 400 \times 40)\text{m}^3 \cdot \text{m}$

$= 92500\text{m}^3 \cdot \text{m}$

其总的平均运距为:

$$L_0 = \frac{W}{V} = \frac{92500}{1900}\text{m} = 48.68\text{m}$$

表 1-3　填挖方平衡及运距表

挖方区 / 填方区	B_1	B_2	B_3	挖方量 / m^3
A_1	50	70	100	500
A_2	70	40	90	500
A_3	60	110	70	500
A_4	80	100	40	400
填方量 / m^3	800	600	500	1900 / 1900

表 1-4　土方初始调配方案

挖方区 / 填方区	B_1	B_2	B_3	挖方量 / m^3
A_1	(500) 50	× 70	× 100	500
A_2	× 70	(550) 40	× 90	500
A_3	(300) 60	(100) 110	(50) 70	450
A_4	× 80	× 100	(400) 40	400
填方量 / m^3	800	650	450	1900 / 1900

表 1-5　土方最优调配方案

填方区＼挖方区	B_1		B_2		B_3		挖方量 /m^3
A_1	400	50	100	70		100	500
A_2		70	550	40		90	500
A_3	400	60		110	50	70	450
A_4		80		100	400	40	400
填方量 /m^3	800		650		450		1900 / 1900

最后将表 1-5 中的土方调配数值绘成土方调配图，如图 1-79 所示。

【例 1-79】　某工程施工现场为普通岩石，外墙地槽开挖（图 1-80）长度为 100m，计算工程量。

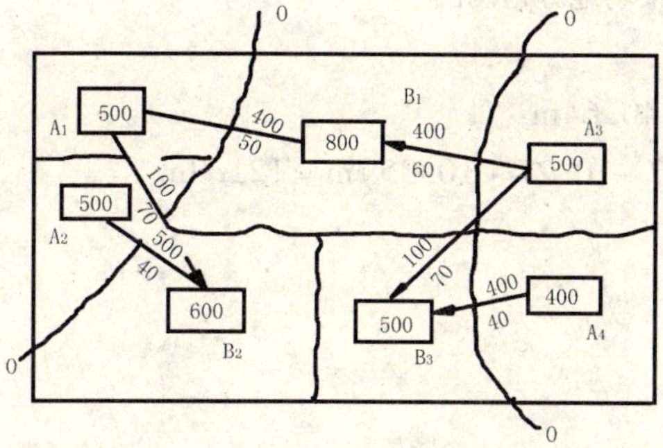

图 1-79　土方调配图

注：$\frac{土方量\ m^3}{运距\ m}$

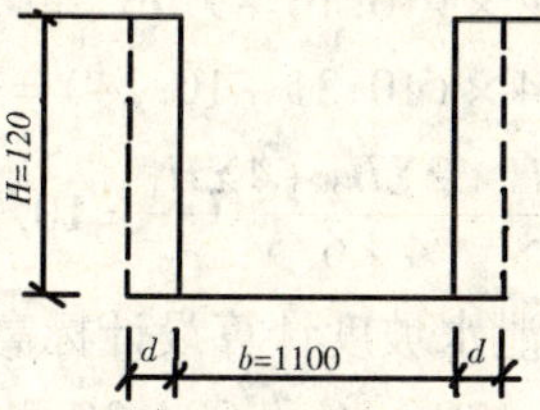

图 1-80　地槽示意图

【解】　石方沟槽和基坑开挖工程量按图示尺寸，另加允许超挖量，以 m^3 计算。允许超挖量按被开挖的坡面积乘以允许超挖厚度计算，允许超挖厚度：普通岩石为 20cm，坚硬岩石为 15cm。其工程量计算公式为：

$$V = H(b + 2d)l$$

式中　d——允许超挖厚度；

　　b——沟槽设计宽度，不包括工作面的宽度。

$$V = 1.20 \times (1.10 + 2 \times 0.2) \times 100m^3 = 180m^3$$

岩石开挖的工程项目定额中只包括了钻孔、放炮，没有包括明挖出渣的内容，故在套定额计算分项工程直接费时，除选套沟槽开挖项目外，尚应选套明挖出渣相应项目。

【例 1-80】 参照图 1-81，计算槽长 100m，槽设计宽 1.20m，槽深 1.30m 为普通岩石的石方开挖工程量。

【解】 $V = L(b+2d)H$

$= 100 \times (1.20 + 2 \times 0.2) \times 1.30\text{m}^3$

$= 208\text{m}^3$

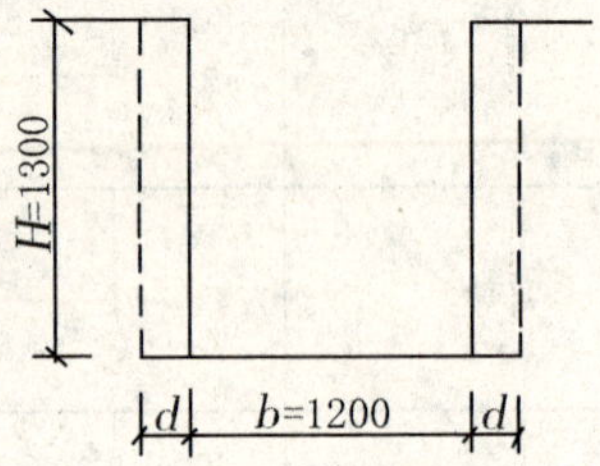

图 1-81　某槽示意图

【例 1-81】 某场地方格网如图 1-82 所示，泄水坡度 $i_x = 3‰$，$i_y = 3‰$，求其施工高度。

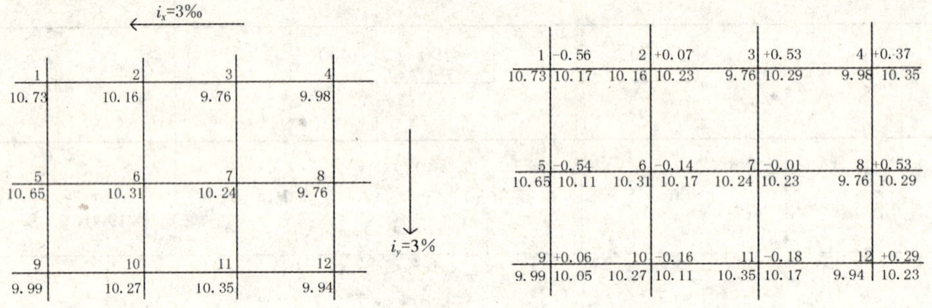

图 1-82　某场地方格网图

【解】 1）计算场地设计标高 H_0

$\Sigma H_1 = (10.73 + 9.98 + 9.99 + 9.94)\text{m} = 40.64\text{m}$

$2\Sigma H_2 = 2 \times (10.16 + 9.76 + 10.65 + 9.76 + 10.27 + 10.35)\text{m} = 121.9\text{m}$

$4\Sigma H_4 = 4 \times (10.31 + 10.24) = 82.20\text{m}$

$$H_0 = \frac{\Sigma H_1 + 2\Sigma H_2 + 4\Sigma H_4}{4 \times 6} = 10.20\text{m}$$

2）根据泄水坡度计算设计标高

$H_1 = H_0 - 30 \times 3‰ + 20 \times 3‰ = 10.17\text{m}$

$H_2 = H_1 + 20 \times 3‰ = 10.17 + 0.06 = 10.23\text{m}$

$H_5 = H_0 - 30 \times 3‰ = 10.11\text{m}$

$H_6 = H_5 + 20 \times 3‰ = 10.11 + 0.06 = 10.17\text{m}$

$H_9 = H_0 - 30 \times 3‰ - 20 \times 3‰ = 10.05\text{m}$

$H_{10} = H_9 + 20 \times 3‰ = 10.05 + 0.06 = 10.11\text{m}$

施工计算略，如图 1-82 所示。

3）施工高度计算（“+”为填方，“-”为挖方）

$h_1 = (10.17 - 10.73)\text{m} = -0.56\text{m}$

$h_2 = (10.23 - 10.16)\text{m} = +0.07\text{m}$

$h_3=(10.29-9.26)\text{m}=+0.53\text{m}$

其余计算结果如图 1-82 所示。

【例 1-82】 图 1-83 中所示方格，边长为 20m，相应方格中的挖填土方量已标注于图中，求机械土方的运距。

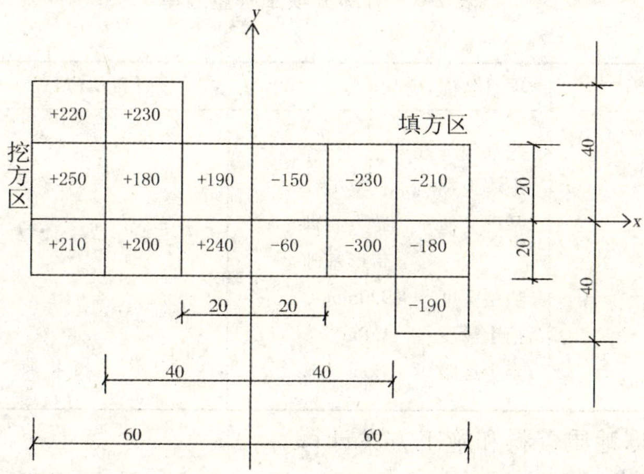

图 1-83

【解】 挖方区重心 x 值 =

$$\frac{(220+250+210)\times(-50)+(230+180+200)\times(-30)+(190+240)\times(-10)}{220+250+210+230+180+200+190+240}$$

$=-32.91\text{m}$

挖方区重心 y 值 =

$$\frac{(220+230)\times30+(250+180+190)\times10+(210+200+240)\times(-10)}{220+250+210+230+180+200+190+240}=7.67\text{m}$$

填方区重心 x 值 $=\dfrac{(-150-60)\times10+(-230-300)\times30+(-210-180-190)\times50}{-150-60-230-300-210-180-190}$

$=35.61\text{m}$

填方区重心 y 值 =

$$\frac{(-150-230-210)\times10+(-60-300-180)\times(-10)+(-190)\times(-30)}{-150-60-230-300-210-180-190}$$

$=-3.94\text{m}$

两重心点距离 $=\sqrt{(x_{挖}-x_{填})^2+(y_{挖}-y_{填})^2}$

$=\sqrt{(-32.91-35.61)^2+(7.67+3.94)^2}\text{m}$

$=69.5\text{m}$

则机械土方运距为 69.5m。

【例 1-83】 土壤类别为三类土，基础为砖大放脚带形基础，基础总长度为 1590.6m，垫层宽度为 920mm，挖土深度为 1.8m，其施工方案为：

①每边留工作面 300mm，放坡系数为 0.33；

②除沟边堆土外，现场堆土运距 60m，采用人工运输；

③余土外运,用装载机装,自卸汽车运,运距4km。

试计算分部分项工程量及总价。

【解】 (1)经业主根据基础施工图计算

土方挖方量为:$0.92\text{m}\times1.8\text{m}\times1590.6\text{m}=2634\text{m}^3$,见表1-6。

表1-6 分部分项工程量清单

工程名称:某工程　　　　第 页 共 页

序号	项目编码	项目名称	计量单位	工程数量
1	010101003001	挖基础土方 土壤类别　三类土 基础类型　砖大放脚带形基础 垫层宽度　920mm 挖土深度　1.8m 弃土运距　4km	m^3	2634

(2)经投标人根据地质资料和施工方案计算

1)土方挖方总量为:$(0.92+0.3\times2+0.33\times1.8)\text{m}\times1.8\text{m}\times1590.6\text{m}=6052.55\text{m}^3$

采用人工挖土方量为6052.55m^3,根据施工方案除沟边堆土外,现场堆土2170.5m^3,运距60m,采用人工运输;装载机装,自卸汽车运,运距4km,土方量1210m^3。

2)人工挖土、运土(60m内):

①人工费:$6052.55\text{m}^3\times8.4$ 元/m^3 $+2170.5\text{m}^3\times7.38$ 元/m^3 $=66859.71$ 元

②机械费:电动打夯机:8 元/台班 $\times0.0018$ 台班/$\text{m}^3\times6052.55\text{m}^2=87.16$ 元

③合计:66859.71 元 + 87.16 元 = 66946.87 元

3)装载机装自卸汽车运土(运距4km):

①人工费:25 元/工日 $\times0.006$ 工日/$\text{m}^3\times1210\text{m}^3\times2=363.0$ 元

(装载机装运土方人工费与自卸汽车运土人工费之和)

②机械费:轮胎式装载机1m^3:280 元/台班 $\times0.00398$ 台班/$\text{m}^3\times1210\text{m}^3=1348.42$ 元

自卸汽车(3.5t):340 元/台班 $\times0.004975$ 台班/$\text{m}^3\times1210\text{m}^3=2046.72$ 元

推土机(75kW以内):500 元/台班 $\times0.00296$ 台班/$\text{m}^3\times1210\text{m}^3=1790.8$ 元

洒水车4000L:300 元/台班 $\times0.0006$ 台班/$\text{m}^3\times1210\text{m}^3=217.8$ 元

③材料费:1.8 元/$\text{m}^3\times0.012\text{m}^3/\text{m}^3\times1210\text{m}^3=26.14$ 元

④合计:363.0 元 + 1348.42 元 + 2046.72 元 + 1790.8 元 + 217.8 元 + 26.14 元
=5792.88 元

4)综合:

①直接费合计:66946.87 元 + 5792.88 元 = 72739.75 元

②管理费:直接费 × 34% = 24731.52 元

③利润:直接费 × 8% = 5819.18 元

④总计:直接费 + 管理费 + 利润 = 103290.45 元

⑤综合单价:103290.45 元 $\div2634\text{m}^3=39.21$ 元/m^3

5)大型机械进出场费(列入工程量清单措施项目费):

①推土机进出场按平板拖车(15t)1 个台班计算为:600 元

②装载机进出场按 1 个台班计算为:280 元

③自卸汽车进出场费(3 台)按 1.5 台班计算为:510 元

④机械进出场费总计:1390 元。

分部分项工程量清单计价及综合计价计算见表 1-7 和表 1-8。

表 1-7　分部分项工程量清单计价表

工程名称:某多层砖混住宅工程　　　　第　页　共　页

序号	项目	项目名称	计量单位	工程数量	金额/元	
					综合单价	合价
	010101003001	A.1 土(石)方工程 挖基础土方 土壤类别:三类土 基础类型:砖大放脚带形基础 垫层宽度:920mm 挖土深度:1.8m 弃土运距:4km	m^3	2634	39.21	103290.45

表 1-8　分部分项工程量清单综合单价计算表

工程名称:某多层砖混住宅工程　　　　计量单位:m^3

项目编码:010101003001　　　　工程数量:2634

项目名称:挖基础土方　　　　综合单价:39.22 元

序号	定额编号	工程内容	单位	数量	其中/元					
					人工费	材料费	机械费	管理费	利润	小计
	1-8	人工挖土方(三类土 2m 以内)	m^3	2.298	19.34		0.033	6.57	1.55	27.49
	1-49	人工运土方(60m)	m^3	0.824	6.08			2.07	0.49	8.64
	1-174、1-195	装载自卸汽车运土方(4km)	m^3	0.459	0.14	0.01	2.05	0.75	0.18	3.13
		合计			25.52	0.01	2.08	9.39	2.22	39.22

【例 1-84】　土壤类别为二类土,基础为现浇混凝土独立柱基础,垫层宽度 1.5m,挖土深度 2.3m,其施工图如图 1-84 (a)、(b)所示。试计算工程量及分部分项工程量清单计价。

【解】　(1)业主根据基础施工图计算

土方挖方量为 $1.5m \times 1.5m \times 2.3m = 5.175m^3$

垫层及基础为:

$1.5 \times 1.5 \times 0.2m^3 + (1.5 - 0.05 \times 2) \times (1.5 - 0.05 \times 2) \times 0.4m^3 + 0.24 \times 0.24 \times 2m^3$

$= 1.349m^3$

基础回填土:$(5.175 - 1.349 + 0.24 \times 0.24 \times 0.3)m^3$

$= 3.843m^3$

弃土:$(5.175 - 3.843)m^3 = 1.332m^3$

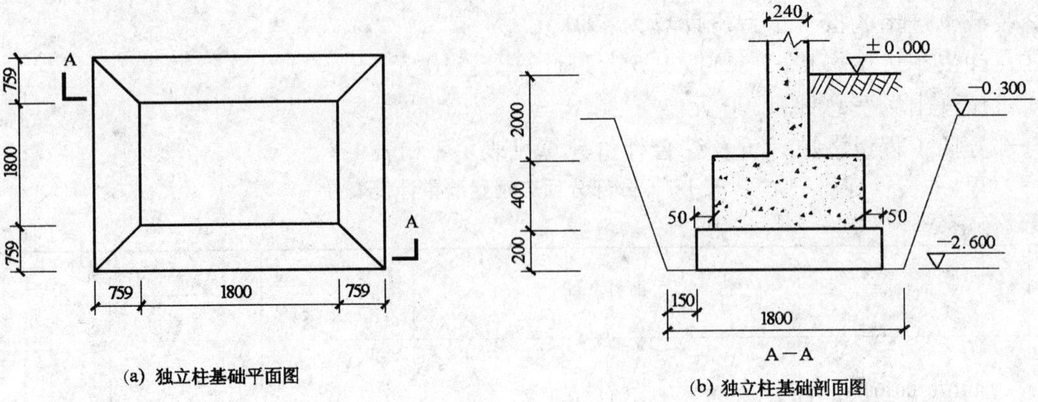

图 1-84　独立柱基础结构示意图

分部分项工程量清单见表 1-9。

表 1-9　分部分项工程量清单

工程名称:某工程　　　　　　　　　　　　　　　　第　页　共　页

序号	项目编码	项目名称	计量单位	工程数量
1	010101003001	挖基础土方 土壤类别:二类土 垫层底宽:1.50m 挖土深度:2.3m 弃土运距 4km	m^3	5.175
2	010401002001	独立基础 垫层:C15 混凝土 200mm 厚	m^3	1.349
3	010103001001	土(石)方回填 土壤类别:二类土 密实度:95% 人工夯填	m^3	3.843

(2)投标人根据基础施工图及施工方案计算

1)挖基础土方:

$$工程量 = (1.8+0.33\times2.3)\times(1.8+0.33\times2.3)\times2.3m^3+\frac{1}{3}\times(0.33\times2.3)^2\times2.3m^3$$

$$=(15.06+0.44)m^3 = 15.5m^3$$

①人工挖基坑:

人工费:13.21 元/m^3 × 15.5m^3 = 204.76 元

材料费:无

机械费:无

②余土外运,工程量为 1.332m^3,运距 4km。

人工费:3 元/m^3 ×1.332m^3 =4.00 元

材料费:无

机械费:17.37 元/m^3 ×1.332m^3 =23.14 元

③综合:

直接费合计:直接费 =Σ 人工费 +Σ 材料费 +Σ 机械费 =231.9 元(以下同)

管理费:231.9 元×34% =78.85 元

利润:231.9 元×8% =18.55 元

总计:(231.9 +78.85 +18.55)元 =329.3 元

综合单价:329.3 元 ÷5.175m^3 =63.63 元/m^3

2)独立基础:

①C15 独立基础垫层,工程量为 0.45m^3。

人工费:24.14 元/m^3 ×0.45m^3 =10.86 元

材料费:176.34 元/m^3 ×0.45m^3 =79.35 元

机械费:13.47 元/m^3 ×0.45m^3 =6.06 元

②C25 独立基础

人工费:30.72 元/m^3 ×0.899m^3 =27.62 元

材料费:204.70 元/m^3 ×0.899m^3 =184.03 元

机械费:13.47 元/m^3 ×0.899m^3 =12.11 元

③综合:

直接费合计:320.03 元

管理费:320.03 元×34% =108.81 元

利润:320.03 元×8% =25.60 元

总计:(320.03 +108.81 +25.60)元 =454.44 元

综合单价:454.44 元 ÷0.899m^3 =505.49 元/m^3

3)土(石)方回填:V =(15.5 −1.332)m^3 =14.168m^3

①回填土、夯填

人工费:6.10 元/m^3 ×14.168m^3 =86.42 元

材料费:无

机械费:0.72 元/m^3 ×14.168m^3 =10.20 元

②综合:

直接费合计:96.62 元

管理费:96.62 元×34% =32.85 元

利润:96.62 元×8% =7.73 元

总计:(96.62 +32.85 +7.73)元 =137.2 元

综合单价:137.2 元 ÷3.843m^3 =35.70 元/m^3

表 1-10　分部分项工程量清单计价表

工程名称:某工程　　　　　　　　　　　　　　　　　　　　　　　　第　页　共　页

序号	项目编码	项目名称	计量单位	工程数量	金额/元	
					综合单价	合价
1	010101003001	挖基础土方 土壤类别:二类土 垫层底宽:1.50m 挖土深度:2.3m 弃土运距:4km	m^3	5.175	63.63	329.3
2	010401002001	独立基础 垫层:C15 混凝土 200mm 厚	m^3	0.899	505.49	454.44
3	010103001001	土(石)方回填 土壤类别:二类土 密实度:95% 人工夯填	m^3	3.843	35.7	137.2

表 1-11　分部分项工程量清单综合单价分析表

工程名称:某工程　　　　　　　　　　　　　　　　　　　　　　　　计量单位:m^3

项目编码:010101003001　　　　　　　　　　　　　　　　　　　　　工程数量:5.175

项目名称:挖基础土方　　　　　　　　　　　　　　　　　　　　　　综合单价:63.63 元

序号	定额编号	工程内容	单位	数量	其中/元					
					人工费	材料费	机械费	管理费	利润	小计
	1-3	人工挖基坑	m^3	15.5	204.76	—	—			
	1-15	余土外运	m^3	1.332	4.00	—	23.14			
		合计			208.76	—	23.14	78.85	18.55	329.3

表 1-12　分部分项工程量清单综合单价分析表

工程名称:某工程　　　　　　　　　　　　　　　　　　　　　　　　计量单位:m^3

项目编码:010401002001　　　　　　　　　　　　　　　　　　　　　工程数量:0.899

项目名称:独立基础　　　　　　　　　　　　　　　　　　　　　　　综合单价:505.49 元

序号	定额编号	工程内容	单位	数量	其中/元					
					人工费	材料费	机械费	管理费	利润	小计
	5-2	独立基础垫层,C 15	m^3	0.45	10.86	79.35	6.06			
	5-8	C 25独立基础	m^3	0.899	27.62	184.03	12.11			
		合计			38.48	263.38	18.17	108.81	25.6	454.44

表 1-13　分部分项工程量清单综合单价分析表

工程名称:某工程　　　　　　　　　　　　　　　　　　　　　　　　　　　　计量单位:m^3

项目编码:010103001001　　　　　　　　　　　　　　　　　　　　　　　　工程数量:3.843

项目名称:土(石)方回填　　　　　　　　　　　　　　　　　　　　　　　　综合单价:35.7 元

序号	定额编号	工程内容	单位	数量	其中/元					
					人工费	材料费	机械费	管理费	利润	小计
	1-7	回填土,夯填	m^3	3.843	86.42	—	10.20			
		总计			86.42	—	10.20	32.85	7.73	137.2

第 2 章　桩与地基基础工程工程量清单设置与计价举例

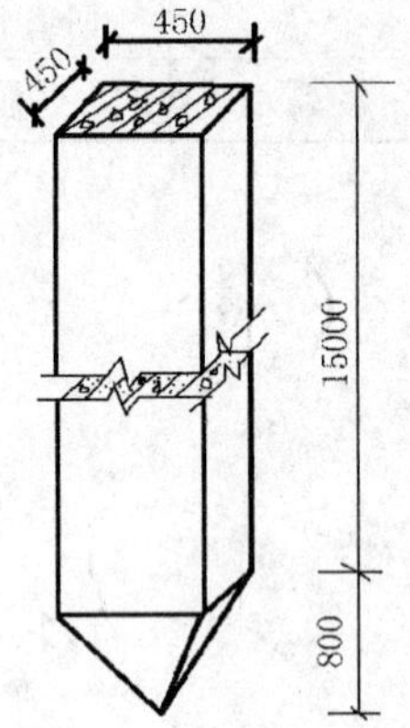

图 2-1　预制桩示意图

【例 2-1】　如图 2-1 所示，已知共有 20 根预制桩，二级土质。求用打桩机打桩工程量。

【解】　工程量 $=0.45\times0.45\times(15+0.8)\times20m^3$

$=63.99m^3$

【例 2-2】　如图 2-2 所示，求履带式柴油打桩机打桩工程量。已知土质为二级土，混凝预制桩 28 根。

【解】　工程量 $=[\pi\times(0.3^2-0.2^2)\times21.2+\pi\times0.3^2\times(0.6+0.2)]\times28m^3$

$=99.57m^3$

【例 2-3】　某单位工程采用钢筋混凝土方桩基础，用柴油打桩机打预制钢筋混凝土方桩 100 根，根据图 2-3 计算打方桩工程量和定额直接费。

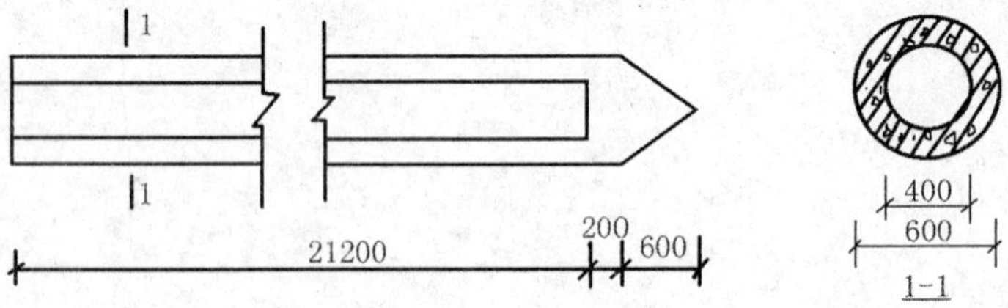

图 2-2　预制离心桩图

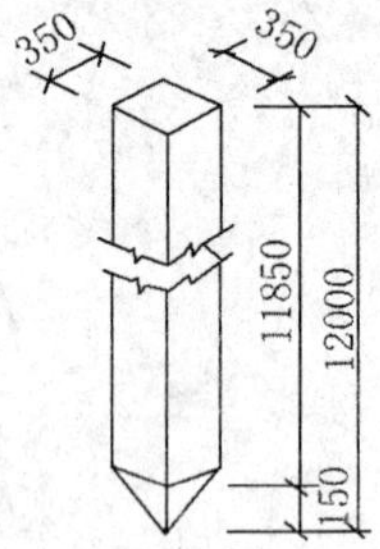

图 2-3　预制方桩示意图

【解】　(1) 打桩工程量：

$V=$ 桩截面 × 设计全长 $=0.35\times0.35\times12\times100m^3$

$=147m^3$

(2) 分项工程定额直接费：

因为本单位工程方桩体积 $147m^3$，小于 $150m^3$，属于小型打桩工程，按定额规定小型打桩工程，人工和机械用量乘以系数 1.25 计算。

人工、机械用量的调整：

$2.2\times1.25=2.75$ 工日

$0.14\times1.25=0.175$ 台班

$0.03\times1.25=0.0375$ 台班

定额基价的调整：

$(6.22\times2.75+0.175\times416.96+0.0375\times288.54+3.58)$元

$=104.47$ 元

注：6.22 元为 7 级工日工资单价。

或：定额基价 +（人工费 + 机械费）×（1.25 − 1）

$=[84.29+(13.68+67.03)\times(1.25-1)]$元

$=104.47$ 元

分项工程直接费：

$\left[\frac{38-93}{104.47(换)}\right]104.47\times147$ 元 $=15357.09$ 元

【例 2-4】 如图 2-4 所示，求送桩工程量，并应用定额求出直接费。

【解】 工程量 $=[0.4\times0.4\times(0.8+0.5)\times4]\text{m}^3=0.832\text{m}^3=0.0832\times10\text{m}^3$

套用 98 定额 2 − 7 子目，

工程直接费 $=5277.15\times0.0832$ 元 $=439.06$ 元

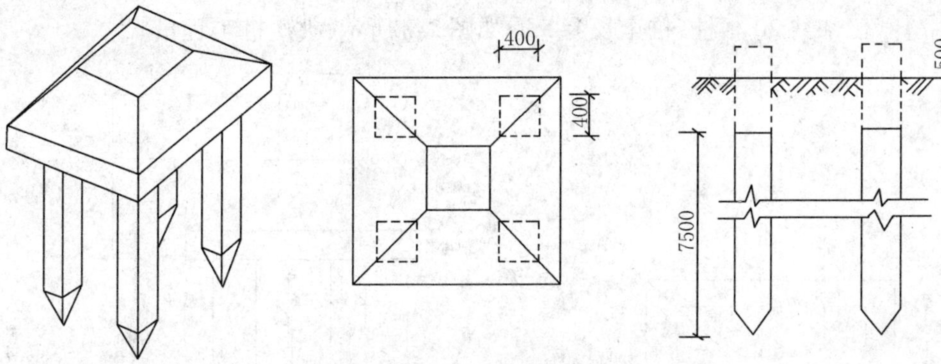

图 2-4 送桩示意图

【例 2-5】 柴油打桩机预制钢筋混凝土方桩（图 2-5），桩长 8m，160 根，计算工程量和应用定额。

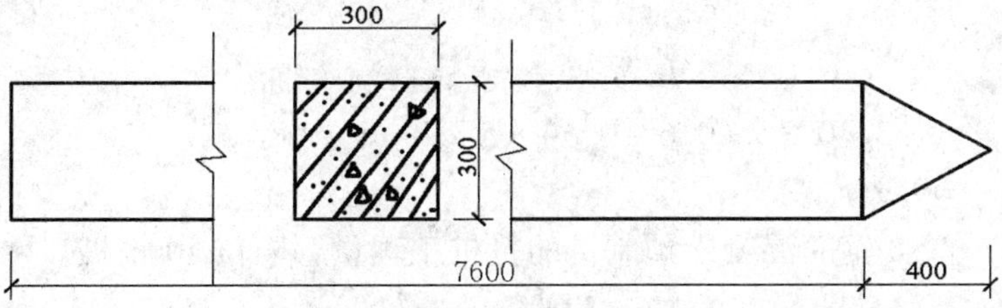

图 2-5 柴油打桩机打方桩

【解】 混凝土桩工程量 $=8\times0.3\times0.3\times160\text{m}^3=115.20\text{m}^3$

套用 98 定额 2 − 1 子目，桩长 12mm 内，每 10m^3 基价为 2379.04 元，预制桩本身直接费按 98 定额第五章另算，本章仅列打桩费用。

工程直接费：(11.52×2379.04)元 $=27406.54$ 元

【例 2-6】 打预制钢筋混凝土离心管桩，桩全长为 15.00m，外径 30cm，其截面面积如图 2-6所示，求单桩体积。

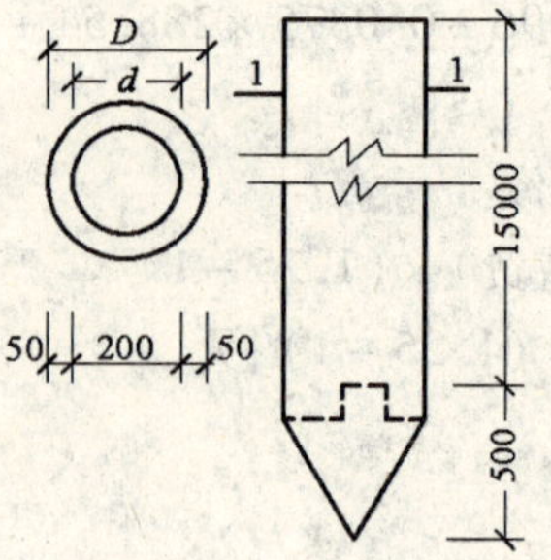

图 2-6 离心管桩截面图

【解】 离心管桩 $V_1 = \frac{0.30^2 - 0.20^2}{4} \times 3.1416 \times 15\text{m}^3 = 0.589\text{m}^3$

预制桩尖 $V_2 = 0.3^2 \times \frac{1}{4} \times 3.1416 \times 0.5\text{m}^3 = 0.035\text{m}^3$

总体积 $\Sigma V = (0.589 + 0.035)\text{m}^3 = 0.624\text{m}^3$

【例 2-7】 已知共 20 根柱，桩全长为 5m，如图 2-7 所示，求送桩工程量。

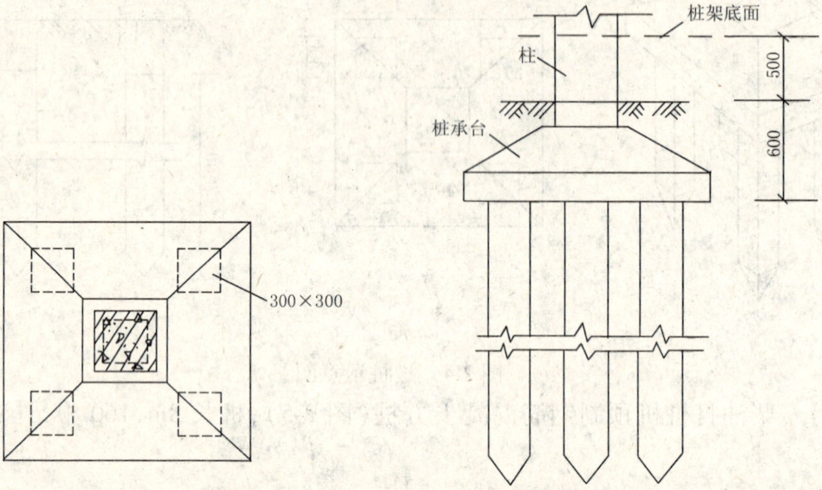

图 2-7 预制钢筋混凝土离心管桩

【解】 工程量 $= 0.3 \times 0.3 \times (0.6 + 0.5) \times 5 \times 20\text{m}^3$

$= 9.9\text{m}^3$

【例 2-8】 求图 2-8 钢筋混凝土预制桩的打桩工程量，共有 150 根桩。

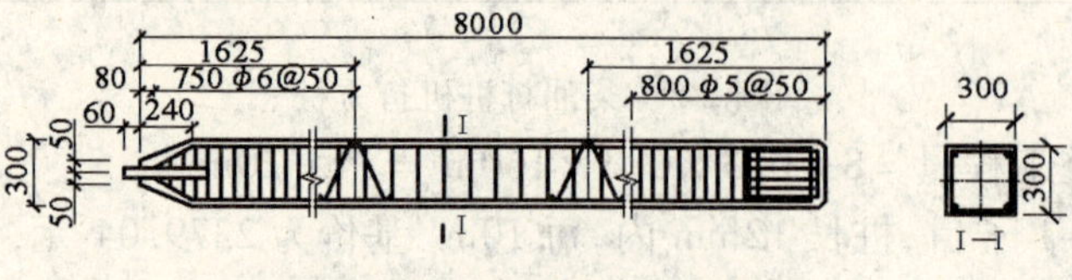

图 2-8 钢筋混凝土预制桩

【解】 工程量

$$V=\{[(8-0.24)\times(0.30\times0.30)+\frac{1}{3}\times(0.30\times0.30\times0.24)]\times150\}\mathrm{m}^3=105.84\mathrm{m}^3$$

【例 2-9】 某预制钢筋混凝土管桩，外径为 50cm，内径 35cm，桩长为 12m（图 2-9），试计算其工程量。

【解】 该管桩的工程量为：

$$V=12\times3.1416\times[(0.5/2)^2-(0.35/2)^2]\mathrm{m}^3=1.202\mathrm{m}^3$$

【例 2-10】 计算图 2-10 预制钢筋混凝土桩 150 根打桩工程量和套定额。

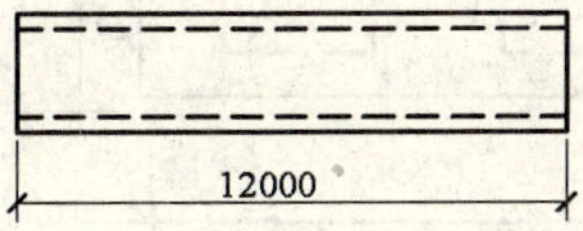

图 2-9 预制钢筋混凝土管桩示意图

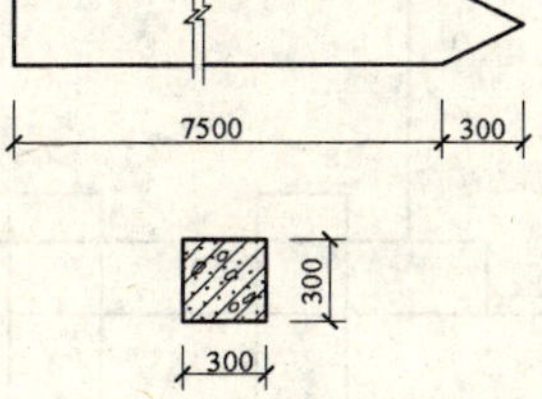

图 2-10 预制钢筋混凝土桩

【解】 根据计算规则，按桩全长（不扣除桩尖虚体积），以 m^3 计算。

工程量 $=(7.5+0.3)\times0.3\times0.3\times150\mathrm{m}^3=105.3\mathrm{m}^3$

采用柴油打桩机打桩，二类土。工程量为 $105.3\mathrm{m}^3$（工程量小于 $150\mathrm{m}^3$），属于小型工程，其人工、机械量应乘系数 1.25。

打桩，属定额第二章，在该章中查到“柴油打桩机打预制钢筋混凝土方桩”是第一节，再在第一节中查到打桩桩长在 12m 以内，应套用定额 2—2（因工程量小于 $150\mathrm{m}^3$，小型工程、人工、机械量应乘以系数 1.25）。

【例 2-11】 如图 2-11 所示，桩断面 40cm×40cm，桩长 8m，10 根，采用履带式柴油打桩机 2.5t 锤送桩，试进行工程量计算。

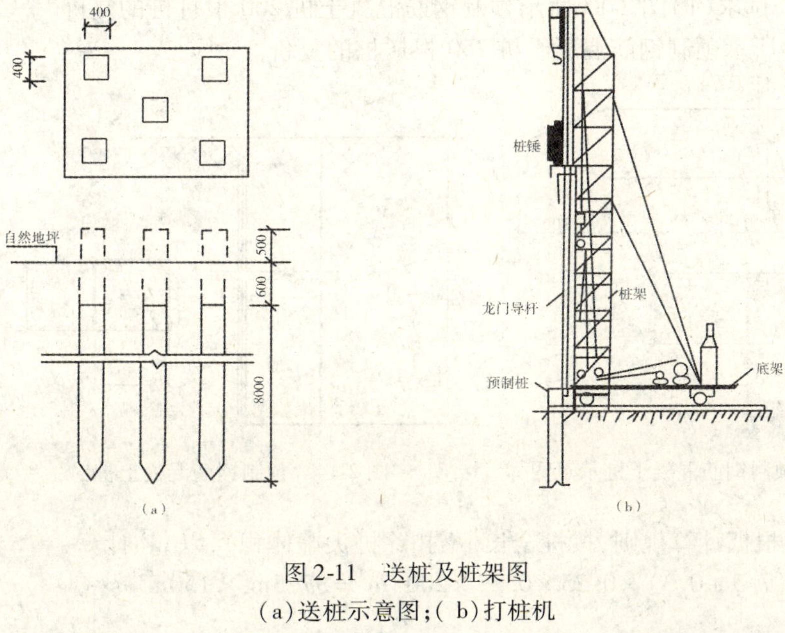

图 2-11 送桩及桩架图

(a)送桩示意图；(b)打桩机

【解】 送桩工程量 $=[(0.6+0.5)\times0.4\times0.4\times10]\text{m}^3=1.76\text{m}^3$

【例 2-12】 图 2-12 为预制钢筋混凝土桩，现浇承台基础示意图，计算桩基的制作、运输、打桩、打送桩以及承台的工程量(40 个)。

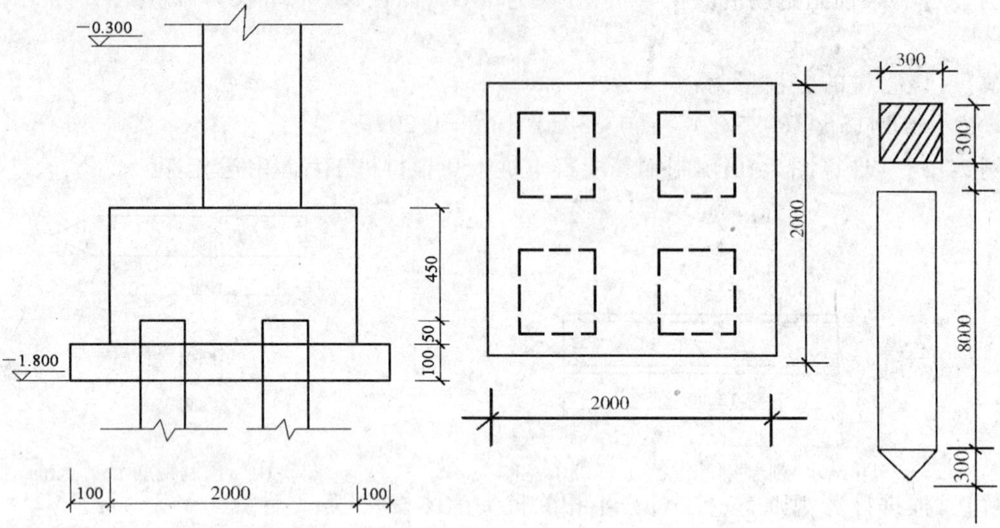

图 2-12 预制钢筋混凝土桩

【解】 (1)预制桩图示工程量：

$V_{图}=(8.0+0.3)\times0.3\times0.3\text{m}^3\times4$ 根 $\times40$ 个 $=119.52\text{m}^3$

(2)制桩工程量：$V_{制}=V_{图}\times1.02=119.52\text{m}^3\times1.02=121.91\text{m}^3$

(3)运输工程量：$V_{运}=V_{图}\times1.019=119.52\text{m}^3\times1.019=121.79\text{m}^3$

(4)打桩工程量：$V_{打}=V_{图}=119.52\text{m}^3$

(5)送桩工程量：$V_{送}=(1.8-0.3-0.15+0.5)\times0.3\times0.3\times4\times40\text{m}^3=26.64\text{m}^3$

(6)桩承台工程量：$V_{承台}=2.0\times2.0\times(0.45+0.05)\times40\text{m}^3=80.00\text{m}^3$

【例 2-13】 试求(1)图 2-13 所示预制钢筋混凝土桩 200 根打桩的复价。

(2)图 2-14 所示预制钢筋混凝土桩 250 根送桩的复价。

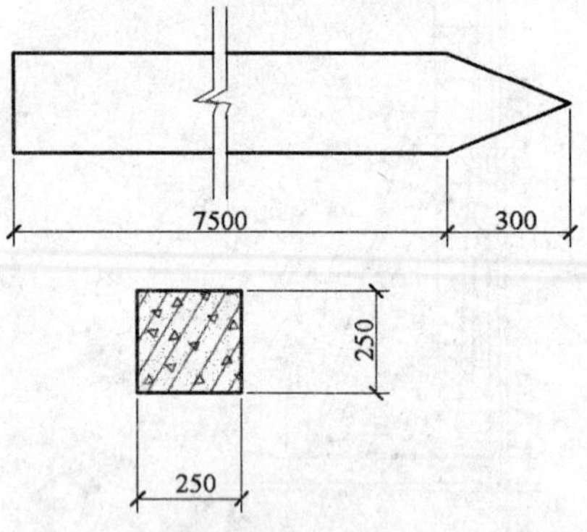

图 2-13 预制钢筋混凝土桩示意图

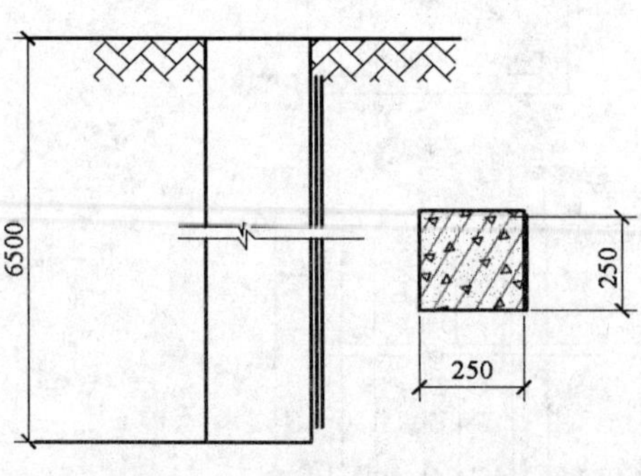

图 2-14 预制钢筋混凝土桩

【解】 (1)根据计算规则，按桩全长(不扣除桩尖虚体积)，以 m^3 计算

工程量 $=[(7.5+0.3)\times0.25\times0.25\times200]\text{m}^3=97.5\text{m}^3<150\text{m}^3$

查得定额编号为 2－1，基价为 1970.30 元/$10m^3$，其中人工费 367.84 元，材料费 122.83 元，机械费 1479.63 元。

人工费和机械费增加，乘系数 1.25，则

$2\text{-}1_{换}=1.25\times(367.84+1479.63)+122.83=2432.17$ 元/$10m^3$

(2)长度按打入深度加 0.5m 计算，即

工程量 $=[(6.5+0.5)\times0.25\times0.25\times250]m^3=109.38m^3$

查得定额编号为 2－7，复价见表 2-1。

表 2-1　预制钢筋混凝土方桩工程量计价表

序号	分项工程	定额编号	单位	工程量	单价	复价
1	打桩(预制钢筋混凝土方桩)	$(2\text{-}1)_h$	$10m^3$	9.75	2432.17	23713.66
2	送桩(预制钢筋混凝土方桩)	2-7	$10m^3$	10.94	3881.48	42463.39

【例 2-14】　某工程需打桩 20 根，每根桩由四段接成，如图 2-15 所示，求接桩工程量。

【解】　工程量 $=[0.4\times0.4\times(4-1)\times20]m^2$

$=9.6m^2$

【例 2-15】　如图 2-16 所示，采用硫磺胶泥接桩，共 4 个根桩，每根桩 2 个接头，计算接桩工程量。

【解】　硫磺胶泥接桩工程量 = 桩接头面积 × 接头个数

$S=0.4\times0.4\times2\times4m^2=1.28m^2$

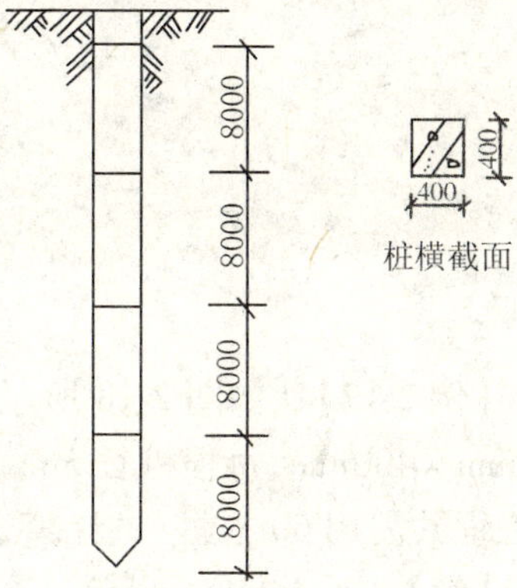

图 2-15　硫磺胶泥接桩示意图

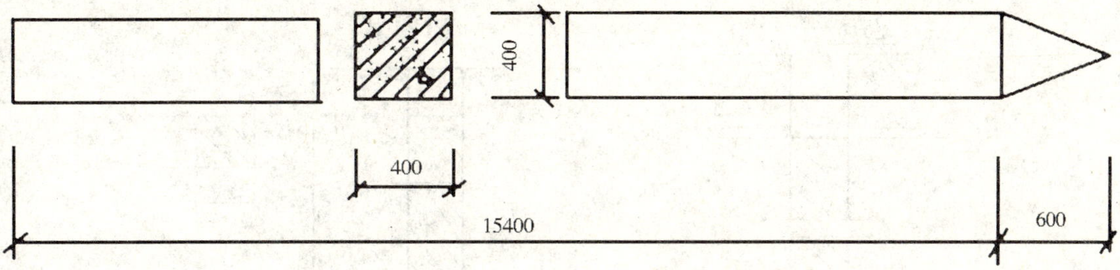

图 2-16　预制桩示意图

【例 2-16】　某工程地基送桩如图 2-17 所示，共有 15 根，试计算送桩工程量。

【解】　依据图 2-17 所示尺寸及已知条件，工程量计算为：

$V=[\frac{1}{4}\times3.14\times0.6^2\times(1.2+0.5)\times15]m^3=7.21m^3$

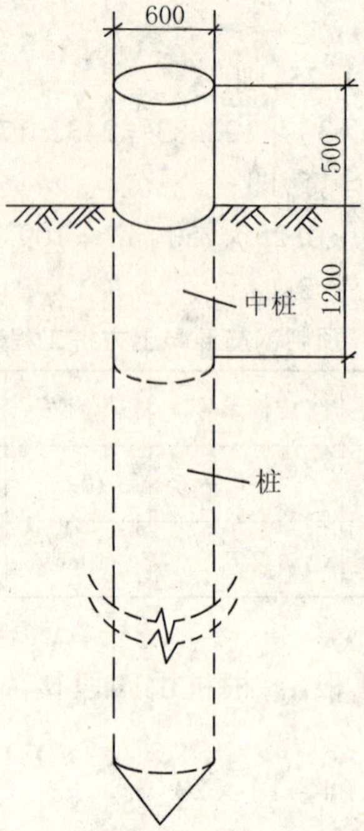

图 2-17　送桩示意图

【例 2-17】　如图 2-18 所示，某工程需进行钢筋混凝土方桩的送桩、接桩工作。桩断面为 400mm×400mm，每根桩长 3m，设计桩全长 10.00m。桩底标高 −11.20m，桩顶标高 −1.20m。该工程共需用 60 根桩，试计算送桩、接桩工程量。

【解】　$V_{送桩} = [0.4\times0.4\times(1.2+0.5)\times60]\text{m}^3 = 16.32\text{m}^3$

$N_{接桩} = [(4-1)\times60]$个 = 180 个

【例 2-18】　计算图 2-19 预制钢筋混凝土送桩 250 根的工程量。

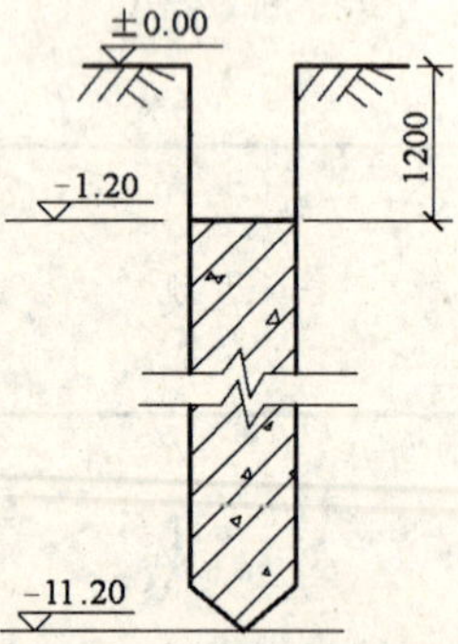

图 2-18　送桩示意图

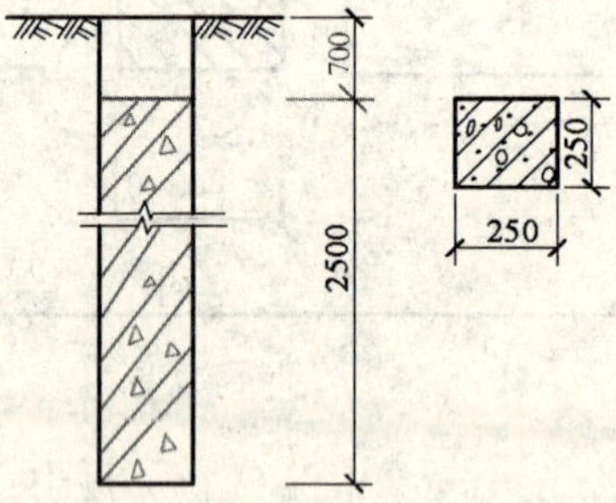

图　2-19　预制钢筋混凝土桩及其剖面图

【解】　长度按送桩长加 0.5m 计算。

工程量 = $(0.7+0.5)\times0.25\times0.25\times250\text{m}^3 = 18.75\text{m}^3$

【例 2-19】　计算图 2-20 预制钢筋混凝土桩钢板焊接接头（共 250 个）的程量。

【解】　预制钢筋混凝土桩的钢板焊接接头，按接头的个数计算，故其工程量 = 250 个。

用柴油打桩机打预制钢筋混凝土方桩，在定额表第二章第二节“预制钢筋混凝土桩接桩”

中，查到"电焊接桩"应套定额 2－33。

定额中所列计量单位为 10 个，工程量＝[250/10]个＝25 个

【例 2-20】 计算图 2-21 预制钢筋混凝土送桩 300 根的工程量。

【解】 长度按送桩长度加 0.5m 计算。

工程量 $=[(1.1+0.5)\times0.25\times0.25\times300]\text{m}^3=30\text{m}^3$

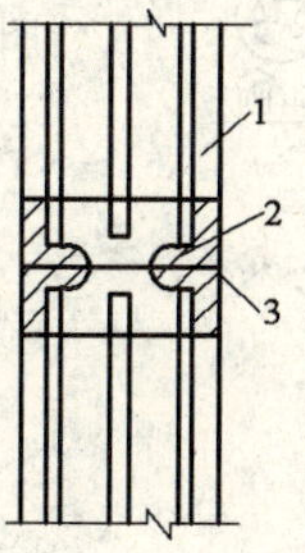

图 2-20 接头示意图

1—主筋；2—与钢筋焊接的角钢；3—焊缝

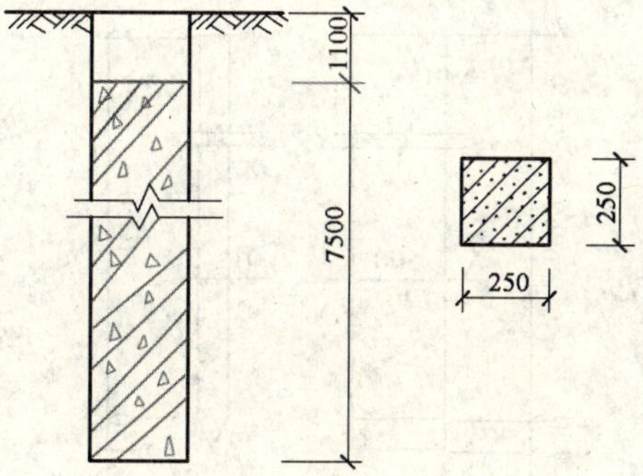

图 2-21 送桩示意图

【例 2-21】 计算图 2-22 中送桩工程量。

【解】 利用公式 $V=F(h+0.5)$，则送桩体积为：

$V=[0.4\times0.4\times(3.8+0.5)]\text{m}^3$

$=0.688\text{m}^3$

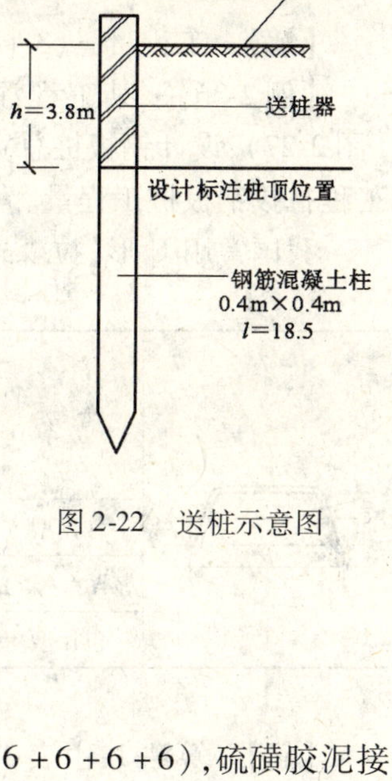

图 2-22 送桩示意图

【例 2-22】 某预制钢筋混凝土方桩截面为 400mm×400mm，桩长为 7.5m（如图 2-23 所示），试计算其工程量。

【解】 该方桩的工程量为 $V=7.5\times0.4\times0.4\text{m}^3$

$=1.2\text{m}^3$

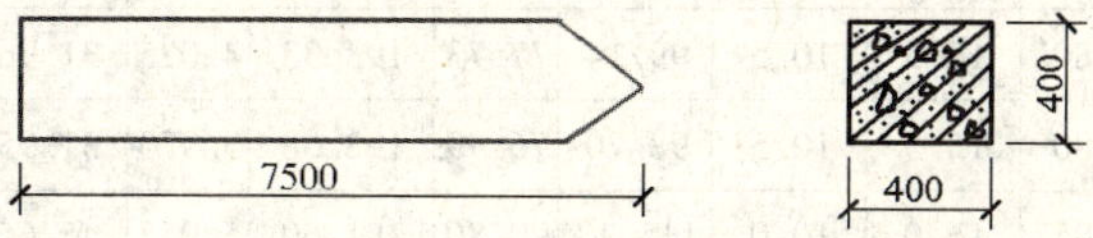

图 2-23 预制钢筋混凝土方桩示意图

【例 2-23】 某工程打预制方桩，断面 350mm×350mm，桩 24m（6＋6＋6＋6），硫磺胶泥接头，承台大样如图 2-24 所示，单桩工程量为多少？

已知：（1）接头 3 个。

（2）送桩深度：$(2.6-0.1-0.15)\text{m}=2.35\text{m}$。

【解】 方桩制作：$0.35\times0.35\times24\times1.02\text{m}^3=2.999\text{m}^3$

方桩场外运输：$0.35\times0.35\times24\times1.019\text{m}^3=2.996\text{m}^3$

方桩场内运输：$0.35\times0.35\times24\times1.015\text{m}^3=2.984\text{m}^3$

方桩硫磺胶泥接头：$0.35\times0.35\times3\text{m}^3=0.368\text{m}^3$

打桩：$0.35\times0.35\times24\times1.015\text{m}^3=2.984\text{m}^3$

送桩：$0.35\times0.35\times2.35\text{m}^3=0.288\text{m}^3$

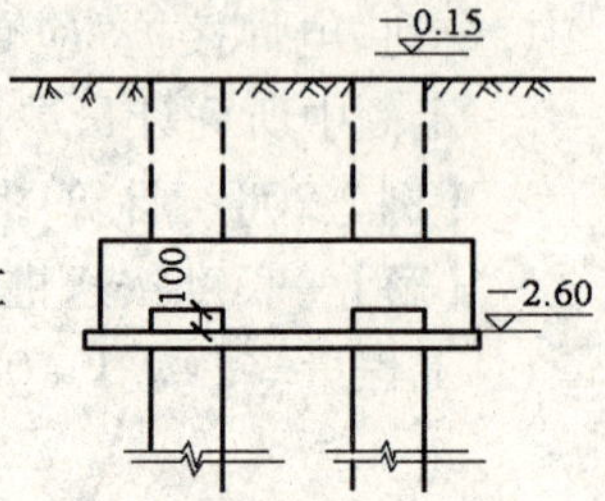

图 2-24　桩立面图

【例 2-24】　计算图 2-25 预制钢筋混凝土板桩 30 根的工程量。

【解】　工程量 $=(6.35+0.15)\times0.15\times0.5\times30\text{m}^2=14.625\text{m}^2$

【例 2-25】　现场灌注混凝土桩，如图 2-26 所示，共 120 根，计算其工程量。

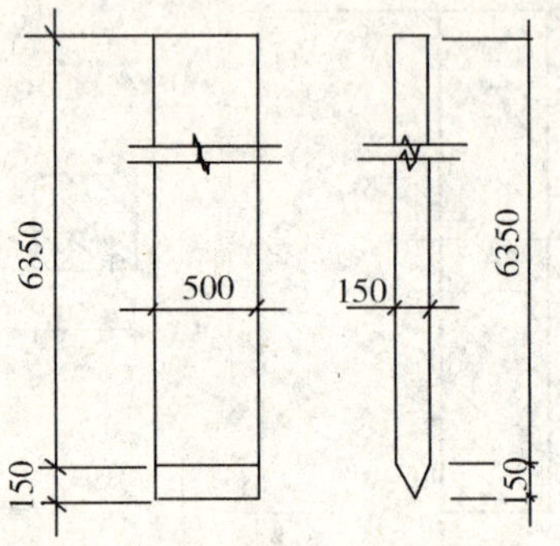

图 2-25　预制钢筋混凝土板桩

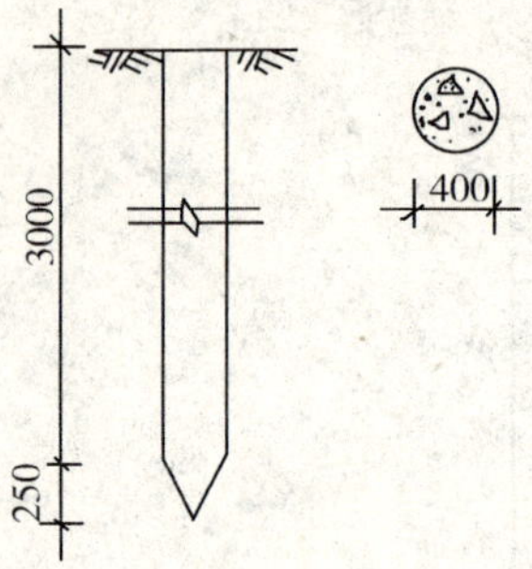

图 2-26　现场灌注混凝土桩及剖面

【解】　工程量 $=(3+0.25)\times(0.40^2\times\pi/4)\times120\text{m}^2=49.009\text{m}^2$

【例 2-26】　某工程深基础采用国产"包Ⅳ型"拉森式（U 形）钢板桩作挡土支护结构（图 2-27），设计钢板桩总宽度为 48m，桩长 7.5m，土质为二级土，用柴油打桩机施工，计算该工程打拔钢板桩工程量。

我国常用 U 形（拉森式）钢板桩的型号及技术性能见表 2-2，供计算工程量时查用。

表 2-2　常用国产 U 形钢板桩型号、性能表

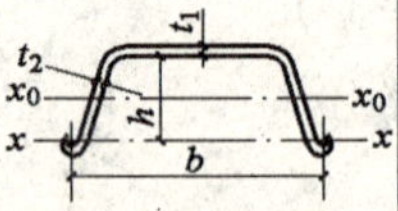

型号	尺寸/mm				截面积 A 单根 /cm^2	重量/(kg/m)		惯性矩 I_x		截面抵抗矩	
	宽度 b	高度 h	腹板厚 t_1	翼缘厚 t_1		单根	每米宽	单根 /cm^4	每米宽 /(cm^4/m)	单根 /cm^3	每米宽 /(cm^3/m)
鞍Ⅳ型	400	180	15.5	10.5	99.14	77.73	193.33	4.025	31.963	343	2 043
鞍Ⅳ型(新)	400	180	15.5	10.5	98.70	76.99	192.58	3.970	31.950	336	2 043
包Ⅳ型	500	185	16.0	10.0	115.13	90.80	181.60	5.955	45.655	424.8	2 410

【解】　算法 1：由表 2-2 查得单根质量为 90.80kg/m，单根 U 形钢板桩的质量为 $90.80\times7.5=681\text{kg}$，又由表 2-2，每根 U 形钢板桩宽 0.5m，整个基础支护结构应用 $48/0.5=96$ 根单桩，则总质量为：

$$681\times96\text{kg}=65376\text{kg}=65.376\text{t}$$

算法 2：由表 2-2 有每米宽钢板桩质量为 181.60kg/m^2，总宽 48m 的质量为 $181.60\times48\text{kg}=8\,716.8\text{kg}$，则钢板桩总质量为 $8716.8\times7.5\text{kg}=65376\text{kg}=65.376\text{t}$

【例 2-27】　计算图 2-28 预制钢筋混凝土板桩 30 根的工程量。

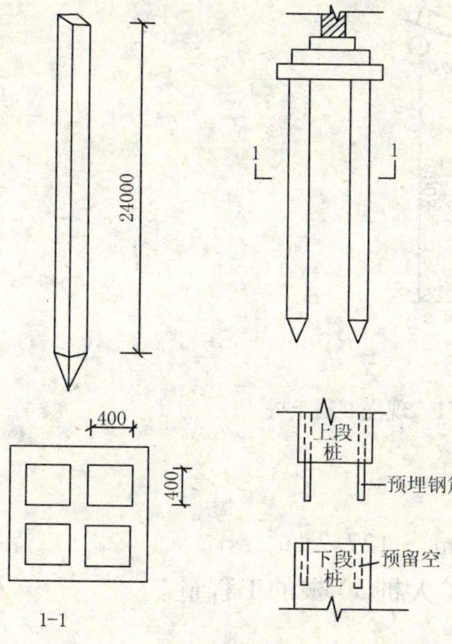

图 2-27　硫磺胶泥接桩示意图

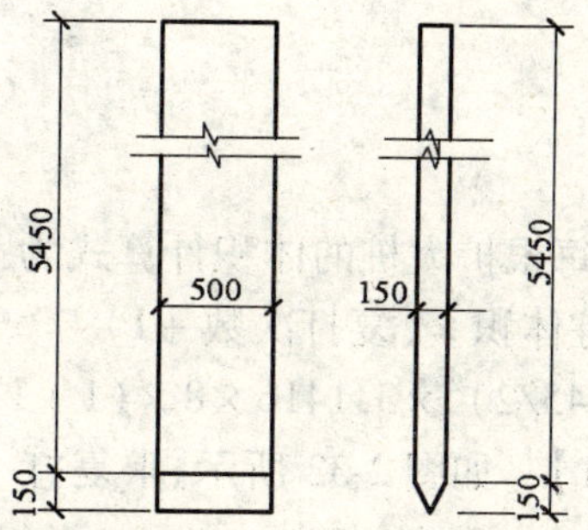

图 2－28　预制钢筋混凝土板桩

【解】　工程量 $=(5.45+0.15)\times0.15\times0.5\times30m^3=12.6m^3$

【例 2-28】　如图 2-29 所示，已知土质为二级土，求套管成孔灌注 80 根桩的工程量。

【解】　工程量 $=\pi\times(\frac{0.45}{2})^2\times12\times80m^3=152.68m^3$

【例 2-29】　如图 2-30 所示，在套管成孔灌注桩中采用预制混凝土桩尖，共 60 根桩，求桩尖工程量。

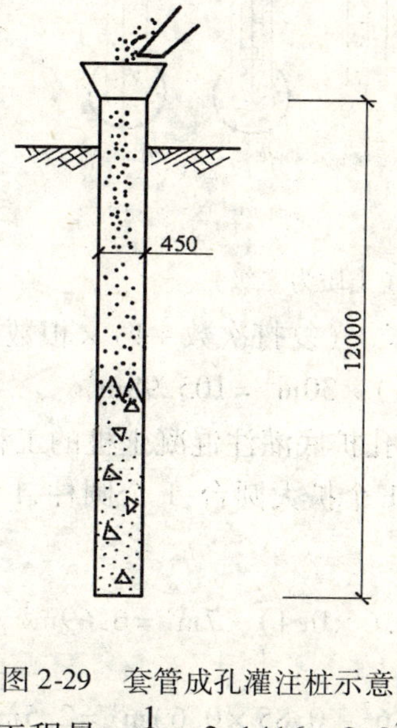

图 2-29　套管成孔灌注桩示意图

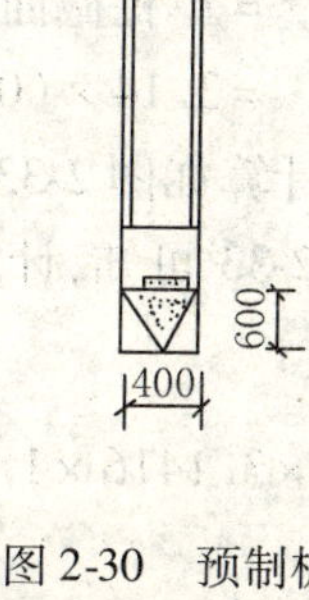

图 2-30　预制桩尖图

【解】　桩尖工程量 $=\frac{1}{3}\times3.1416\times0.2^2\times0.6\times60m^3=1.51m^3$

【例 2-30】　如图 2-31 所示，某工程现场灌注混凝土桩（50 根），用柴油打桩机打孔，钢管外径 400mm，桩深 8m，采用扩大桩复打一次。计算扩大桩的体积。

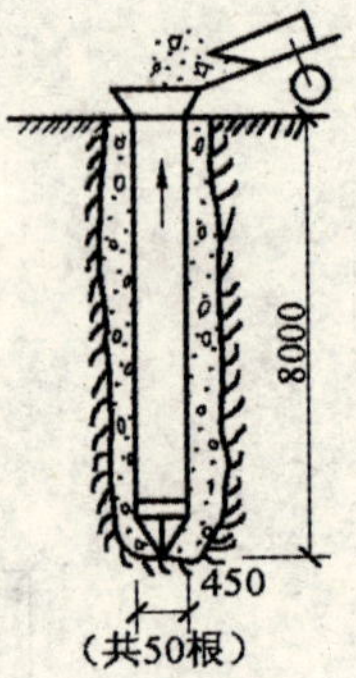

图2 -31　现浇混凝土桩

【解】　每根扩大桩的体积计算式为

V = 单桩体积 ×（复打次数 +1）

$= (0.45/2)^2 \times 3.1416 \times 8 \times (1+1) \times 50\text{m}^3 = 127.23\text{m}^3$

【例 2-31】　如图 2-32 所示，求复打一次，扩大桩 30 根的工程量。

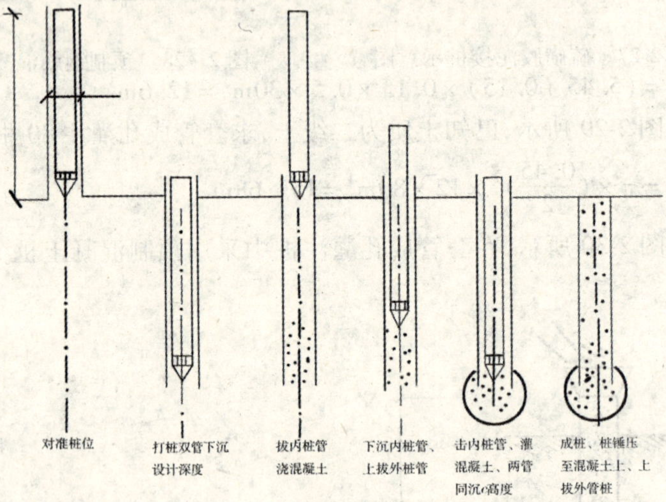

图 2-32　复打桩示意图（土质为二级）

【解】　工程量 = 单桩截面积 × 设计规定的桩长 ×（复打次数 +1）× 根数

$= 3.14 \times (0.5 \div 2)^2 \times 9 \times (1+1) \times 30\text{m}^3 = 105.98\text{m}^3$

【例 2-32】　计算如图 2-33 所示的单根人工挖孔扩底灌注混凝土桩的工程量。

【解】　由图 2-33 可知，计算可分为 7 个圆台，1 个扩大圆台，1 个圆柱，1 个球缺。分别算出体积再叠加。

圆台：$V = \frac{1}{3} \times 3.1416 \times 1.2 \times (0.6^2 + 0.4^2 + 0.6 \times 0.4) \times 7\text{m}^3 = 6.69\text{m}^3$

扩大圆台：$V' = \frac{1}{3} \times 3.1416 \times 1.5 \times (0.85^2 + 0.6^2 + 0.85 \times 0.6)\text{m}^3 = 2.5\text{m}^3$

圆柱：$V'' = 3.1416 \times 0.85^2 \times 0.4\text{m}^3 = 0.91\text{m}^3$

球缺：$V''' = \frac{1}{6} \times 3.1416 \times 0.5 \times (3 \times 0.85^2 + 0.5^2)\text{m}^3 = 0.63\text{m}^3$

$$工程量 = V + V' + V'' + V''' = (6.69 + 2.5 + 0.91 + 0.63)\,m^3 = 10.73m^3$$

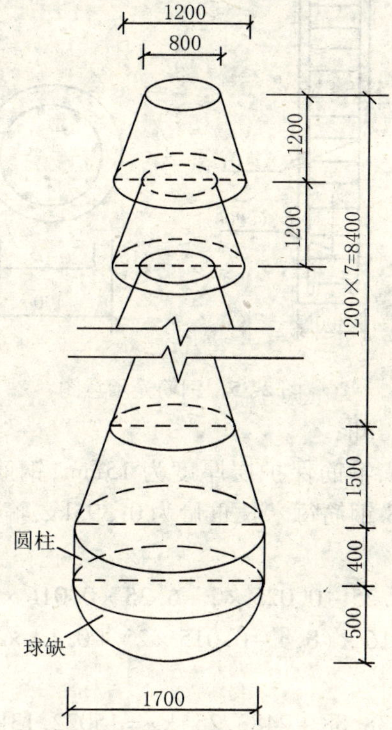

图 2-33　人工挖孔扩底灌注混凝土桩

（图示尺寸均为扩壁内侧尺寸）

【例 2-33】　现场灌注混凝土桩，设计全长 2.8m，直径 30cm，如图 2-34 所示，求单桩体积（计算的桩长为桩全长加 0.25m）。

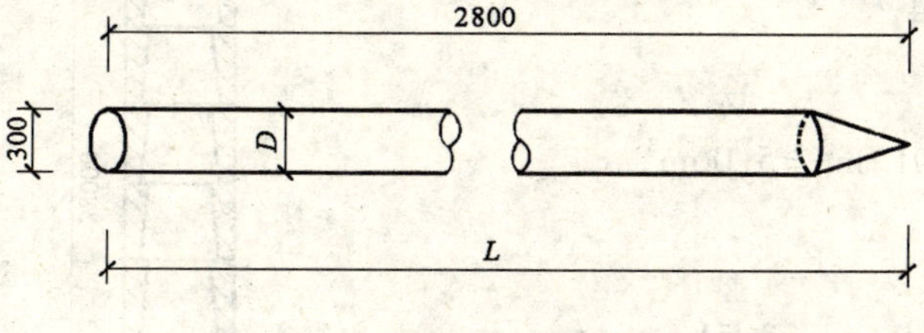

图 2-34　现浇混凝土桩示意图

【解】　$V = [\frac{1}{4} \times 3.1416 \times 0.3^2 \times (2.80 + 0.25)]\,m^3 = 0.2156m^3$

【例 2-34】　现场灌注钢筋混凝土桩内的钢筋笼是在钻孔灌注混凝土之前，将预先制作好的钢筋笼放入钻孔内或沉管内（图 2-35）。计算图示钢筋用量。

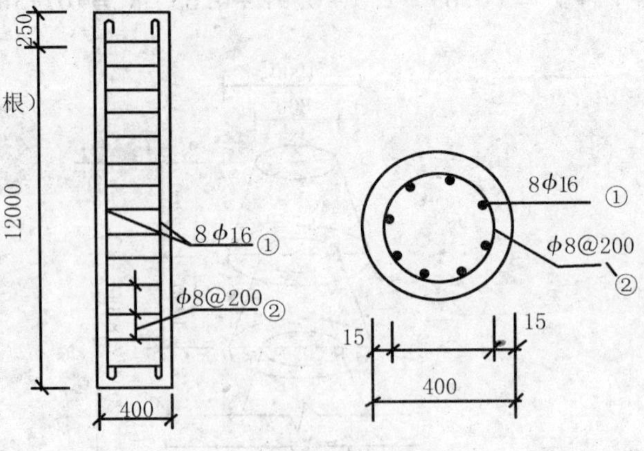

图 2-35　钢筋笼示意图

【解】　查预算工作手册得知：

主筋保护层厚度为 25mm，箍筋保护层厚度为 15mm，钢筋弯钩增加长度值为 $6.25d$，$\phi16$ 钢筋每米长重量为 1.58kg，$\phi8$ 钢筋每米长重量为 0.395kg，箍筋钩长为 100mm。

钢筋图示用量：

①号钢筋：$1.58\times(12+0.25-0.025\times2+6.25\times0.016\times2)\times8\times80\text{kg}=12538.88\text{kg}$

②号钢筋：$0.395\times[3.1416\times(0.4-0.015\times2)+0.1]\times(12.25\div0.2+1)\times80\text{kg}$

$=2483.25\text{kg}$

图示钢筋用量合计：$(12538.88+2483.25)\text{kg}=15022.13\text{kg}=15.022\text{t}$

【例 2-35】　某工程打挖孔桩，如图 2-36 所示，$D=800\text{mm}$，$\frac{1}{4}$砖护壁，C20 混凝土桩芯，现场搅拌，$L=28\text{m}$，入岩 5m，求其单桩工程量。

【解】　挖孔桩 C20 桩芯：

$(\frac{0.6+0.68}{2})^2\times\frac{\pi}{4}\times28=9.01\text{m}^3$

红砖护壁：

$(\frac{0.8^2}{4}\pi\times28-9.01)\text{m}^3=5.06\text{m}^3$

入岩工程量：

$[0.8\times0.8\times\frac{\pi}{4}\times5]\text{m}^3=2.51\text{m}^3$

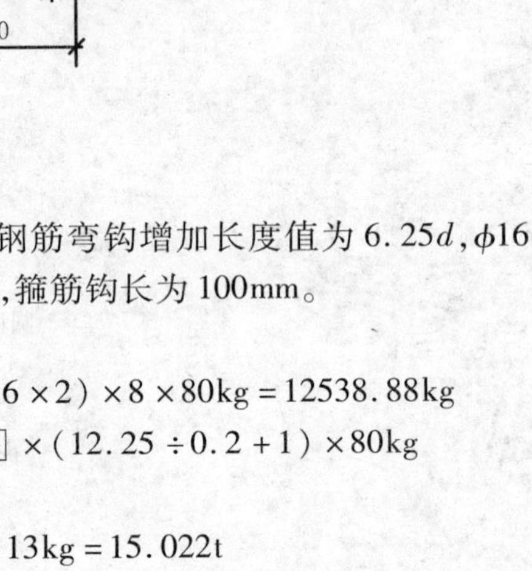

图 2-36　挖孔桩示意图

【例 2-36】　人工挖孔扩底灌注桩（见图 2-37）132 根，试计算其工程量。

【解】　人工挖孔扩底灌注混凝土桩分圆台、圆柱和球缺三部分，其计算公式为：

圆台：$V_1=\frac{1}{3}\pi h(R^2+r^2+Rr)$

圆锥台：$V_2=\frac{1}{3}\pi h(R^2+r^2+Rr)$

圆柱：$V_3 = \pi R^2 h$

球缺：$V_4 = \frac{1}{6}\pi h(3a^2 + h^2)$

根据图 2-37 计算工程量如下：

（1）圆台体积：

$$V_1 = \frac{1}{3}\pi h \times (R_{上}^2 + R_{下}^2 + R_{上} \times R_{下}) \times n$$

$$= \frac{1}{3} \times 3.1416 \times 1 \times (0.6^2 + 0.4^2 + 0.6 \times 0.4) \times 6\text{m}^3$$

$$= \frac{1}{3} \times 3.1416 \times 1 \times 0.76 \times 6\text{m}^3 = 4.775\text{m}^3$$

（2）扩大部分圆锥台体积：

$$V_2 = \frac{1}{3}\pi h \times (R_{上}^2 + R_{下}^2 + R_{上} \times R_{下}) \times n$$

$$= \frac{1}{3} \times 3.1416 \times 1.2 \times (0.6^2 + 0.9^2 + 0.6 \times 0.9 \times 1)\text{m}^3$$

$$= \frac{1}{3} \times 3.1416 \times 1.2 \times 1.71 \times 1\text{m}^3$$

$$= 2.149\text{m}^3$$

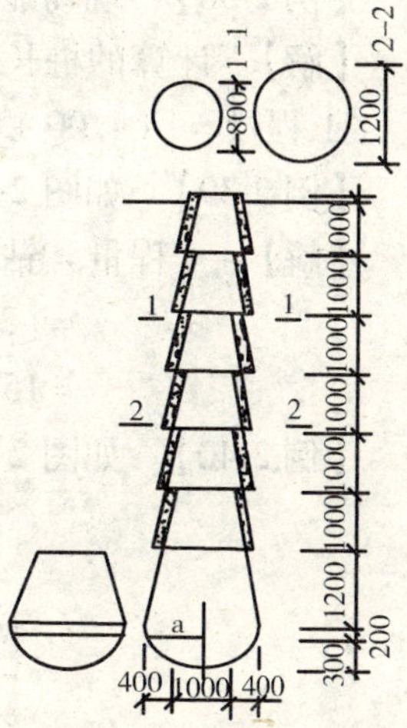

图 2-37　人工挖孔扩底灌注桩

（3）扩大部分圆柱体积：

$$V_3 = \pi R^2 h$$

$$= 3.1416 \times 0.9^2 \times 0.2\text{m}^3 = 0.509\text{m}^3$$

（4）球缺体积：

$$V_4 = \frac{1}{6}\pi H(3a^2 + h^2)$$

$$= [\frac{1}{6} \times 3.1416 \times 0.30 \times (3 \times 0.9^2 + 0.3^2) \times 1]\text{m}^3$$

$$= 0.396\text{m}^3$$

$$\Sigma V = (V_1 + V_2 + V_3 + V_4) \times 根数$$

$$= [(4.775 + 2.149 + 0.509 + 0.396) \times 132]\text{m}^3$$

$$= 1033.428\text{m}^3$$

【例 2-37】　现场灌注混凝土桩，如图 2-38 所示，共 150 根，计算其工程量（不扣除桩尖虚体积）。

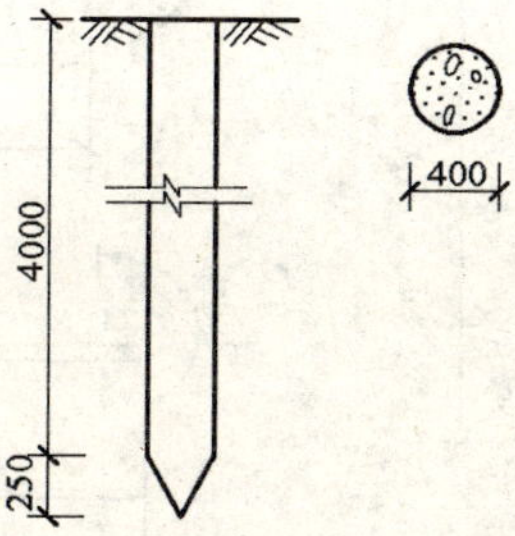

图 2-38　现浇混凝土桩

【解】 工程量 $=[(4.00+0.25)\times(0.40^2\times\pi/4)\times150]\mathrm{m}^3$

$=80.11\mathrm{m}^3$

【例 2-38】 现场灌注混凝土桩，如图 2-38 所示，共 240 根，计算其工程量。

【解】 计算的桩长为桩全长加 0.25m。

工程量 $=[(4.00+0.25+0.25)\times(0.40^2\times\pi)\div4\times240]\mathrm{m}^3=135.72\mathrm{m}^3$

【例 2-39】 如图 2-39 所示，求履带式螺旋钻机钻孔灌注 80 根桩的工程量。

【解】 工程量 = 钻杆螺旋外径截面面积 ×（设计桩长 + 0.25）× 桩数

$=[3.1416\times0.2^2\times(15+0.6+0.25)\times80]\mathrm{m}^3$

$=159.34\mathrm{m}^3$

【例 2-40】 如图 2-40 所示，求履带式螺旋钻机钻孔，灌注桩 48 根的工程量。

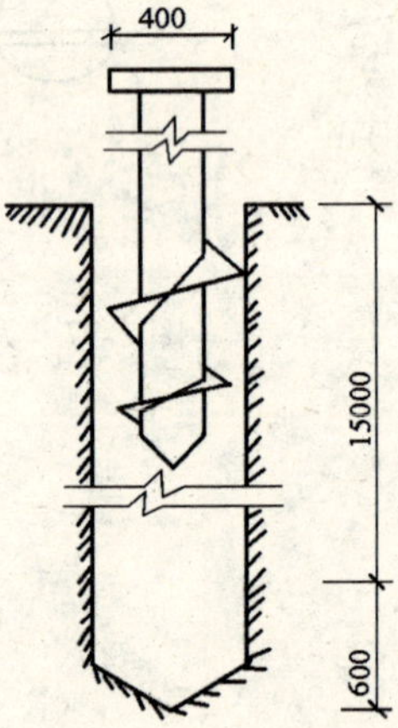

2-39 螺旋钻机钻孔灌注桩

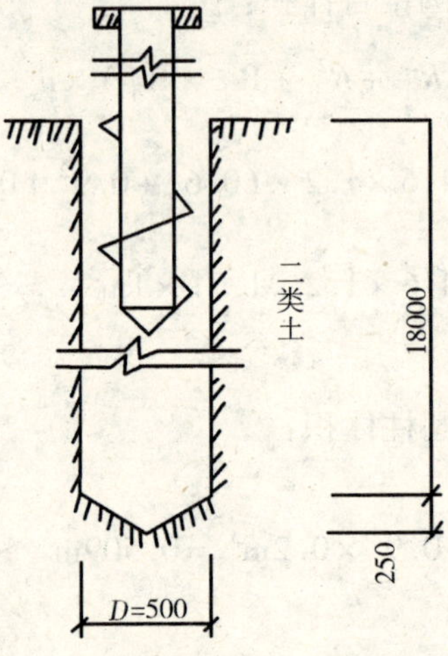

图 2-40 螺旋钻机钻孔灌注桩

【解】 工程量 $=[3.1416\times0.25\times0.25\times(0.25+18+0.25)\times48]\mathrm{m}^3$

$=174.36\mathrm{m}^3$

【例 2-41】 在成孔完毕后，灌注混凝土前，将做好的钢筋笼放入孔内。求图 2-41 所示钢筋笼钢筋用量（共 80 根桩）。

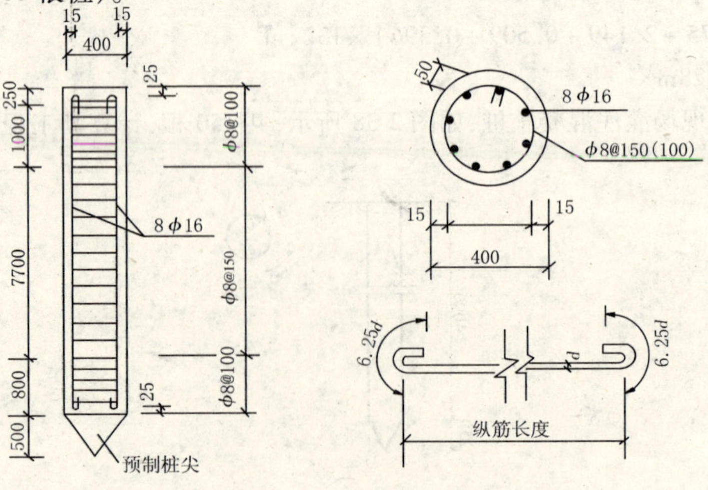

图 2-41 钢筋笼示意图

【解】 纵筋：$\phi16$：($\rho = 1.59\mathrm{kg/m}$)

纵筋工程量 $= (0.8 + 7.7 + 1 + 0.25 - 0.025 \times 2 + 6.25 \times 0.016 \times 2) \times 8 \times 80 \times 1.59\mathrm{kg}$

$= 10074.24\mathrm{kg}$

$\phi8$：箍筋：$\rho = 0.395\mathrm{kg/m}$

箍筋工程量 $= [3.1416 \times (0.4 - 0.015 \times 2) + 0.05 \times 2] \times [(1 + 0.25 - 0.025) \div 0.1 + 1 + (0.8 - 0.025) \div 0.1 + 1 + 7.7 \div 0.15 - 1] \times 80 \times 0.395\mathrm{kg}$

$= 1.2624 \times (13 + 9 + 50) \times 80 \times 0.395\mathrm{kg}$

$= 2872.21\mathrm{kg}$

合计：钢筋笼钢筋用量 $= (10074.24 + 2872.21)\mathrm{kg} = 12946.45\mathrm{kg}$

【例 2-42】 某工程打钻孔桩如图 2-42 所示，$D = 1400\mathrm{mm}$，$L = 40\mathrm{m}$，入岩 8m，求其单桩工程量。

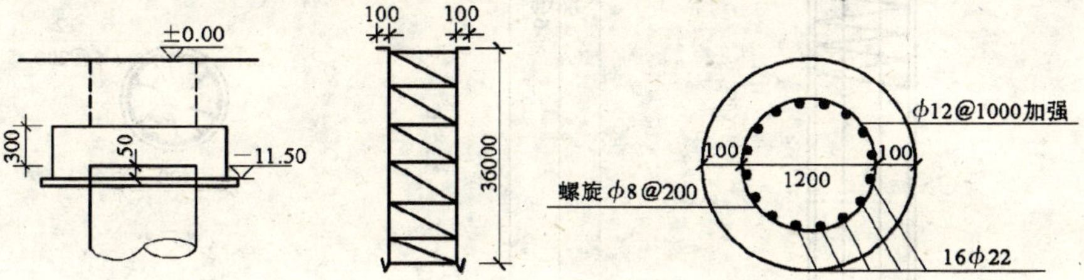

图 2-42 钻孔桩示意图

【解】 $\phi1400$ 钻孔桩：

$$1.4 \times 1.4 \times \frac{\pi}{4} \times 40\mathrm{m}^3 = 61.58\mathrm{m}^3$$

入岩工程量

$$1.4 \times 1.4 \times \frac{\pi}{4} \times 8\mathrm{m}^3 = 12.32\mathrm{m}^3$$

空孔工程量

$$1.4 \times 1.4 \times \frac{\pi}{4} \times (11.5 - 0.05 - 0.3)\mathrm{m}^3 = 17.16\mathrm{m}^3$$

钢筋工程量

$$\left.\begin{aligned} &\phi22: \quad 16.1 \times 36 \times 2.98\mathrm{kg} = 1727.21\mathrm{kg} \\ &\phi8: \quad 180 \times 0.395 \times \sqrt{0.2 \times 0.2 + (1 \times \pi)^2}\,\mathrm{kg} = 223.82\mathrm{kg} \\ &\phi12: \quad 1 \times \pi \times 36 \times 0.888\mathrm{kg} = 100.43\mathrm{kg} \end{aligned}\right\} \Rightarrow 2051.46$$

$\times 1.02\mathrm{kg} = 2.092\mathrm{t}$

钢筋笼吊装 2.092t

泥浆外运 $61.58 \times 4\mathrm{t} = 246.32\mathrm{t}$

泥浆池、沟工程量(另估)。

【例 2-43】 某工程采用履带式钻孔机打长螺旋钻孔，现场灌注混凝土桩 120 根。按图 2-43 计算其工程量。

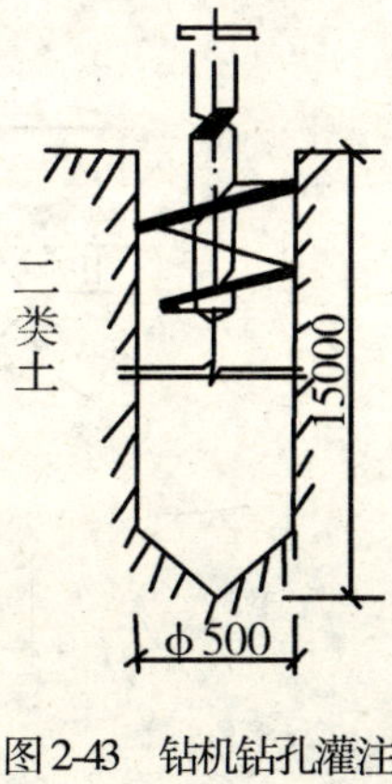

图 2-43 钻机钻孔灌注桩

【解】 $V =$ 钻杆螺旋外径截面面积 $\times$ (设计桩长 $+ 0.25$) $\times 120\mathrm{m}^3$

$$=0.5\times0.5\times\frac{1}{4}\times3.1416\times(15+0.25)\times120m^3$$
$$=359.32m^3$$

【例 2-44】 某工程设计室外地坪标高为 -0.600m，螺旋钻孔灌注混凝土桩，混凝土 C20，共 240 根（其中补桩 30 根，试桩 5 根），按图 2-44 计算桩成孔（汽车式钻机）、灌注混凝土桩工程量。

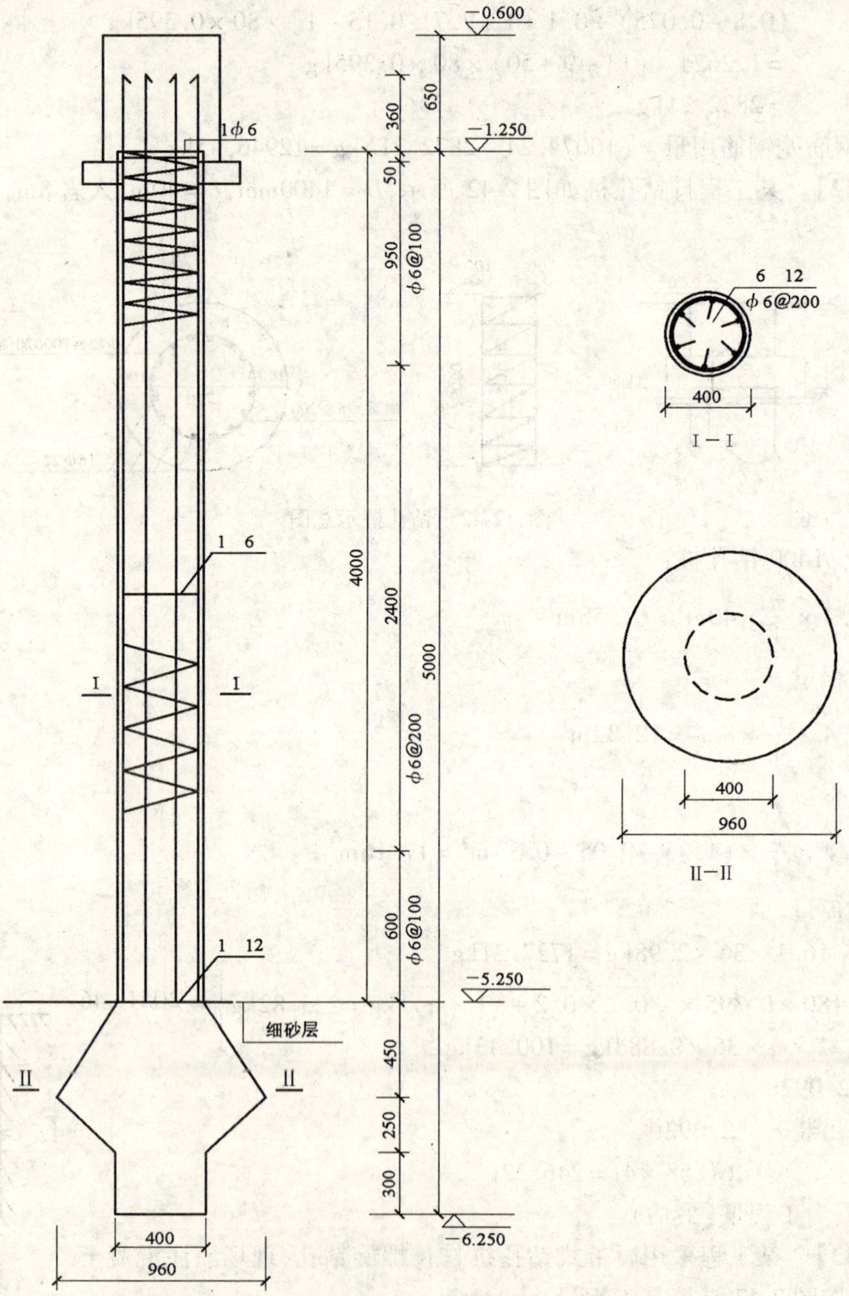

图 2-44 螺旋钻孔灌注混凝土桩

注：1. 本工程室外地坪 -0.600m；

2. 螺旋钻孔灌注混凝土桩，混凝土 C20

【解】 1）螺旋钻孔机成孔公式为：V＝实钻孔长×设计桩断面（桩断面不同时分段计算），按图2-44计算钻孔体积V＝（圆柱体＋圆台体＋倒圆台体）×根数。

圆柱体积 $V_1 = \pi R^2 h$

$= \pi \times (\frac{0.4}{2})^2 \times (0.65 + 4 + 0.3)\text{m}^3$

$= 0.622\text{m}^3$

圆台体积 $V_2 = \frac{1}{3}\pi h(R^2 + r^2 + Rr)$

$= \frac{1}{3} \times 3.1416 \times 0.45 \times (0.48 \times 0.48 + 0.2 \times 0.2 + 0.48 \times 0.2)\text{m}^3$

$= 0.173\text{m}^3$

倒圆台体积 $V_3 = \frac{1}{3}\pi h(R^2 + r^2 + Rr)$

$= \frac{1}{3} \times 3.1416 \times 0.25 \times (0.48 \times 0.48 + 0.2 \times 0.2 + 0.48 \times 0.2)\text{m}^3$

$= 0.096\text{m}^3$

螺旋钻孔工程量 $V = (V_1 + V_2 + V_3) \times 205$

$= (0.622 + 0.173 + 0.096) \times 205\text{m}^3$

$= 182.655\text{m}^3$

补桩钻孔工程量 $V = 0.891\text{m}^3 \times 30 = 26.73\text{m}^3$

试桩钻孔工程量 $V = 0.891\text{m}^3 \times 5 = 4.46\text{m}^3$

2）钻孔桩灌注混凝土工程量计算公式V＝（设计桩长＋0.25m）×设计断面（断面不同时分段计算），按图2-44计算混凝土灌注工程量V＝（圆柱体积＋圆台体积＋倒圆台体积）×根数

桩圆柱体积 $V_1 = \pi R^2 h$

$= \pi \times (\frac{0.4}{2})^2 \times (0.3 + 4 + 0.25)\text{m}^3 = 0.572\text{m}^3$

圆台体积 $V_2 = \frac{1}{3}\pi h(R^2 + r^2 + Rr)$

$= \frac{1}{3} \times 3.1416 \times 0.45 \times (0.48 \times 0.48 + 0.2 \times 0.2 + 0.48 \times 0.2)\text{m}^3$

$= 0.173\text{m}^3$

倒圆台体积 $V_3 = \frac{1}{3}\pi h(R^2 + r^2 + Rr)$

$= \frac{1}{3} \times 3.1416 \times 0.25 \times (0.48 \times 0.48 + 0.2 \times 0.2 + 0.48 \times 0.2)\text{m}^3$

$= 0.096\text{m}^3$

C20混凝土灌注桩工程量 $V = (V_1 + V_2 + V_3) \times 205 = (0.572 + 0.173 + 0.096) \times 205\text{m}^3$

$= 0.841 \times 205\text{m}^3 = 172.41\text{m}^3$

C20混凝土灌注桩补桩工程量 $V = 0.841\text{m}^3 \times 30 = 25.23\text{m}^3$

C20 混凝土灌注桩试桩工程量 $V=0.841m^3\times5=4.21m^3$

注：钢筋笼制安、凿桩头另按第五章定额项目有关规定计算。

【例 2-45】 有 5 根爆扩桩，扩大头直径为 0.65m，桩身直径为 0.20m，身长为 3.0m，求其工程量（图 2-45）。

【解】 以直径 0.65m 查表得一个扩大头的体积为 $0.144m^3$，以直径 0.20m 查表得一根桩 1m 长的桩身体积为 $0.0314m^3$。

则爆扩桩工程量 $=5\times(0.144+0.0314\times3)m^3=1.191m^3$

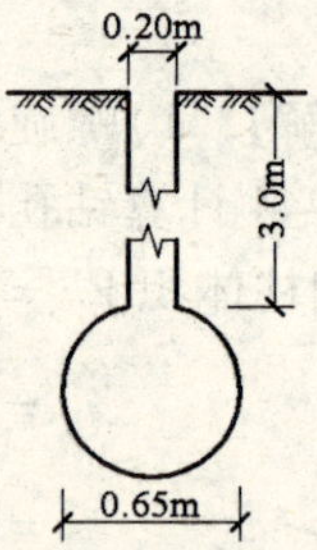

图 2-45 爆扩桩示意图

【例 2-46】 计算如图 2-46 所示钢筋混凝土（保护层厚度为 25mm）灌注桩工程量。

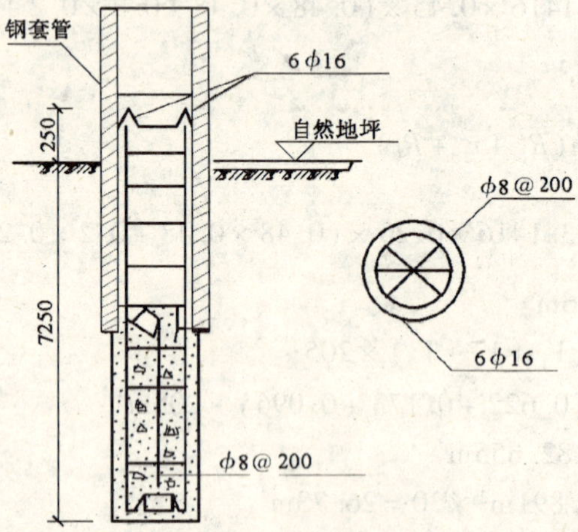

图 2-46 钢筋混凝土灌注桩

【解】 钢筋工程量 φ16 $(7.5-0.05+2\times7.25\times0.016)\times6\times1.58kg$

$=72.83kg$

φ8 $1.16\times38\times0.395kg=17.41kg$

钢筋工程量合计：$(72.83+17.41)kg=90.24kg$

(1) 套用 93 定额 02013 子目，钢筋笼每吨基价 4558.02 元

每个钢筋笼工程直接费：0.09024×4558.02 元 $=411.32$ 元

(2) 套用 98 定额 2－136 子目，基价为每吨 3244.70 元

该钢筋笼工程直接费：0.09024×3244.70 元 $=292.80$ 元

【例 2-47】 已知灌注桩桩径 600mm，钢筋笼长 8m，采用螺旋形箍筋，箍筋螺距 200mm，计算每根灌注桩箍筋（φ8）的重量。

$$螺旋箍筋重=螺旋箍筋长\times单位重量=\sqrt{\frac{(螺距)^2+(2\pi\ 螺旋半径)^2}{螺距}}\times单位重量$$

据此计算每 1m 高螺旋箍筋重量见表 2-3。

【解】 依题意查表 2-3 得每 1m 高螺旋箍筋 φ8@200 重量为 3.435kg/m，则一根灌注桩箍筋用量为：

$$3.435\times8kg=27.48kg$$

表 2-3　每米高螺旋箍筋重量表　　（单位：kg）

箍筋螺距/mm	桩径/mm									
	300		400		500		600		700	
	箍筋直径/mm									
	$\phi6$	$\phi8$	$\phi6$	$\phi8$	$\phi6$	$\phi8$	$\phi6$	$\phi8$	$\phi6$	$\phi8$
100	1.758	3.127	2.451	4.361	3.146	5.598	3.482	6.836	4.539	8.076
120	1.470	2.615	2.046	3.641	2.625	4.670	3.204	5.701	3.784	6.733
150	1.183	2.106	1.642	2.922	2.104	3.744	2.567	4.567	3.030	5.392
180	0.994	1.768	1.374	2.445	1.785	3.127	2.143	3.812	2.528	4.498
200	0.900	1.601	1.240	2.207	1.585	2.820	1.931	3.435	2.277	4.052
220	0.823	1.464	1.122	1.996	1.444	2.569	1.758	3.127	2.072	3.688
250	0.732	1.302	1.001	1.782	1.275	2.268	1.550	2.758	1.827	3.250
280	0.661	1.176	0.900	1.601	1.143	2.033	1.388	2.469	1.634	2.908
300	0.622	1.107	0.843	1.501	1.069	1.903	1.298	2.309	1.527	2.717

注：每米螺旋筋重量 $=\sqrt{1+[\frac{\pi(D-50)}{b}]^2}\times$单位重量

式中　D——桩直径；b——螺距；50——保护层厚度。

【例 2-48】　如图 2-47 所示，采用 C20 混凝土带形基础，M10 水泥砂浆标准砖基础（$1\frac{1}{2}$砖），防水砂浆防潮层，室内外高差 30cm。试计算基础工程的直接费及水泥、黄砂、石子和标准砖用量。

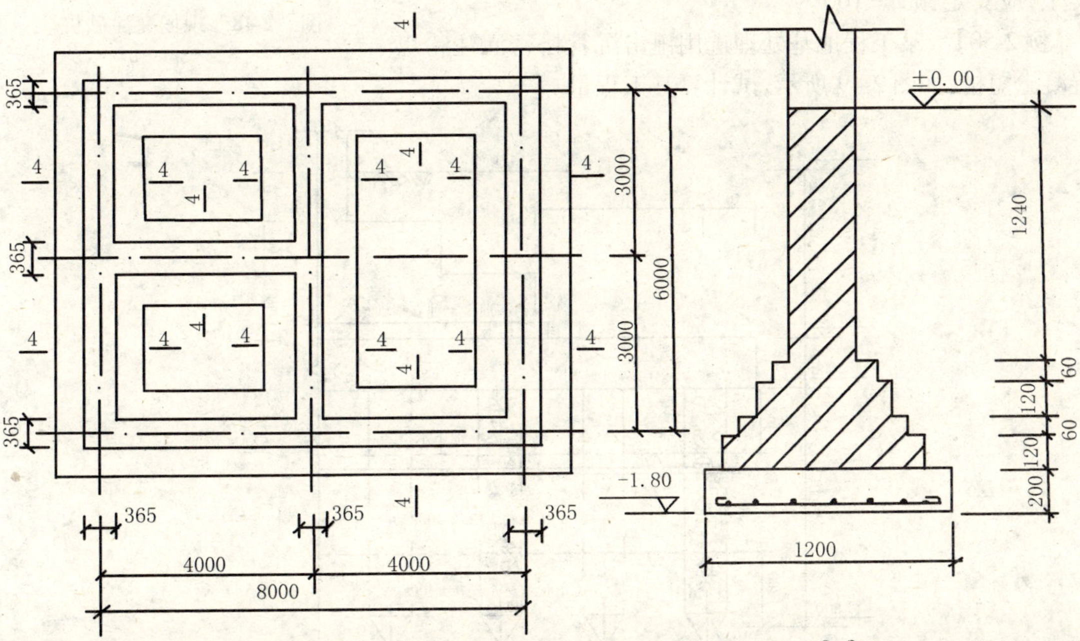

1—1　　　　2—2

图 2-47　基础工程示意图

注：基础大放脚折加高度为 0.345m

【解】　(1)工程量计算：

C20 混凝土带形基础：

$[(8.0+6.0)\times2+(4.0-1.20)+(6.0-1.20)]\times1.20\times0.20m^3=8.54m^3$

砖基础：

$[(8.0+6.0)\times2+(4.0-0.365)+(6.0-0.365)]\times0.365\times(1.60+0.345)m^3$
$=26.46m^3$

(2)定额直接费计算：

2—17：砖基础：2354.77 元/$10m^3$ ×26.46 = 6231 元

2—22：C20 混凝土带形基础：4 044.88 元/$10m^3$ ×0.854 = 3454 元

合计定额直接费：(6231 + 3454) = 9685 元

(3)材料用量计算：

水泥：(754.58 × 0.854 + 3390.10 × 2.646)kg = 9614.61kg

黄砂：(3.99 × 0.854 + 7.78 × 2.646)t = 23.99t

石子：(12.85 + 26.46)t = 39.31t

标准砖：5.24 × 2.646 千块 = 13.865 千块

【例 2-49】 计算图 2-48 现场灌注砂桩 600 根的工程量和应套定额。

【解】 工程量 $=2.5\times(0.25^2\times\pi)/4\times600=73.63m^3$

采用柴油打桩机打孔，二类土。在定额表第二章第九节"打孔灌注砂石桩"中，查得柴油桩机打孔，桩长 10m 以内，二类土，应套定额 2 - 100。

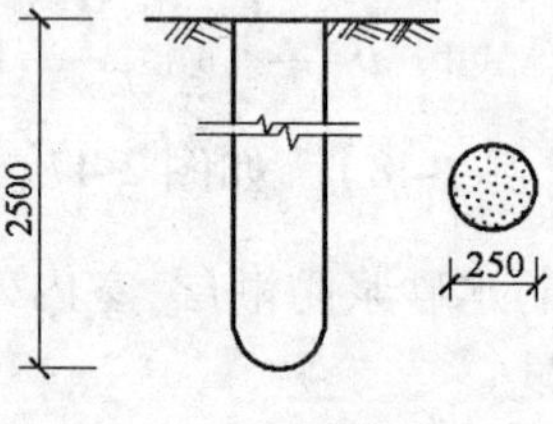

图 2-48 现场灌注砂桩

【例 2-50】 某工程地基处理选用锤击沉管挤密灌注粉煤灰混凝土短桩，如图 2-49 所示，试计算其工程量。

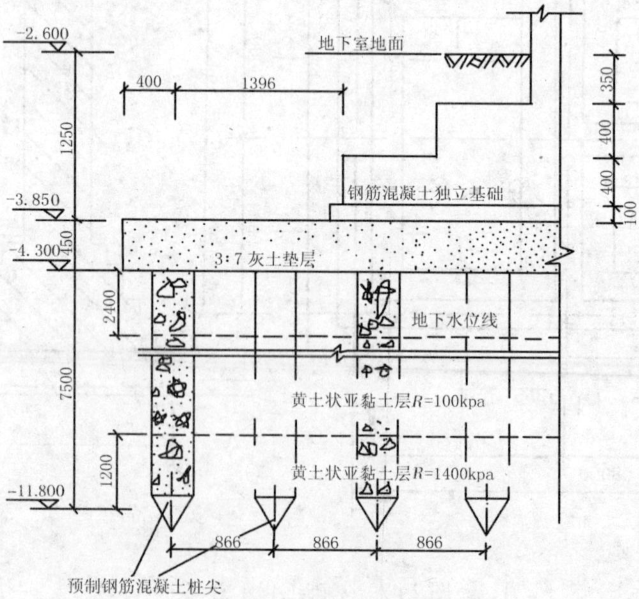

图 2-49 灌注桩断面示意图

注：桩长 7.5m，桩管外径 D = 450mm，桩尖必须深入黄土状亚黏土中 1.10m。桩顶设 450 厚 3:7 灰土垫层，灰土层垫应分层压实，压实系数≥0.950。

【解】 (1)桩的根数设计图纸已标明为1522根。

(2)深度为7.5m,桩管外径 $D=450\text{mm}$,如图2-49所示。

(3)预制桩尖如图2-49所示。

$$V=\frac{1}{4}\pi D^2 rl$$

$$=\frac{1}{4}\pi\times0.45^2\times(7.5-0.415)\times1522\text{m}^2$$

$$=1715.02\text{m}^3$$

注:上式中"(7.5-0.415)"为桩的长度扣除桩尖部分。

【例2-51】 某工程灌注桩土壤级别:二级土;单根桩设计长度:8m;总根数:127根;桩截面:ϕ800mm;灌注混凝土强度等级C30。试进行工程量清单计价的计算。

【解】 (1)业主根据灌注桩基础施工图计算

混凝土灌注桩总长为:8m×127=1016m

(2)投标人根据地质资料和施工方案计算

1)混凝土桩总体积为:$\pi\times(0.4\text{m})^2\times1016\text{m}=510.7\text{m}^3$

混凝土桩实际消耗总体积为:$510.7\text{m}^3\times(1+0.015+0.25)=646.04\text{m}^3$

(每1m^3桩实际消耗混凝土量为:1.265m^3)

2)钻孔灌注混凝土桩的计算:

①人工费:25元/工日×8.4工日/10m^3×51.07m^3=10724.7元

②材料费:

C30混凝土:210元/m^3×$1.265\text{m}^3/\text{m}^3$×$510.7\text{m}^3$=135667.46元

板枋材:1200元/m^3×$0.01\text{m}^3/\text{m}^3$×$510.7\text{m}^3$=6128.4元

黏土:340元/m^3×$0.054\text{m}^3/\text{m}^3$×$510.7\text{m}^3$=9376.45元

电焊条:5元/kg×0.145kg/m^3×510.7m^3=370.26元

水:1.8元/m^3×$2.62\text{m}^3/\text{m}^3$×$510.7\text{m}^3$=2408.46元

铁钉:2.4元/kg×0.039kg/m^3×510.7m^3=47.80元

以上材料小计:153998.83元

其他材料费:153998.83元×16.04%=24701.41元

小计:178700.24元

③机械费:

潜水钻机(ϕ1250内):290元/台班×0.422台班/m^3×510.7m^3=62499.47元

交流焊机(40kV·A):59元/台班×0.026台班/m^3×510.7m^3=783.41元

空气压缩机(m^3/min):110元/台班×0.045台班/m^3×510.7m^3=2527.97元

混凝土搅拌机(400L):90元/台班×0.076台班/m^3×510.7m^3=3493.19元

以上机械费小计:69304.04元

其他机械费:69304.04元×11.57%=8018.48元

小计:77322.52元

④合计:266747.46元

3)泥浆运输(泥浆总用量为:0.486m^3/m^3 ×510.7m^3 =248.2m^3):

①人工费:25 元/工日 ×0.744 工日/m^3 ×248.2m^3 =4616.52 元

②机械费:泥浆运输车:330 元/台班 ×0.186 台班/m^3 ×248.2m^3 =15234.52 元

泥浆泵:100 元/台班 ×0.062 台班/m^3 ×248.2m^3 =1538.84 元

小计:16773.36 元

③合计:21389.88 元

4)泥浆池挖土方(58m^3):

人工费:12 元/m^3 ×58m^3 =696 元

5)泥浆池垫层(2.96m^3):

①人工费:30 元/m^3 ×2.96m^3 =88.8 元

②材料费:154 元/m^3 ×2.96m^3 =455.84 元

③机具费:16 元/m^3 ×2.96m^3 =47.36 元

④合计:592.0 元

6)池壁砌砖(7.55m^3):

①人工费:40.50 元/m^3 ×7.55m^3 =305.78 元

②材料费:135.00 元/m^3 ×7.55m^3 =1019.25 元

③机具费:4.5 元/m^3 ×7.55m^3 =33.98 元

④合计:1359.01 元

7)池底砌砖(3.16m^3):

①人工费:35.0 元/m^3 ×3.16m^3 =110.6 元

②材料费:126 元/m^3 ×3.16m^3 =398.16 元

③机具费:4.5 元/m^3 ×3.16m^3 =14.22 元

④合计:522.98 元

8)池底、池壁抹灰:

①人工费:3.3 元/m^2 ×25m^2 +5 元/m^2 ×30m^2 =232.50 元

②材料机:7.75 元/m^2 ×25m^2 +5.5 元/m^2 ×30m^2 =358.75 元

③机具费:0.5 元/m^2 ×55m^2 =27.5 元

④合计:618.75 元

9)拆除泥浆池:

人工费:600 元

10)综合:

①直接费合计:292526.08 元

②管理费:直接费 ×34% =99458.87 元

③利润:直接费 ×8% =23402.09 元

④总计:415387.04 元

⑤综合单价:415387.04 元 ÷1016m =408.85 元/m

分部分项工程量清单计价及综合单价见表 2-4、2-5。

表 2-4　分部分项工程量清单计价表

工程名称:某工程　　　　　　　　　　　　　　　　　　　　　　　　　第　页 共　页

序号	项目	项目名称	计量单位	工程数量	金额/元	
					综合单价	合价
	010201003001	A.2　桩与地基基础工程 混凝土灌注桩 土壤级别:二级土 桩单根设计长度:8m 桩根数:127 根 桩截面:ϕ800mm 混凝土强度:C30 泥浆运输 5km 以内	m	1016	408.85	415387.04

表 2-5　分部分项工程量清单综合单价计算表

工程名称:某工程　　　　　　　　　　　　　　　　　　　　　　　　　计量单位:m

项目编码:010201003001　　　　　　　　　　　　　　　　　　　　　　工程数量:1016

项目名称:混凝土灌注桩　　　　　　　　　　　　　　　　　　　　　　综合单价:408.85 元

序号	定额编号	工程内容	单位	数量	其中/元					
					人工费	材料费	机械费	管理费	利润	小计
	2-88	钻孔灌注混凝土桩	m	1.000	10.56	175.89	76.10	89.27	21.00	372.82
	2-97	泥浆运输 5km 以内	m^3	0.244	4.54		16.51	7.16	1.68	29.89
	1-2	泥浆池挖土方(2m 以内,三类土)	m^3	0.057	0.69			0.23	0.05	0.97
	8-15	泥浆垫层(石灰拌和)	m^3	0.003	0.09	0.45	0.05	0.20	0.05	0.84
	4-10	砖砌池壁(一砖厚)	m^3	0.007	0.30	1.00	0.03	0.45	0.11	1.89
	8-105	砖砌池底(平铺)	m^3	0.003	0.11	0.39	0.01	0.17	0.04	0.72
	11-25	池壁、池底抹灰	m^2	0.025	0.23	0.35	0.03	0.21	0.05	0.87
		拆除泥浆池	座	0.001	0.59			0.20	0.05	0.84
		合计			17.11	178.08	92.73	97.89	23.03	408.84

【例 2-52】　某工程有 30 根钢筋混凝土柱,根据上部荷载计算,每根柱下有 4 根 350mm × 350mm 方柱,柱长 20m(用 2 根 10m 长方桩用焊接方法接桩),其上设 4000mm × 6000mm × 700mm 的承台,桩顶距自然地坪 5m,桩由预制厂运至工地,运距为 15km,土质为一级,采用柴油机打桩(桩用 C20 混凝土,承台采用 C40 混凝土)。

【解】　(1)业主根据桩基础施工图计算

1)预制钢筋混凝土方桩总长为:30 × 4 × 20m = 2400m

2)接钢筋混凝土方桩:接桩工程量 = 30 × 4 个 = 120 个

分部分项工程量清单见表 2-6。

表 2-6　分部分项工程量清单

工程名称:某工程　　　　　　　　　　　　　　　　　　　　　　　　第　页　共　页

序号	项目编码	项目名称	计量单位	工程数量
1	010201001001	预制钢筋混凝土桩 土壤级别:一级土 桩单根设计长度:10m 桩根数:240 根 桩截面:350mm×350mm 混凝土强度等级:C30 桩运距为:15km	m	2400
2	010201002001	接桩 桩截面:350mm×350mm 硫磺胶泥接桩	个	120

(2)投标人根据地质资料及施工方案计算(本例题套用《北京市建设工程预算定额》第一册土建工程)

1)预制钢筋混凝土桩:$V_1 = 0.35\text{m} \times 0.35\text{m} \times 30 \times 4 \times 20\text{m} = 294\text{m}^3$

$V_2 = 0.35 \times 0.35 \times 30 \times 4 \times 20 \times (1 + 1\%)\text{m}^3 = 296.94\text{m}^3$

①预制钢筋混凝土方桩运输,5km 以内:

人工费:2.92 元/m^3 ×296.94m^3 =867.065 元

材料费:1.36 元/m^3 ×296.94m^3 =403.838 元

机械费:66.43 元/m^3 ×296.94m^3 =19725.724 元

②预制钢筋混凝土方桩运输,增 10km:

人工费:0.75 元/m^3 ×296.94m^3 ×2 =445.41 元

材料费:0.18 元/m^3 ×296.94m^3 ×2 =106.898 元

机械费:14.13 元/m^3 ×296.94m^3 ×2 =8391.52 元

③打预制钢筋混凝土方桩:

人工费:52.63 元/m^3 ×294m^3 =15473.22 元

材料费:1049.39 元/m^3 ×294m^3 =308520.66 元

机械费:213.90 元/m^3 ×294m^3 =62886.6 元

④送桩:$V_3 = 0.35 \times 0.35 \times 120 \times (5 + 0.5)\text{m}^3 = 80.85\text{m}^3$

人工费:67.56 元/m^3 ×80.85m^3 =5462.226 元

材料费:3.05 元/m^3 ×80.85m^3 =246.593 元

机械费:180.38 元/m^3 ×80.85m^3 =14583.723 元

⑤综合:

直接费合计:437113.48 元

管理费:437113.48 元×34% =148618.58 元

利润:437113.48 元×8% =34969.08 元

总计:(437113.48 +148618.58 +34969.08)元 =620701.14 元

综合单价:620701.14 元÷2400m = 258.625 元/m

2)接钢筋混凝土方桩:

①接方桩工程量:30 个×4 = 120 个

人工费:14.54 元/个×120 个 = 1744.8 元

材料费:32.81 元/个×120 个 = 3937.2 元

机械费:无

②综合:

直接费合计:5682 元

管理费:5682 元×34% = 1931.88 元

利润:5682 元×8% = 454.56 元

总计:5682 元 + 1931.88 元 + 454.56 元 = 8068.44 元

综合单价:8068.44 元÷120 个 = 67.237 元/个

分部分项工程量清单计价及综合单价计算见表 2-7 ~ 表 2-9。

表 2-7 分部分项工程量清单计价表

工程名称:某工程　　　　第　页　共　页

序号	项目编码	项目名称	计量单位	工程数量	金额/元	
					综合单价	合价
1	010201001001	预制钢筋混凝土桩 土壤级别:一级土 桩单根设计长度:10m 桩根数:240 根 桩截面:350mm×350mm 混凝土强度等级:C30 桩运距:15km	m	2400	258.625	620701.14
2	010201002001	接桩 方桩 桩截面:350mm×350mm 硫磺胶泥接桩	个	120	67.237	8068.44
		总计				628769.58

表 2-8 分部分项工程量清单综合单价计算表

工程名称:某工程　　　　计量单位:m

项目编码:010201001001　　　　工程数量:2400

项目名称:预制钢筋混凝土桩　　　　综合单价:258.625 元

序号	定额编号	工程内容	单位	数量	其中/元					
					人工费	材料费	机械费	管理费	利润	小计
1	9-3	预制钢筋混凝土运输(5km 以内)	m^3	296.94	867.065	403.838	19725.724			
	9-4	预制钢筋混凝土运输(增 10km)	m^3	296.94	445.41	106.898	8391.52			
	2-30	打预制钢筋混凝土方桩	m^3	294	15473.22	308520.66	62886.6			
	2-33	送桩	m^3	80.85	5462.226	246.593	14583.723			
		合计			22247.921	309277.99	105587.57	148618.58	34969.08	620701.14

表 2-9　分部分项工程工程量清单综合单价计算表

工程名称:某工程　　　　　　　　　　　　　　　　　　　　　　　　　　　　　　　计量单位:个

项目编码:010201002001　　　　　　　　　　　　　　　　　　　　　　　　　　　　　　工程数量:120

项目名称:接桩　　　　　　　　　　　　　　　　　　　　　　　　　　　　　　　综合单位:67. 237 元

序号	定额编号	工程内容	单位	数量	其中/元					
					人工费	材料费	机械费	管理费	利润	小计
2	2-38	接方桩	个	120	1744. 8	3937. 2	—			
		合计			1744. 8	3937. 2	—	1931. 88	454. 56	8068. 44

第3章　砌筑工程工程量清单设置与计价举例

【例3-1】　根据图3-1基础施工图的尺寸，计算砖基础的长度(基础墙均为240mm厚)。

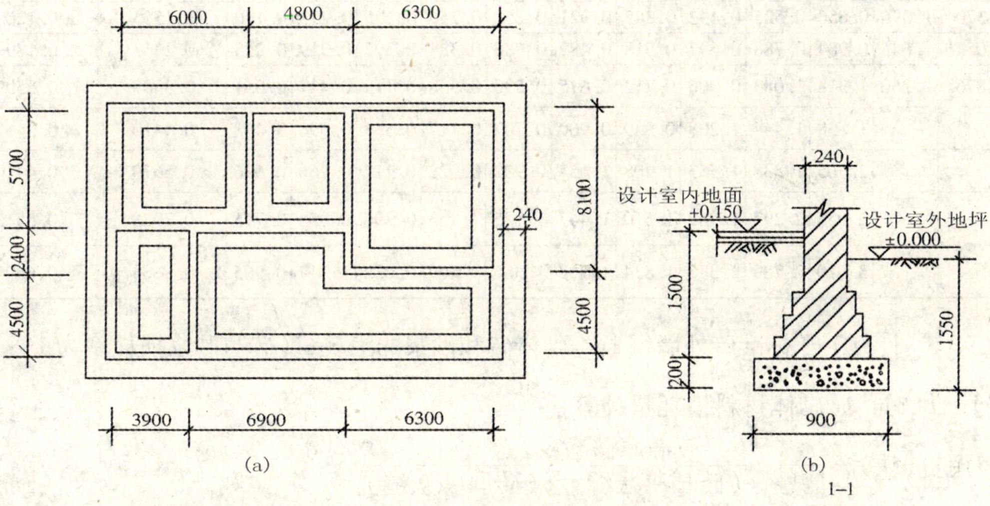

图3-1　砖基础施工图

(a)基础平面图;(b)1—1剖面图

【解】　(1)外墙砖基础长($L_{中}$)

$$L_{中}=\{[(4.5+2.4+5.7)+(3.9+6.9+6.3)]\times2\}\text{m}$$
$$=[(12.6+17.1)\times2]\text{m}$$
$$=59.40\text{m}$$

(2)内墙砖基础净长($L_{内}$)

$$L_{内}=[(5.7-0.24)+(8.1-0.24)+(4.5+2.4-0.24)+(6.0+4.8-0.24)+6.3]\text{m}$$
$$=(5.46+7.86+6.66+10.56+6.30)\text{m}$$
$$=36.84\text{m}$$

【例3-2】　某工程外墙基础采用等高式砖基础(见图3-2),外墙中心线长100m,计算等高式砖基础工程量。

【解】　查折加高度和增加面积数据表(见表3-1),得折加高度为0.656m,大放脚增加断面面积为0.1575m^2。

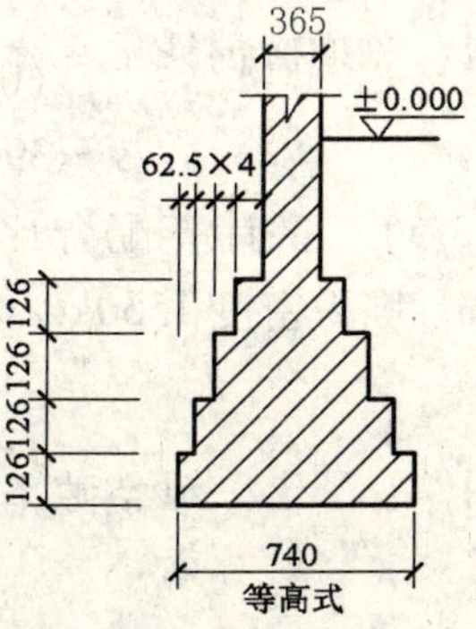

图3-2　等高式砖基础示意图

表 3-1 折加高度和增加面积数据表

放脚层数	折合增加高度/m												增加断面面积 /m^2	
	1/2 砖 (0.115)		1 砖 (0.24)		$1\frac{1}{2}$砖 (0.365)		2 砖 (0.49)		$2\frac{1}{2}$ (0.615)		3 砖 (0.74)			
	等高	不等高	等高	不等高	等高	不等高	等高	不等高	等高	不等高	等高	不等高	等高	不等高
一	0.137	0.137	0.066	0.066	0.043	0.043	0.032	0.032	0.026	0.026	0.021	0.021	0.01575	0.01575
二	0.411	0.342	0.197	0.164	0.129	0.103	0.096	0.020	0.077	0.064	0.046	0.053	0.04725	0.3938
三	0.822	0.685	0.394	0.328	0.259	0.216	0.193	0.161	0.154	0.128	0.128	0.106	0.0945	0.07875
四	1.370	1.096	0.656	0.525	0.432	0.345	0.321	0.257	0.256	0.205	0.213	0.170	0.1575	0.1260
五	2.054	1.645	0.984	0.788	0.647	0.518	0.482	0.386	0.384	0.307	0.319	0.255	0.2363	0.1890
六	2.876	2.260	1.378	1.083	0.906	0.712	0.675	0.530	0.538	0.419	0.447	0.351	0.3308	0.2599
七			1.838	1.444	1.208	0.949	0.900	0.707	0.717	0.563	0.596	0.468	0.4410	0.3465
八			2.363	1.838	1.553	1.208	1.157	0.900	0.922	0.717	0.766	0.596	0.5670	0.4410
九			2.953	2.297	1.942	1.510	1.447	1.125	1.153	0.896	0.958	0.745	0.7088	0.5513
十			3.610	2.789	2.373	1.834	1.768	1.366	1.409	0.038	1.717	0.905	0.8663	0.6694

【例 3-3】 计算 $1\frac{1}{2}$标准砖外墙每 $1m^3$ 砌体砖和砂浆的消耗量(砖与砂浆损耗率为 1%)。

【解】 每 $1m^3$ 砖砌体材料消耗量计算

$$砖净用量(块)=\frac{墙厚砖数\times 2}{墙厚\times(砖长+灰缝)\times(砖厚+灰缝)}$$

$$砖消耗量=砖净用量\times(1+损耗率)$$

$$砂浆消耗量(m^3)=(1-砖净用量\times 每块砖体积)\times(1+损耗率)$$

$$砖净用量=\frac{1.5\times 2\ 块}{0.365\times(0.24+0.01)\times(0.053+0.01)}=522\ 块$$

$$砖消耗量=522\times(1+0.01)=527\ 块$$

$$砂浆消耗量=(1-522\times 0.24\times 0.115\times 0.053)\times(1+0.01)m^3$$
$$=0.238m^3$$

【例 3-4】 奶油色釉面砖规格为 150mm×150mm,灰缝为 1mm,其损耗率为 1.5%,试计算 $100m^2$ 地面釉面砖消耗量。

【解】 $$釉面砖消耗量=\frac{100}{(0.15+0.01)\times(0.15+0.01)}\times(1+0.015)块$$
$$=3965\ 块$$

【例 3-5】 试计算配合比为 1:1:3 水泥白灰砂浆每 $1m^3$ 材料消耗量。已知:砂密度 $2650kg/m^3$,堆积密度 $1550kg/m^3$;水泥密度 $120kg/m^3$。砂损耗率 2%,水泥、石灰膏损耗率各为 1%。

【解】 $$砂空隙率=\left(1-\frac{砂堆积密度}{砂密度}\right)\times 100\%$$
$$=\left(1-\frac{1550}{2650}\right)\times 100\%$$

$$=41.5\%$$

$$砂消耗量=\frac{3}{(1+1+3)-3\times0.415}\times(1+0.02)\,m^3=0.81m^3$$

$$水泥消耗量=\frac{1\times1200}{3}\times0.81\times(1+0.01)\,kg=327kg$$

$$石灰膏消耗量=\frac{1}{3}\times0.81\times(1+0.01)\,m^3=0.27m^3$$

【例 3-6】 某建筑采用 M5 水泥砂浆砌砖基础,如图 3-3 所示,试计算其工程量(墙厚均为 240mm)。

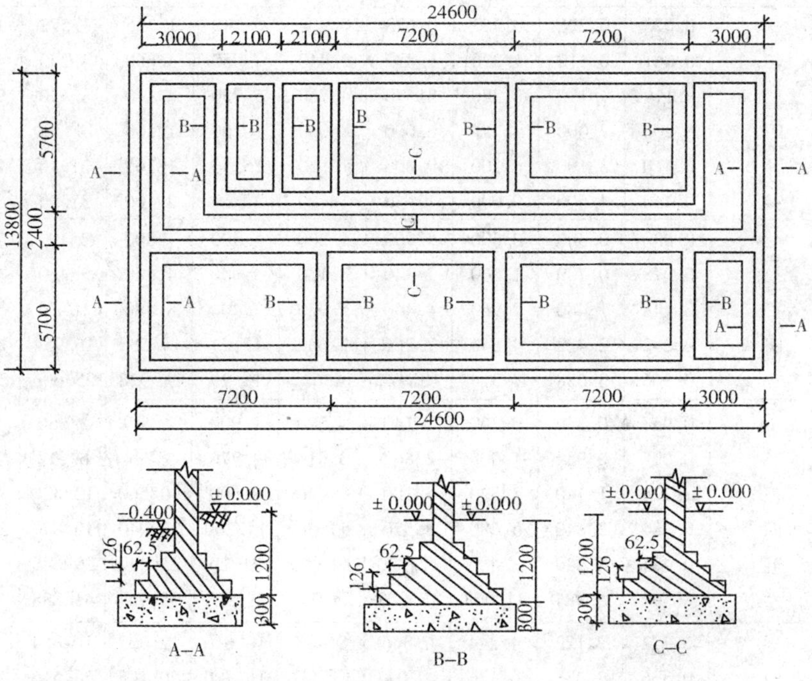

图 3-3　某建筑示意图

【解】 外墙中心线长:(24.6 + 13.8) ×2m = 76.8m,即 A—A 基础长。

内墙净长:(5.7 − 0.24) ×8m = 43.68m,即 B—B 基础长。

C—C 基础长为:[(24.6 − 0.24) + (7.2 + 2.1) ×2]m = 42.96m

砖基础体积:

A—A 基础:$0.24\times(1.2+0.394)\times76.8m^3=29.38m^3$

B—B 基础:$0.24\times(1.2+0.656)\times43.68m^3=19.46m^3$

C—C 基础:$0.24\times(1.2+0.394)\times42.96m^3=16.43m^3$

故总的工程量为:

$(29.38+19.46+16.43)\,m^3=65.27m^3$

【例 3-7】 图 3-4 为砖砌等高式独立基础(共 18 个),计算其体积(V)。

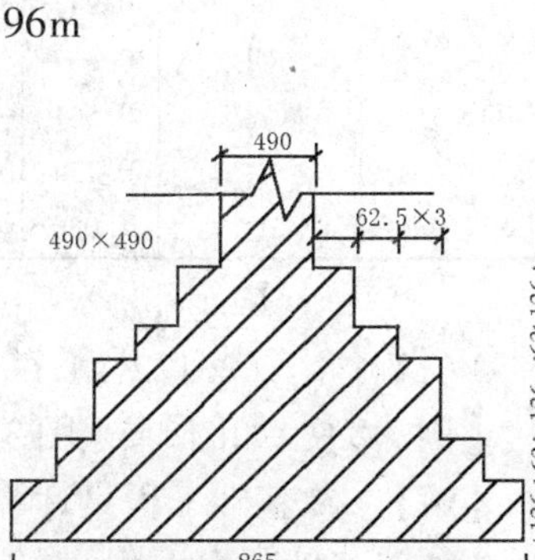

图 3-4　砖砌等高式独立基础

【解】由表 3-2 查得大放脚砖体积为:

表 3-2　砖柱基础大放脚体积(等高式)

砖柱断面/mm	放脚层数	大放脚体积/m^3									
		数量基数/个									
		1	10	20	30	40	50	60	70	80	90
240×240	一	0.017	0.168	0.336	0.504	0.672	0.840	1.080	1.176	1.344	1.512
	二	0.047	0.472	0.944	1.416	1.888	2.360	2.882	3.304	3.776	4.248
	三	0.094	0.940	1.080	2.820	3.760	4.700	5.640	6.580	7.520	8.460
	四	0.164	1.640	3.280	4.920	6.560	8.200	9.840	11.48	13.120	14.76
	五	0.258	2.580	5.160	7.740	10.32	12.900	15.480	18.06	20.640	23.22
240×365	一	0.023	0.226	0.452	0.678	0.904	0.130	1.356	1.582	1.808	2.034
	二	0.061	0.610	1.220	1.830	2.440	3.050	3.660	4.270	4.880	5.490
	三	0.119	1.190	2.380	3.570	4.760	5.950	7.140	8.330	9.520	10.71
	四	0.200	2.000	4.00	6.000	8.000	10.00	12.00	14.000	16.00	18.00
	五	0.310	3.100	6.200	9.300	12.40	15.50	18.60	21.70	24.80	27.90
	六	0.450	4.500	9.000	13.50	18.00	22.50	27.00	31.50	36.00	40.50
365×365	一	0.030	0.300	0.600	0.900	1.200	1.500	1.800	2.100	2.400	2.700
	二	0.078	0.780	1.560	2.340	3.120	3.900	4.680	5.460	6.240	7.020
	三	0.148	1.480	2.960	4.440	5.920	7.400	8.880	10.36	11.84	13.32
	四	0.242	2.422	4.844	7.266	9.688	12.11	14.532	16.954	19.376	21.793
	五	0.366	3.658	7.314	10.974	14.632	18.29	21.948	25.606	29.264	32.922
365×490	一	0.038	0.380	0.760	1.140	1.520	1.900	2.280	2.660	3.040	3.420
	二	0.095	0.954	1.908	2.862	3.816	4.770	5.724	6.678	7.632	8.586
	三	0.174	1.740	3.520	5.280	7.040	8.800	10.560	12.320	14.08	15.840
	四	0.284	2.840	5.680	8.520	11.36	14.200	17.040	19.880	22.720	25.56
	五	0.424	4.240	8.480	12.720	16.960	21.20	25.440	29.680	33.920	38.16
	六	0.598	5.984	11.968	17.952	23.936	29.920	35.904	41.888	47.872	53.865
490×490	三	0.212	2.122	4.244	6.366	8.488	10.610	12.732	14.854	16.976	19.098
	四	0.336	3.358	6.176	10.074	13.432	16.790	20.148	23.516	26.864	30.222
	五	0.503	5.026	10.052	15.078	20.104	25.130	30.156	35.182	40.208	45.234
	六	0.696	6.964	13.928	20.892	27.856	34.820	41.784	48.748	55.712	62.676
	七	0.932	9.324	18.648	27.978	37.296	46.62	55.944	65.268	74.592	83.916
490×615	三	0.247	2.47	4.940	7.410	9.880	12.350	14.820	17.29	19.760	22.230
	四	0.387	3.87	7.740	11.610	15.480	19.350	23.220	27.09	30.960	34.830
	五	0.561	5.614	11.228	16.842	22.456	28.070	33.684	39.298	44.912	50.528
	六	0.774	7.744	15.488	23.232	30.976	38.720	46.464	54.208	61.952	69.696
	七	1.030	10.304	20.608	30.912	41.216	51.520	61.824	72.128	82.432	92.736

V(18 个) $= (2.122 + 1.698)\,m^3 = 3.82m^3$

【例 3-8】 如图 3-5 、图 3-6 所示,求砖基础工程量。

【解】 砖基础工程量计算如下:

V = 砖基础断面面积 ×(外墙中心线长度 + 内墙净长度)

$$V = [0.72 \times 0.5 + (0.72 - 0.24) \times 0.5 + 0.24 \times 0.5] \times [(12 + 6) \times 2 + (6 - 0.24)]\,m^3 = 30.07m^3$$

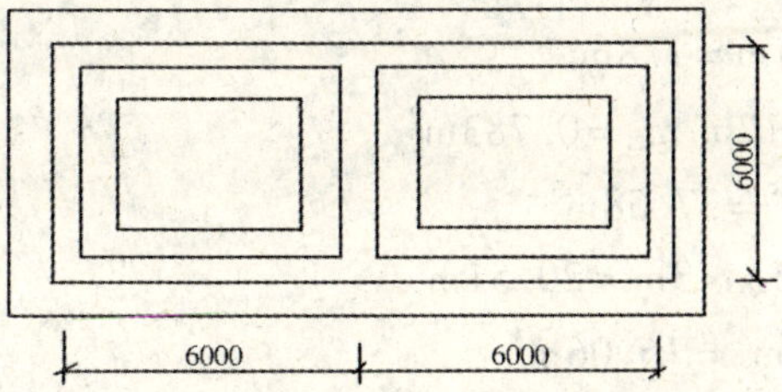

图 3-5　基础平面示意图

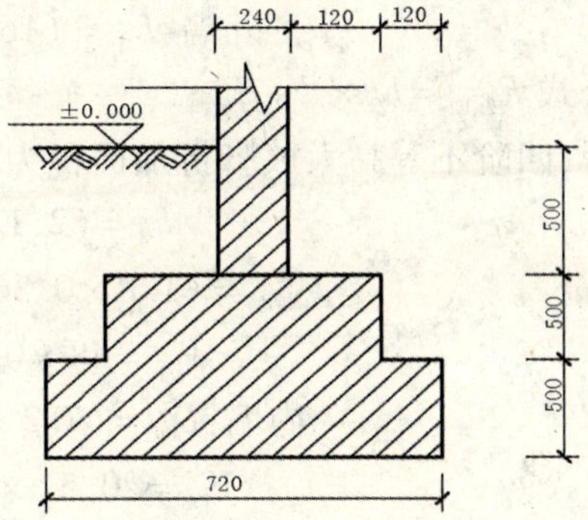

图 3-6　基础剖面示意图

【例 3-9】　如图 3-5、图 3-7 所示，求毛石、砖基础工程量。

【解】　毛石、砖基础工程量计算如下：

$V_{石}$ = 毛石基础断面面积 ×（外墙中心线长度 + 内墙净长度）

$= [(0.965 \times 0.4 + (0.965 - 0.12 \times 2) \times 0.4] \times [(12 + 6) \times 2 + (6 - 0.24)]\text{m}^3$

$= 28.23\text{m}^3$

$V_{砖}$ = 砖墙断面面积 ×（外墙中心线长度 + 内墙净长度）

$= 0.365 \times 0.4 \times [(12 + 6) \times 2 + 5.76]\text{m}^3$

$= 6.10\text{m}^3$

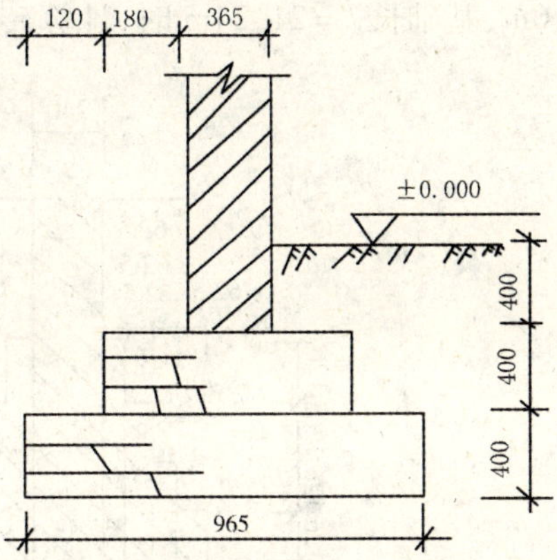

图 3-7　毛石基础剖面示意图

【例 3-10】　如图 3-8 所示，试计算砖基础工程量。

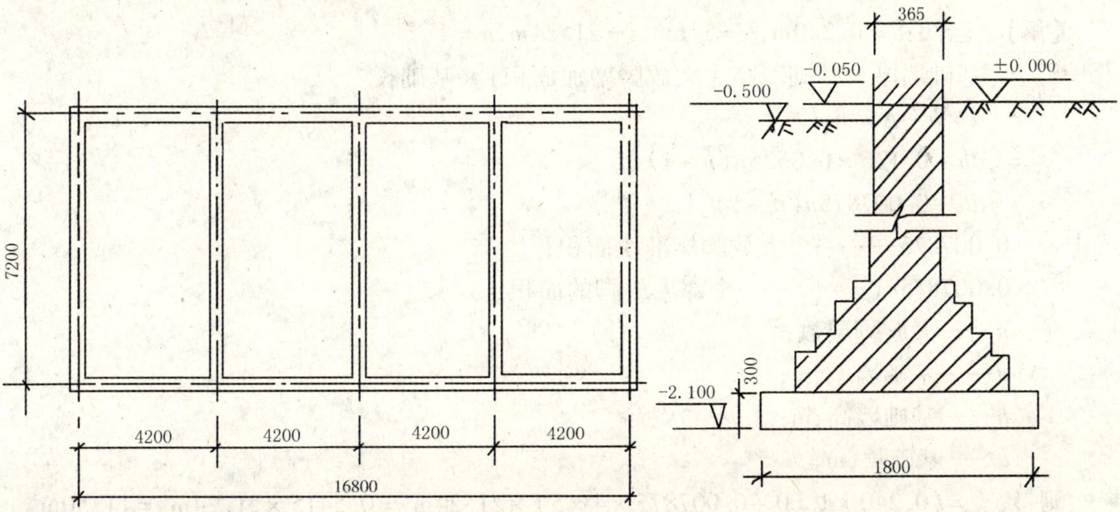

图 3-8　砖基础工程

【解】 外墙：$L_{中}=(16.8+7.2)\times 2m=48m$

根据公式 $F_{断面}=h_2\times d+S_{放脚}$

查表得，四阶不等高大放脚折加面积为 $0.126m^2$

$$h_2=(2.1-0.3)m=1.8m$$

$$F_{断面}=(1.8\times 0.365+0.126)m^2=0.783m^2$$

$$V_{外}=48\times 0.783m^3=37.58m^3$$

$$内墙：L_{净}=(7.2-0.365)\times 3m=20.51m$$

$$V_{内}=20.51\times 0.783m^3=16.06m^3$$

$$V=V_{外}+V_{内}=(37.58+16.06)m^3=53.64m^3$$

【例 3-11】 某工程砌筑的等高式标准砖大放脚基础如图 3-9(a)所示。当基础墙高 $h=1.6m$、基础长 $l=21.24m$ 时，计算砖基础工程量。

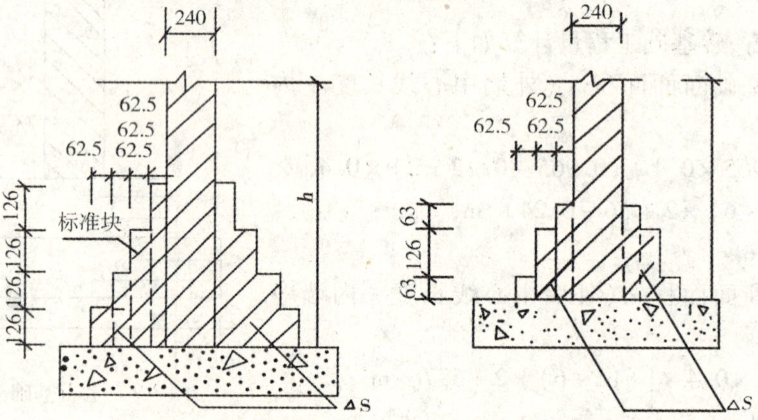

（a）等高式大放脚砖基础 （b）不等高式大放脚基础

图 3-9 大放脚砖基础示意图

【解】 已知：$d=0.240m, h=1.6m, l=21.24m, n=4$

$V_{基}=$(基础墙厚×基础墙高+大放脚增加面积)×基础长

$=(d\times h+\Delta S)\times l$

$=[dh+0.126\times 0.0625n(n+1)]l$

$=[dh+0.007875n(n+1)]l$

式中 0.007875——一个大放脚标准块面积；

$0.007875n(n+1)$——全部大放脚的面积；

n——大放脚层数；

d——基础墙厚，m；

h——基础墙高，m；

l——基础长，m。

则：$V_{砖基}=(0.240\times 1.60+0.007875\times 4\times 5)\times 21.24m^3=0.5415\times 21.24m^3=11.50m^3$

【例 3-12】 某工程有大放脚砖基础的尺寸如图 3-9(b)所示，当 $h=1.60m$、基础长 $l=22.5m$ 时，计算砖基础工程量。

【解】 已知：$d=0.24\text{m}, h=1.60\text{m}, l=22.5\text{m}, n=3$

$$V_{基}=(d\times h+\triangle S)\times l$$

则：$V_{砖基}=\{0.24\times1.60+0.007875\times[3\times4-(1+3)]\}\times22.5\text{m}^3$

$=(0.384+0.007875\times8)\times22.5\text{m}^3$

$=0.447\times22.5\text{m}^3$

$=10.06\text{m}^3$

【例 3-13】 求图 3-10 砖基础的工程量。

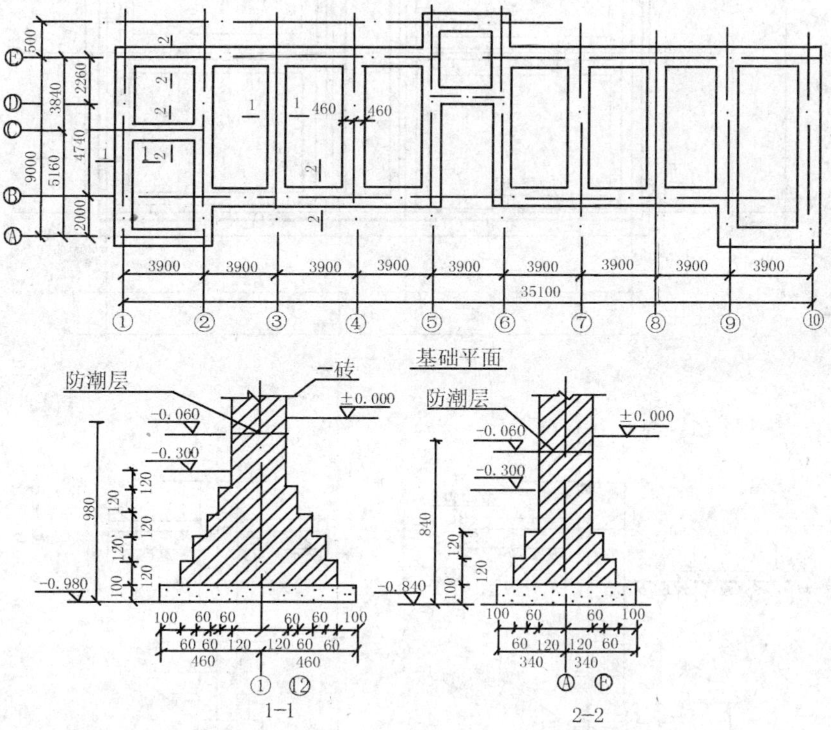

图 3-10 砖基础示意图

【解】 横向承重墙 $=[9\times2+(9-0.24)\times2+(7-0.24)\times4+(7.5-0.24)\times2]$

$\times(0.88+0.656)\times0.24\text{m}^3$

$=77.08\times1.536\times0.24\text{m}^3$

$=28.41\text{m}^3$

纵向墙 $=[35.1\times2-(3.9-0.24)+(3.9-0.24)\times2]\times(0.74+0.197)\times0.24\text{m}^3$

$=73.86\times0.937\times0.24\text{m}^3$

$=16.61\text{m}^3$

式中 0.656m 和 0.197m 均为大放脚折加高度。

合计：$(28.41+16.61)\text{m}^3=45.02\text{m}^3$

【例 3-14】 计算图 3-11 所示砖基础的工程量。钢筋混凝土地渠体积为 5.88m^3。

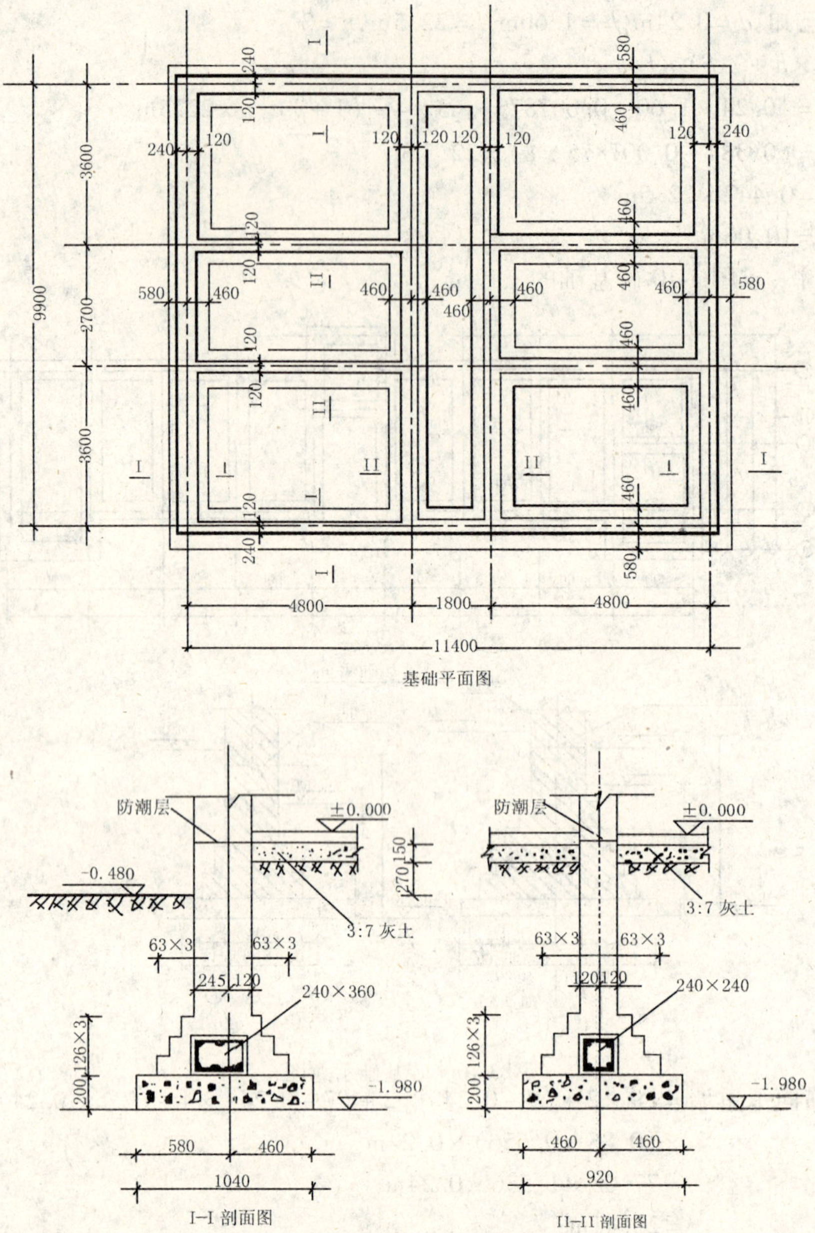

图 3-11　基础平、剖面图

【解】　砖基础体积 $V=(l_{中}+l_{内})\times$基础墙厚$\times$(基础高+折加高度)

外墙基础体积：

$$基础高度=[(1.5-0.2)+0.27+0.15]\text{m}=1.72\text{m}$$

$$基础墙厚=0.365\text{m}$$

基础墙计算长度 $=[(11.4+0.06\times2)+(9.9+0.06\times2)]\times2\text{m}=43.08\text{m}$

砖基础采用等高三层砌筑法，折加高度 0.259m

外墙基础体积 $V_1=43.08\times0.365\times(1.72+0.259)\text{m}^3=31.12\text{m}^3$

内纵墙基础体积：

基础高度 = 1.72m，基础墙厚 = 0.24m

基础墙计算长度 = (9.9 − 0.12 × 2) × 2m = 19.32m

查表得折加高度为 0.394m

内纵墙基础体积 $V_2 = 19.32 \times 0.24 \times (1.72 + 0.394)\text{m}^3 = 9.80\text{m}^3$

内横墙基础体积：

基础高度 = 1.72m，基础厚度 = 0.24m

基础墙计算长度 = (4.8 − 0.12 × 2) × 4m = 18.24m

折加高度为 0.394m

内横墙基础体积 $V_3 = 18.24 \times 0.24 \times (1.72 + 0.394)\text{m}^3 = 9.25\text{m}^3$

基础体积 $V = (V_1 + V_2 + V_3)$ − 地渠体积

$= [(31.12 + 9.80 + 9.25) - 5.88]\text{m}^3$

$= 44.29\text{m}^3$

【例 3-15】 求图 3-12 砖基础的工程量。

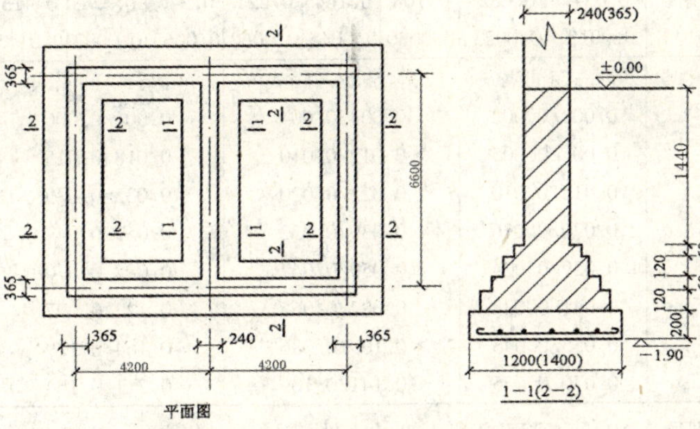

图 3-12 某基础平面、剖面示意图

注：基础大放脚折加高度为 0.525m(0.345m)

【解】 内墙砖基础 1—1 剖面的工程量为：

$[(6.6 - 0.365) \times 0.24 \times (1.9 - 0.2 + 0.525)]\text{m}^3 = 3.33\text{m}^3$

外墙砖基 2-2 剖面的工程量为：

$(8.4 + 6.6) \times 2 \times 0.365 \times (1.9 - 0.2 + 0.345)\text{m}^3 = 22.39\text{m}^3$

垛基是大放脚突出部分的基础，如图 3-14 所示。其工程量计算如下：

垛基工程量 = 垛基体积 + 垛放脚体积

式中垛基体积按基础高度查表 3-3，垛放脚体积按基础高度查表 3-3。

【例 3-16】 某建筑物垛基，砖垛突出墙面 12.5cm。如图 3-13 所示，砖垛尺寸为 125mm × 240mm。垛基的放脚部分为三层等高大放脚，高为 120mm，计算垛基的工程量。

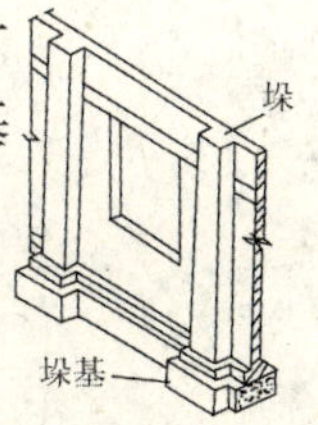

图 3-13 垛基

【解】 由垛基的尺寸查表 3-3 得：

垛基的体积 $V_1 = 0.036\text{m}^3$

垛基的放脚体积 $V_2 = 0.012\text{m}^3$

垛基工程量 $V = V_1 + V_2 = (0.036 + 0.012)\,\text{m}^3 = 0.048\text{m}^3$

表 3-3　砖垛基础体积表(单位:m^3 每个砖垛基础)

项目		突出墙面宽	1/2 砖(12.5cm)		1 砖(25cm)			$1\frac{1}{2}$砖(37.8cm)			2 砖(50cm)		
		砖垛尺寸/cm	12.5×24	12.5×36.5	25×24	25×36.5	25×49	37.5×36.5	37.5×49	37.5×61.5	50×49	50×61.5	50×74
垛基正身体积	垛基高	80cm	0.024	0.037	0.048	0.073	0.098	0.110	0.147	0.184	0.196	0.246	0.296
		90cm	0.027	0.014	0.054	0.028	0.110	0.123	0.165	0.208	0.221	0.277	0.333
		100cm	0.030	0.046	0.060	0.091	0.123	0.137	0.184	0.231	0.245	0.308	0.370
		110cm	0.033	0.050	0.066	0.100	0.135	0.151	0.202	0.254	0.270	0.338	0.407
		120cm	0.036	0.055	0.072	0.110	0.147	0.164	0.221	0.277	0.294	0.369	0.444
		130cm	0.039	0.059	0.078	0.119	0.159	0.178	0.239	0.300	0.319	0.400	0.481
		140cm	0.042	0.064	0.084	0.128	0.172	0.192	0.257	0.323	0.343	0.431	0.518
		150cm	0.045	0.068	0.090	0.137	0.184	0.205	0.276	0.346	0.368	0.461	0.555
		160cm	0.048	0.073	0.096	0.146	0.196	0.219	0.294	0.369	0.392	0.492	0.592
		170cm	0.051	0.078	0.102	0.155	0.208	0.233	0.312	0.392	0.417	0.523	0.629
		180cm	0.054	0.082	0.108	0.164	0.221	0.246	0.331	0.415	0.441	0.554	0.666
		每增减 5cm	0.0015	0.0023	0.0030	0.0045	0.0062	0.0063	0.0092	0.0115	0.0126	0.0154	0.185
放脚部分体积	层数		等高式/间隔式		等高式/间隔式			等高式/间隔式			等高式/间隔式		
		一	0.002/0.002		0.004/0.004			0.006/0.006			0.008/0.008		
		二	0.006/0.005		0.012/0.010			0.018/0.015			0.023/0.020		
		三	0.012/0.010		0.023/0.020			0.035/0.029			0.047/0.039		
		四	0.020/0.016		0.039/0.032			0.059/0.047			0.078/0.063		
		五	0.029/0.024		0.059/0.047			0.088/0.070			0.117/0.094		
		六	0.041/0.032		0.082/0.065			0.123/0.097			0.164/0.129		
		七	0.055/0.043		0.109/0.086			0.164/0.129			0.221/0.172		
		八	0.070/0.055		0.141/0.109			0.211/0.164			0.284/0.225		

【例 3-17】　根据图 3-14 所示尺寸,计算内、外墙墙长(墙厚均为 240mm)。

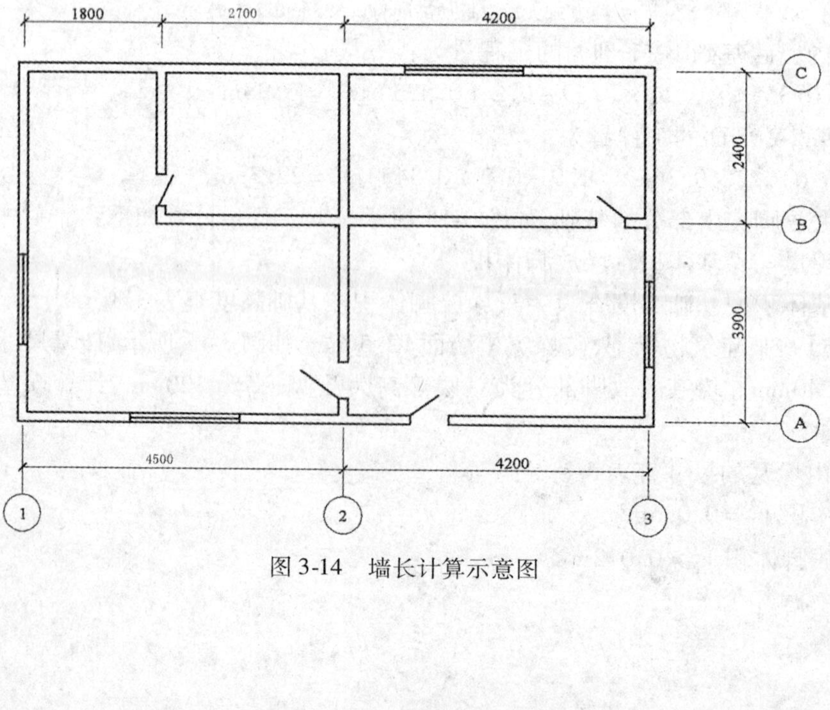

图 3-14　墙长计算示意图

【解】 (1)外墙墙长($L_中$)

$L_中=[(4.2+4.5)+(3.9+2.4)]\times 2m=30.00m$

(2)内墙墙长($L_内$)

$L_内=[(3.9+2.4-0.24)+(4.2-0.24)+(2.7-0.24)+(2.4-0.24)]m$

$=14.64m$

【例 3-18】 求图 3-15 所示的墙体工程量。

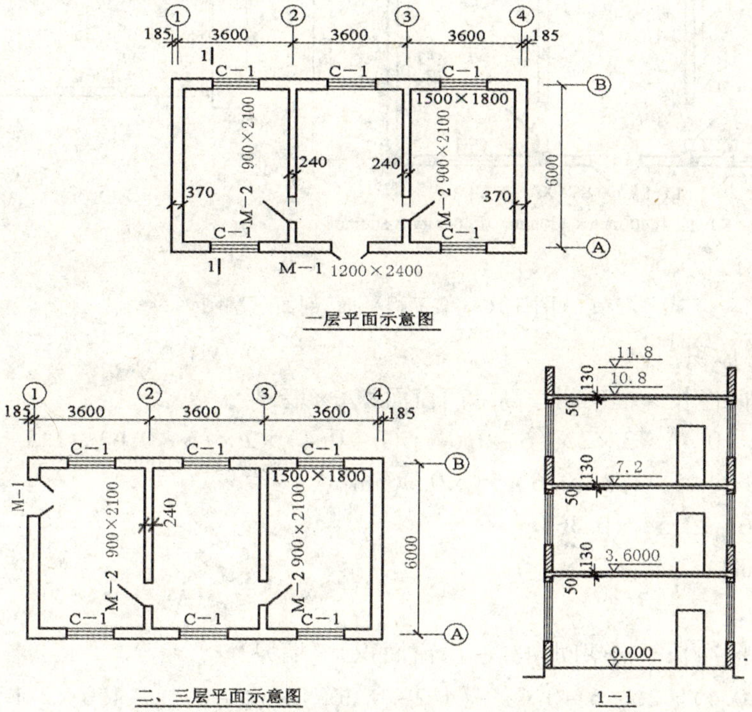

图 3-15 某工程平、剖面示意图

【解】 外墙中心线长度:

$L_外=(3.60\times 3+6.00)\times 2m=33.60m$

外墙面积:

$F_{外墙}=33.60\times[3.60\times 3+1.00(女儿墙高度)]m^2-门窗面积$

$=[33.60\times 11.8-1.2\times 2.4\times 3(M-1\ 面积)-1.5\times 1.8\times 17]m^2=341.94m^2$

内墙净长度:$L_内=(6.0-0.37)\times 2m=11.26m$

内墙面积:

$F_{内墙}=11.26\times(3.6\times 3-0.13\times 3)-6(M-2\ 面积)m^2$

$=(11.26\times 10.41-0.9\times 2.1\times 6)m^2=105.88m^2$

墙体体积:

$V=(341.94\times 0.37+105.88\times 0.24)m^3-圈梁体积$

$=\{126.52+25.41-[(3.6\times 3+6.00)\times 2\times 0.37\times(0.13+0.05)+(6.00-0.37)\times 2\times 0.24\times 0.18]\}m^3$

$=143.72m^3$

【例 3-19】 求图 3-16 所示的墙体工程量。

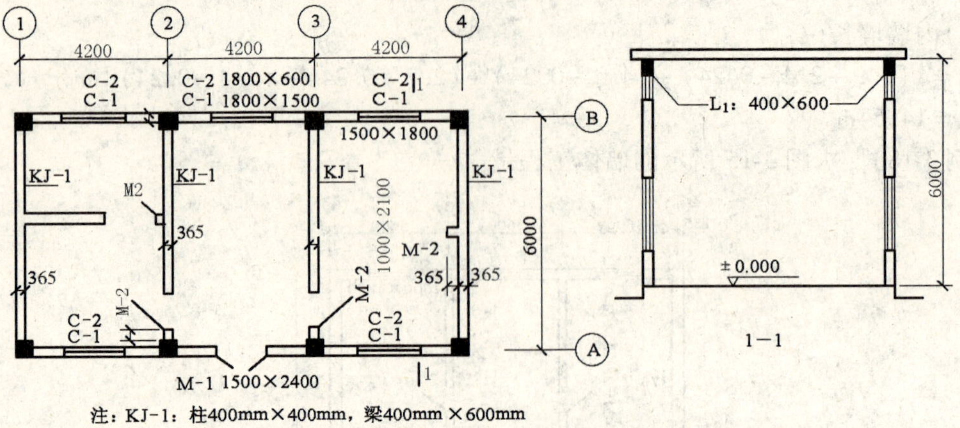

图 3-16 某工程平面、剖面示意图

【解】 外墙体积：

$V_{外}$ =（框架间净长×框架间净高－门窗面积）×墙厚

$=[(4.2-0.4)\times3\times2\times(6-0.6)+(6-0.4)\times2\times(6-0.6)-1.5\times2.4$

$-1.8\times1.5\times5-1.8\times0.6\times5]\times0.365\text{m}^3$

$=(183.6-22.5)\times0.365\text{m}^3$

$=58.80\text{m}^3$

内墙体积：

$V_{内}$ =（框架间净长×框架间净高－门窗面积）×墙厚

$=[(6-0.4)\times2\times(6-0.6)+(4.2-0.365)\times(6-0.4)-1.0\times2.1\times3]\times0.365\text{m}^3$

$=75.66\times0.365\text{m}^3$

$=27.62\text{m}^3$

【例 3-20】 某单层建筑物平面如图 3-17 所示，层高 3.6m，净高 3.48m，计算高度 3.48m，门窗及内外墙体、埋件体积分别见表 3-4，表 3-5。

要求：计算内外墙身工程量。

表 3-4 门窗表

门窗编号	洞口尺寸/mm		数量	备注
	宽	高		
C-1	2400	1800	3	铝合金窗
C-2	1800	1800	1	铝合金窗
MC-1	3000	2700	1	铝合金门连窗
MC-2	2400	2700	1	铝合金门连窗
M-1	1000	2400	3	铝合金门

表 3-5　墙体埋件体积表

墙身名称	埋件体积/m^3		
	构造柱体积	过梁体积	圈梁体积
365 外墙	1.98	0.587	2.74
240 内墙		0.032	0.86

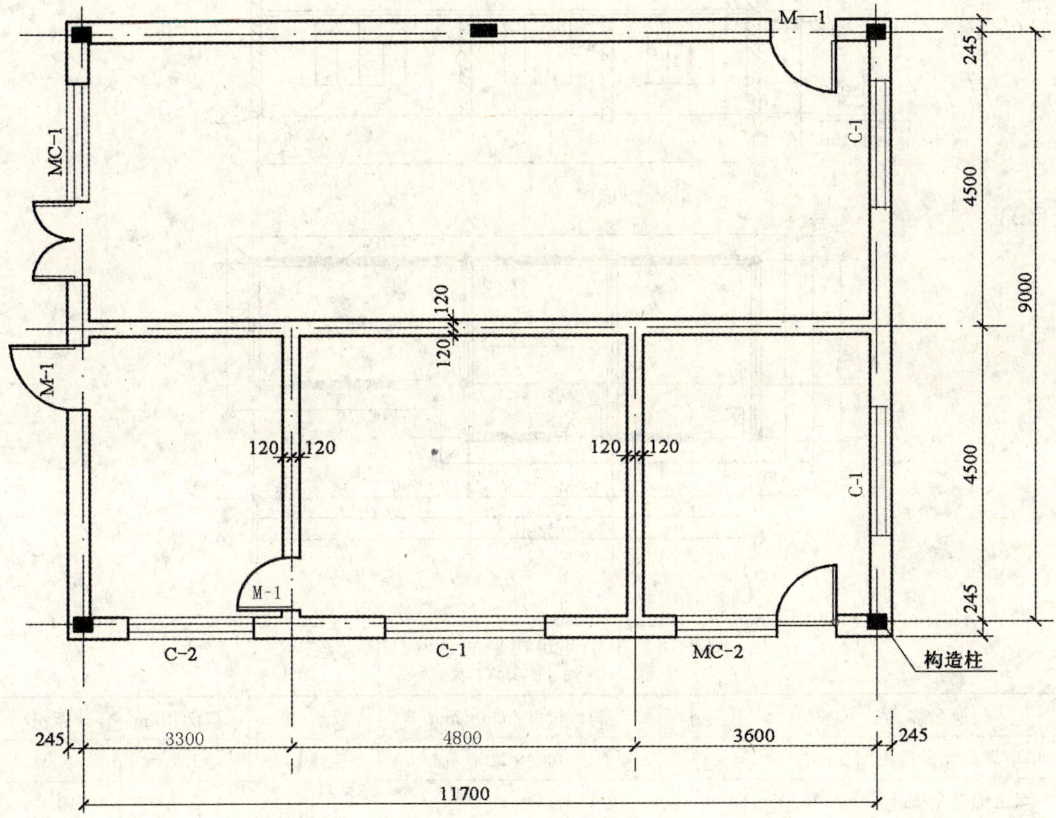

图 3-17　单层建筑物平面图

【解】 (1)基数计算

$L_外 = \{[(3.3+4.8+3.6+0.0625\times2)+(4.5+4.5+0.0625\times2)]\times2\}m = 41.9m$

$L_内 = (3.3+4.8+3.6-0.12\times2)+(4.5-0.12\times2)\times2m = 19.98m$

(2)墙身门窗面积计算

由图 3-17、表 3-4 可得：

外墙身门窗总面积

$S_外 = [2.4\times1.8(C-1)\times3+1.8\times1.8(C-2)+1\times2.4\times2(M-1)+(1.8\times1.8+1.2\times2.7)(MC-1)+(1.5\times1.8+0.9\times2.7)(MC-2)]m^2 = 32.61m^2$

内墙身门窗总面积　$S_内 = 1\times2.4(M-1)m^2 = 2.4m^2$

(3)内外墙工程量计算

墙体工程量 = (墙长 × 墙高 − 门窗洞口面积) × 墙厚 − 墙体埋件体积

外墙工程量 $V_{外} = [(41.9 \times 3.48 - 32.61) \times 0.365 - (1.98 + 0.587 + 2.74)]m^3$

$= 36.01m^3$

内墙工程量 $V_{内} = [(19.98 \times 3.48 - 2.4) \times 0.24 - (0.032 + 0.86)]m^3 = 15.22m^3$

【例 3-21】 某单层建筑物如图 3-18 所示，门窗见表 3-6 所示，试根据图所给尺寸计算一砖内外墙工程量。

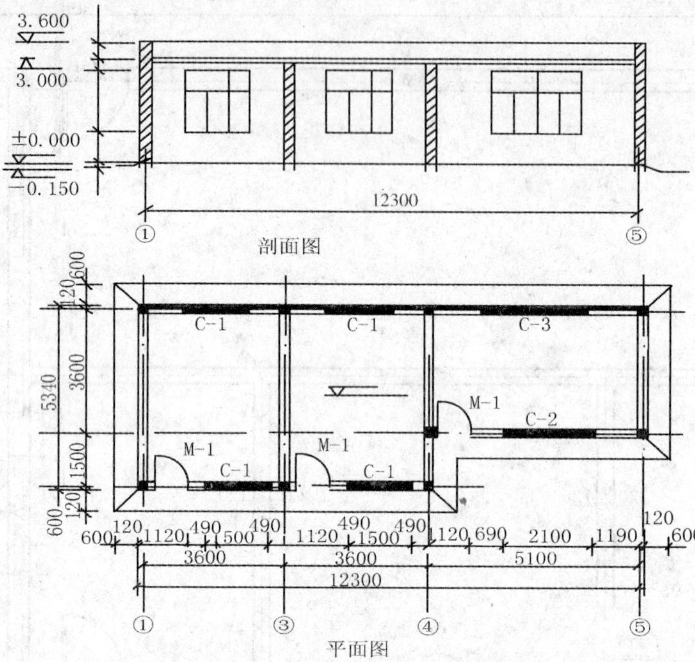

图 3-18 单层建筑物平面、剖面图

表 3-6 门窗统计表

门窗名称	代号	洞口尺寸/mm × mm	数量/樘	单樘面积/m^2	合计面积/m^2
单扇无亮无砂镶板门	M－1	1000 × 2100	3	2.1	6.3
双扇铝合金推拉窗	C－1	1500 × 1800	4	2.7	10.8
双扇铝合金推拉窗	C－2	2100 × 1800	1	3.78	3.78

【解】 外墙中心线：

$L_{中} = (3.6 \times 2 + 5.1 + 1.5 + 3.6) \times 2m = 34.8m$

构造柱可在外墙长度中扣除，因此

$L'_{中} = (34.8 - 0.24 \times 9)m = 32.64m$

内墙净长线：$L_{净} = [(1.5 + 3.6) + 3.6 - 0.12 \times 4]m = 8.22m$

外墙高（扣圈梁）：$H_{外} = (0.9 + 1.8 + 0.6 + 0.15)m = 3.45m$

内墙高（扣圈梁）：$H_{内} = (0.9 + 1.8)m = 2.7m$

应扣门窗洞面积：取表 3-6 中数据相加得：

$F_{门窗} = (6.3 + 10.8 + 3.78)m^2 = 20.88m^2$

应扣门洞过梁体积（在混凝土分部算得）：$V_{GL} = 0.146m^3$

则内外墙体工程量：$V_{墙} = (L'_{中} \times H_{外} + L_{净} \times H_{内} - F_{门窗}) \times 墙厚 - V_{GL}$

$= [(32.64 \times 3.45 + 8.22 \times 2.7 - 20.88) \times 0.24 - 0.146]m^3$

$=27.20m^3$

【例 3-22】 某“小型住宅”(图 3-19)为现浇钢筋混凝土平顶砖墙结构,室内净高 2.9m,门窗均用平拱砖过梁,外门 M-1 洞口尺寸为 1.0m×2.0m,内门 M-2 洞口尺寸为 0.9m×2.2m,窗洞高均为 1.5m,内外墙均为 1 砖混水墙,用 M2.5 水泥混合砂浆砌筑。试计算砌筑工程量。

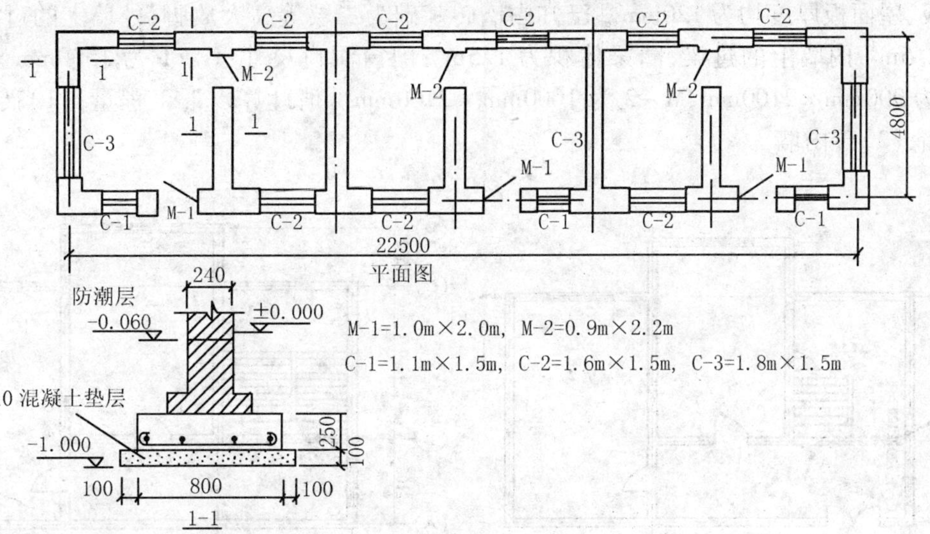

图 3-19 某小型住宅平面图和基础剖面图

【解】 (1)计算应扣除工程量

门 M-1:$(1.0\times2.0\times3\times0.24)m^3=1.44m^3$

M-2:$(0.9\times2.2\times3\times0.24)m^3=1.43m^3$

窗:$[(1.8\times2+1.1\times3+1.6\times9)\times1.5\times0.24]m^3=7.668m^3$

砖平拱过梁

M-1:$[(1.00+0.1)\times0.24\times0.24\times3]m^3=0.19m^3$

M-2:$[(0.9+0.1)\times0.24\times0.24\times3]m^3=0.173m^3$

窗:$[(1.8\times2+0.1\times2)\times0.24\times0.24+(1.1+0.1)\times3\times0.24\times0.24+(1.6+0.1)\times9\times0.24\times0.24]m^3=1.31m^3$

共扣减 $(1.44+1.43+7.668+0.19+0.173+1.31)m^3=12.21m^3$

(2)计算砖墙毛体积

墙长

外墙:$=(22.5+4.8)\times2m=54.6m$

内墙:$=(4.8-0.24)\times5m=22.8m$

总长:$=(54.6+22.8)m=77.4m$

墙高内外墙均为 3.5m,砖墙毛体积:

$(77.4\times3.5\times0.24)m^3=65.02m^3$

(3)砌筑工程量

内外砖墙:$(65.02-12.21)m^3=52.81m^3$

砖平拱:$(0.19+0.173+1.31)m^3=1.673m^3$

砖基础：$52.08\times(0.24\times0.65+0.01575)\mathrm{m}^3=8.94\mathrm{m}^3$

【例 3-23】 某砖混结构 2 层住宅首层平面图如图 3-20 所示，二层平面图如图 3-21 所示，基础平面图如图 3-22 所示，基础剖面图如图 3-23 所示；钢筋混凝土屋面板上表面高度为 6m，每层高均为 3m，内外墙厚均为 240mm；外墙均有女儿墙，高 600mm，厚 240mm；预制钢筋混凝土楼板、屋面板厚度均为 120mm。已知内墙砖基础为二层等高大放脚；外墙上的过梁、圈梁体积为 $2.5\mathrm{m}^3$，内墙上的过梁、圈梁体积为 $1.5\mathrm{m}^3$；门窗洞口尺寸：C－1 为 1500mm×1200mm，M－1为 900mm×2100mm，M－2 为 1000mm×2100mm。请计算以下工程量：(1) 砖基础，(2) 砖外墙，(3) 砖内墙。

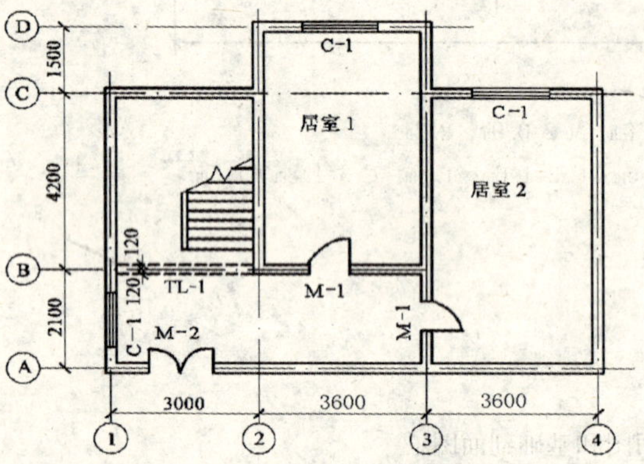

图 3-20　首层平面图

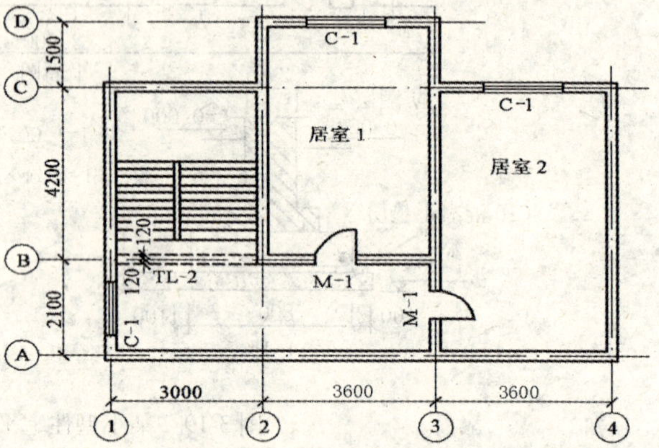

图 3-21　二层平面图

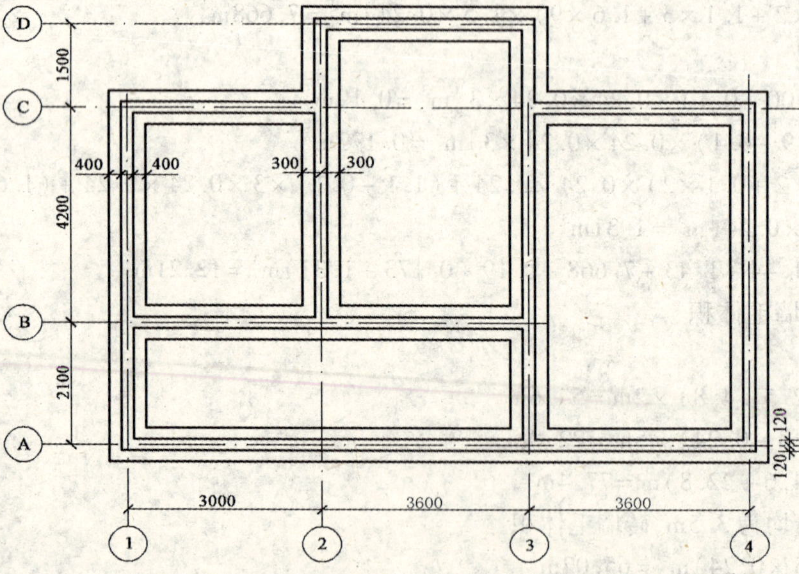

图 3-22　基础平面图

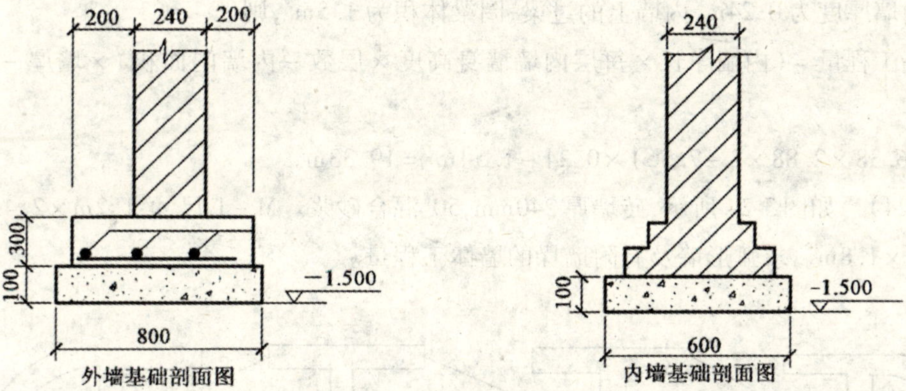

图 3-23　基础剖面图

【解】 (1)砖基础

外墙砖基础中心线 = $L_{w中}$ = (3 + 3.6 + 3.6 + 2.1 + 4.2 + 1.5) × 2m = 36.0m

内墙砖基础净长 $L_{n净}$ = [4.2 − 0.12 × 2 + (3.6 + 3) − 0.12 × 2 + (4.2 + 2.1) − 0.12 × 2]m

= 16.38m

外墙砖基础工程量 = 0.24 × (1.5 − 0.3 − 0.1) × 34.8m^3 = 9.19m^3

查表 3-1 可得折加高度为 0.197m。

内墙砖基础工程量 = [0.24 × (1.5 − 0.1 + 0.197)] × 16.08m^3 = 6.16m^3

砖基础工程量 = (9.19 + 6.16)m^3 = 15.35m^3

(2)砖外墙

外墙中心线长 = [(2.1 + 4.2 + 3 + 3.6 + 3.6) × 2 + 1.5 × 2]m = 36.0m

外墙门窗面积 = (1.50 × 1.20 × 3 × 2 + 1.00 × 2.10)m^2 = (10.8 + 2.10)m^2 = 12.9m^2

砖女儿墙体积 = (36.0 × 0.6 × 0.24)m^3 = 5.18m^3

钢筋混凝土板顶高为 6m，则外墙墙身高为 6m，外墙厚度为 0.24m，外墙上的过梁、圈梁体积为 2.5m^3，则

砖外墙工程量 = (外墙中心线长 × 外墙高度 − 外墙门窗面积) × 墙厚 − 过梁、圈梁体积 + 女儿墙体积

= [(36.0 × 6 − 12.9) × 0.24 − 2.5 + 5.18]m^3 = 51.42m^3

(3)砖内墙

内墙净长 = [(4.2 − 0.12 × 2) + (4.2 + 2.1 − 0.12 × 2) + (3.6 + 3 − 0.12 × 2)]m

= 16.38m

内墙门面积 = (0.90 × 2.10 × 2 × 2)m^2 = 7.56m^2

每层内墙墙身高度 = 层高 − 混凝土板厚

= (3 − 0.12)m

= 2.88m

已知内墙厚度为 0.24m,内墙上的过梁、圈梁体积为 $1.5m^3$,则

砖内墙工程量 =(内墙净长 × 每层内墙墙身高度 × 层数 - 内墙门面积)× 墙厚 - 过梁圈梁体积

$= [(16.38 \times 2.88 \times 2 - 7.56) \times 0.24 - 1.5] m^3 = 19.33m^3$

【例 3-24】 如图 3-24 所示,砖墙厚 240mm,50#混合砂浆。M-1 尺寸:1.2m×2.4m;C-1 尺寸:1.5m×1.8m。求弧形墙及有附墙垛的墙体工程量。

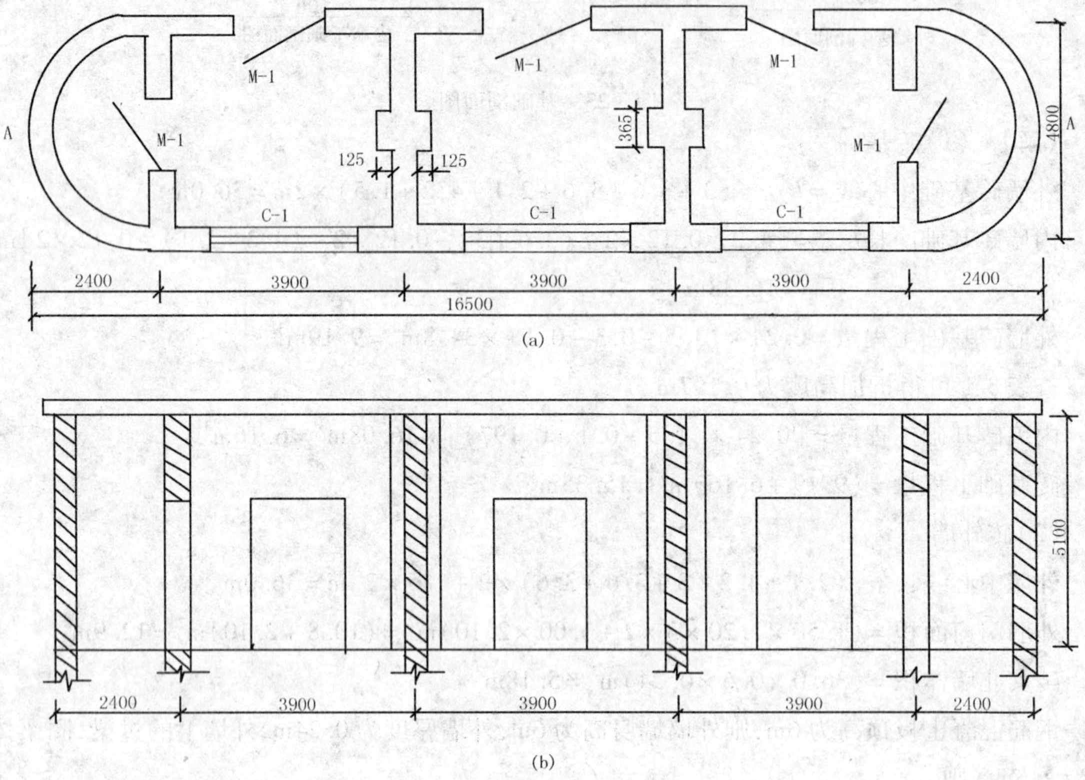

图 3-24 建筑物示意图

(a)平面示意图;(b)剖面示意图

【解】 弧形墙工程量计算如下:

弧形墙体中心线长度:

$$(3.14 \times 2.4 \times 2) m = 15.07m$$

弧形墙面积:

$$F = (15.07 \times 5.1) m^2 = 76.86m^2$$

弧形墙体积:

$$V = (76.86 \times 0.24) m^3 = 18.45m^3$$

根据墙体装饰情况可套用相关基础定额。

有附墙垛的墙体工程量计算如下：

外墙中心线长度：

$$(3.9\times3\times2)\text{m}=23.4\text{m}$$

外墙面积：

$$F_{外墙}=23.4\times5.1-(门窗面积)=23.4\times5.1-3S_{M-1}-3S_{C-1}$$
$$=102.6\text{m}^2$$

内墙净长度：

$$[(4.8-0.24)\times4]\text{m}=18.24\text{m}$$

内墙面积：

$$F_{内墙}=18.24\times5.1-门的面积=18.24\times5.1-2S_{M-1}$$
$$=87.26\text{m}^2$$

墙体体积：

$$V_1=[(102.6+87.26)\times0.24]\text{m}^3=45.57\text{m}^3$$

附墙垛体积：

$$V_2=(0.365\times0.25\times2\times5.1)\text{m}^3=0.93\text{m}^3$$
$$V_{总}=V_1+V_2=(45.57+0.93)\text{m}^3=46.5\text{m}^3$$

【例 3-25】 如图 3-25 所示，求砖墙体工程量。

【解】 外墙中心线长度：

$$L_{外}=(3.9\times4+6.0\times2)\text{m}=27.6\text{m}$$

外墙面积：

$$F_{外墙}=27.6\times(3.6\times3+0.6)-门窗面积$$
$$=27.6\times(3.6\times3+0.6)-(3S_{M-1}+11S_{C-1})$$
$$=276.3\text{m}^2$$

内墙净长度：

$$L_{内}=(6.0-0.24)\text{m}=5.76\text{m}$$

内墙面积：

$$F_{内墙}=5.76\times(3.6\times3-0.12\times2)-3S_{M-2}$$
$$=(60.83-3\times0.9\times2)\text{m}^2=55.43\text{m}^2$$

墙体体积：

$$V=(276.3+55.43)\times0.24-圈梁体积$$
$$=(79.62-27.6\times0.24\times0.18)\text{m}^2=78.43\text{m}^3$$

注：砖墙厚 240mm，50#混合砂浆。

圈梁用 200#混凝土，I 级钢筋，沿外墙敷设，断面为 0.24m×0.18m。

M－1 尺寸：1.2m×2.4m

M－2 尺寸：0.9m×2m

C－1 尺寸：1.8m×1.5m

【例 3-26】 某办公楼立面图、一层平面图如图 3-26 所示，门窗及埋件见表 3-7。根据施工

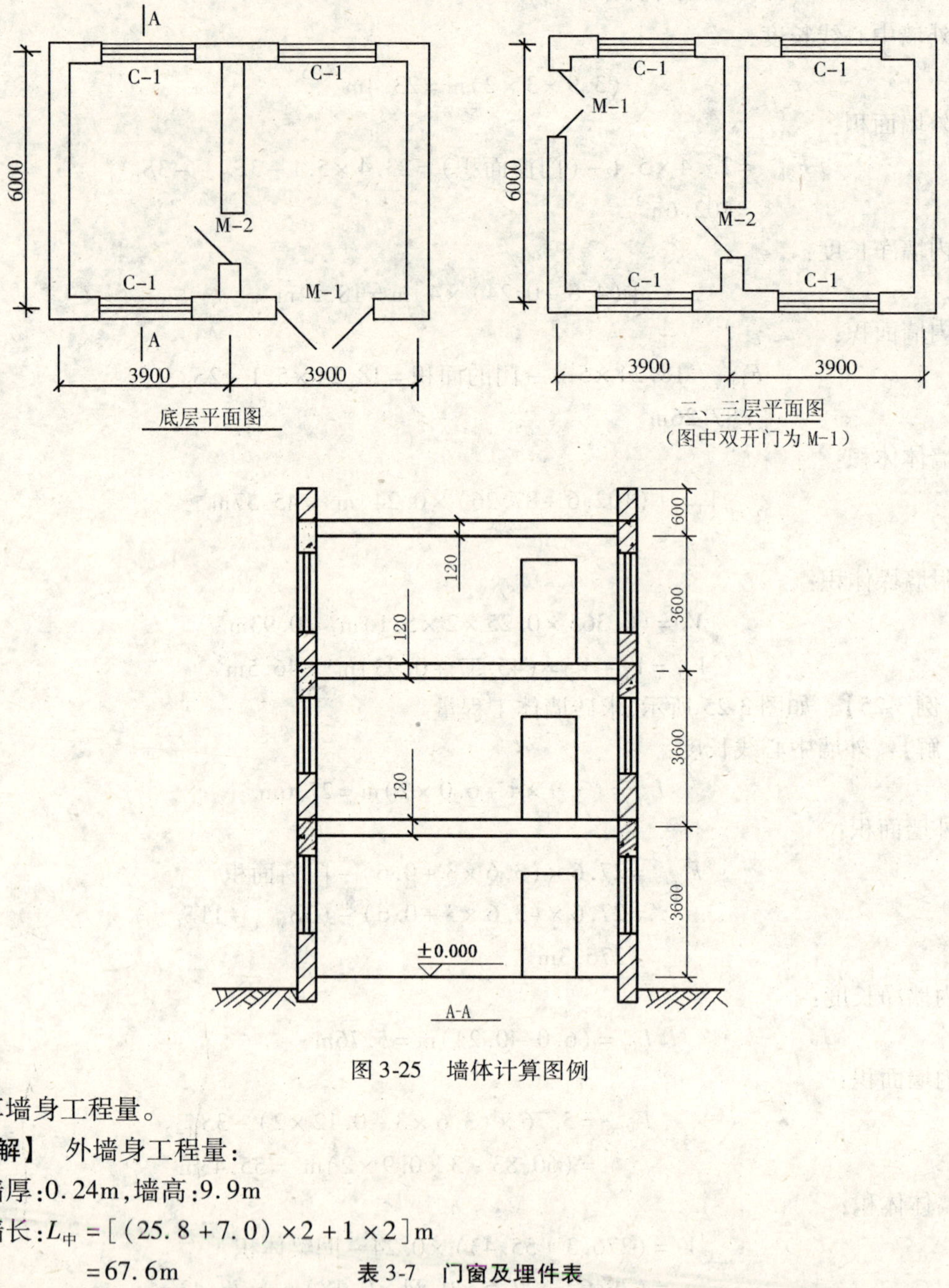

图 3-25　墙体计算图例

图计算墙身工程量。

【解】　外墙身工程量：

墙厚：0.24m，墙高：9.9m

墙长：$L_{中}=[(25.8+7.0)\times2+1\times2]$m

$=67.6$m

表 3-7　门窗及埋件表

门窗编号	尺寸/mm×mm	过梁	尺寸/mm×mm×mm	门窗编号	尺寸/mm×mm	过梁	尺寸/mm×mm×mm
C—1	1800×1500	CGL-1	240×120×2300	M—2	900×2400	MGL-2	240×120×1400
M—1	1800×2700	MGL-1	240×240×2000				

注：设计和施工组织设计说明：

1. 基础用 MU40 毛石，M5 水泥砂浆砌筑。
2. 砖砌体用 MU10 红砖，M2.5 混合砂浆砌筑。
3. 施工现场土质为天然湿度的一、二类土。

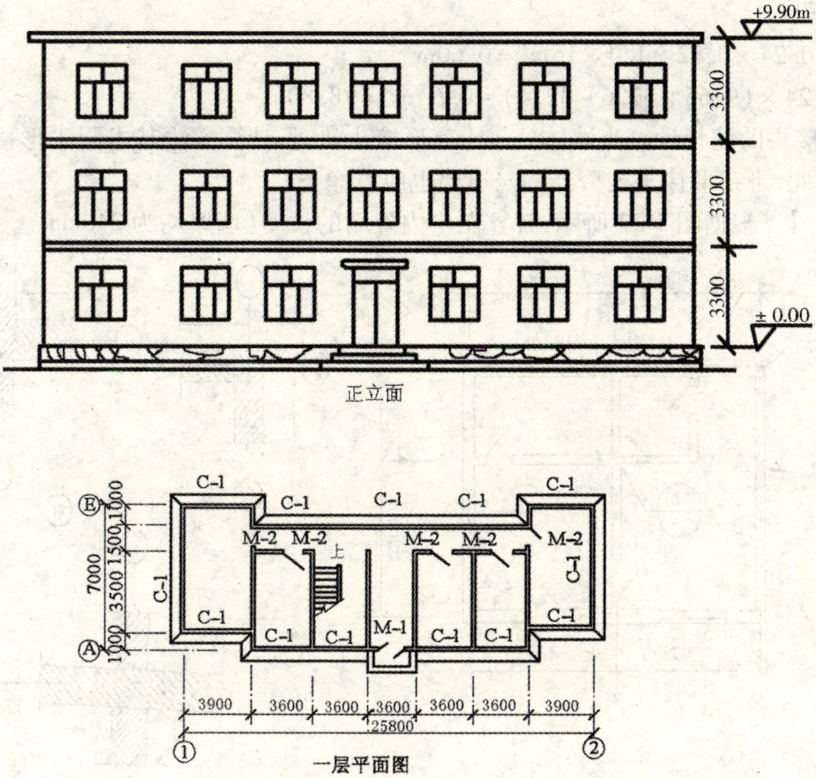

图 3-26　某办公楼立面及一层平面图

门窗洞口面积：

C－1：$(1.8\times1.5\times41)\text{m}^2=110.70\text{m}^2$

M－1：$(1.8\times2.7\times1)\text{m}^2=4.86\text{m}^2$

合计　　　　115.56m^2

埋件体积：

CGL－1：$(0.24\times0.12\times2.3\times41)\text{m}^3=2.72\text{m}^3$

MGL－1：$(0.24\times0.24\times2\times1)\text{m}^3=0.12\text{m}^3$

合计　　　　2.84m^3

$V=[0.24\times(9.9\times67.6-115.56)-2.84]\text{m}^3$

$=130.04\text{m}^3$

内墙身工程量：

墙厚：0.24m

墙长：$L_{内}=[(3.5+1.5-0.24)\times2+(3.5+1.0-0.24)\times3+3.6+3.6+3.6+(3.5+1.0)]\text{m}$

$=(9.52+12.78+10.8+4.5)\text{m}$

$=37.6\text{m}$

墙高：$(9.9-0.12\times2)\text{m}=9.66\text{m}$

门窗洞口面积：

M－2：$(0.9\times2.4\times5\times3)\text{m}^2=32.4\text{m}^2$

埋件体积：

MGL-2：$0.24\times0.12\times1.4\times15m^3=0.60m^3$

$V=[0.24\times(9.66\times37.6-32.4)-0.6]m^3=78.80m^3$

十字形接头的墙长计算当墙体处于十字形接头状时，计算方法基本同T形接头，如图3-27所示。因此，十字形接头处分断的二道墙也应算净长。

【例3-27】 根据图3-27所示，计算图中内外墙的长度（墙厚均为240mm）。

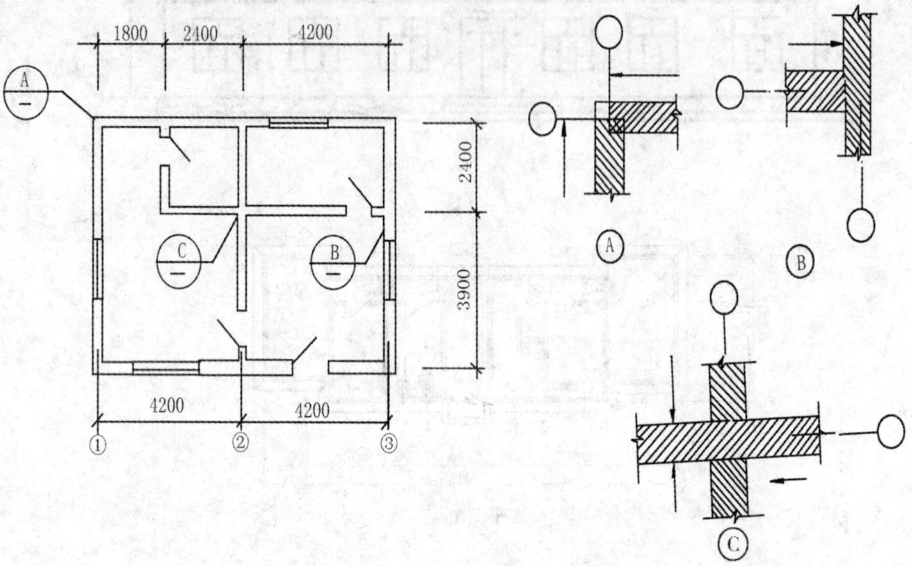

图3-27 墙长计算示意图

【解】 (1)240厚外墙长

$L_{中}=[(4.2+4.2)+(3.9+2.4)]\times2m$
$=29.40m$

(2)240厚内墙长

$L_{中}=[(3.9+2.4-0.24)+(4.2-0.24)+(2.4-0.12)+(2.4-0.12)]m$
$=14.58m$

【例3-28】 如图3-28所示，求挑檐及砖砌腰线的工程量。

【解】 按照定额规定，三皮砖以上的挑檐、砖砌腰线的体积要并入所依附的墙身体积内。

挑檐工程量：$V=[0.0625\times0.063\times(150+0.0625\times4)+0.125\times0.063\times(150+0.125\times4)$
$+0.1875\times0.126\times(150+0.1875\times4)]m^3$
$=5.34m^3$

砖砌腰线工程量：

$$V=\frac{0.378\times0.1875}{2}\times(150+0.1875\times4)m^3=5.34m^3$$

【例3-29】 如图3-29所示，已知此建筑物的屋面为两面坡屋面，坡屋面墙长60m，求挑檐及腰线工程量（外墙为清水墙）。砖垛三皮砖以上的腰线和挑檐等体积，并入墙身体积内计算。

【解】 $V_{挑檐}=(0.08\times0.06+0.13\times0.06+0.18\times0.06)\times60\times2m^3=2.81m^3$

$V_{砖砌腰线}=(0.05\times0.06+0.12\times0.06+0.19\times0.06)\times60\times2m^3=2.59m^3$

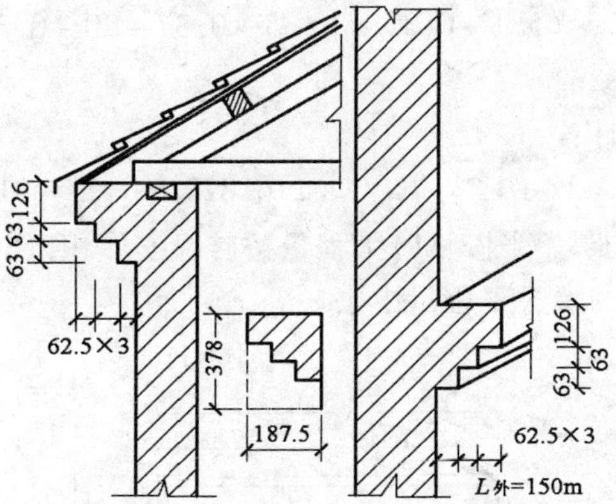

图 3-28　挑檐及砖腰线示意图

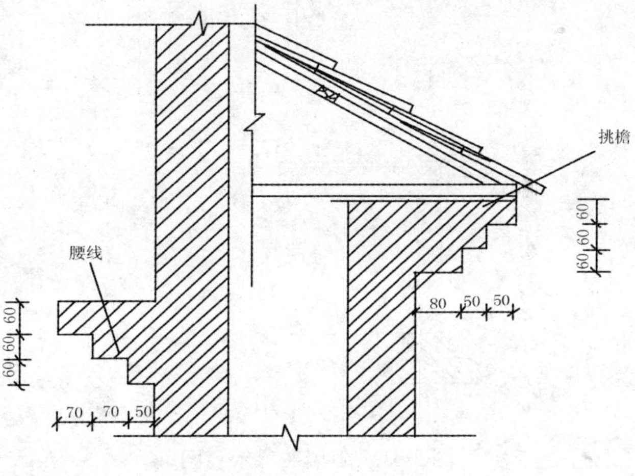

图 3-29　两面坡屋面挑檐及腰线

【例 3-30】　求附墙砖垛的工程量，如图 3-30 所示。

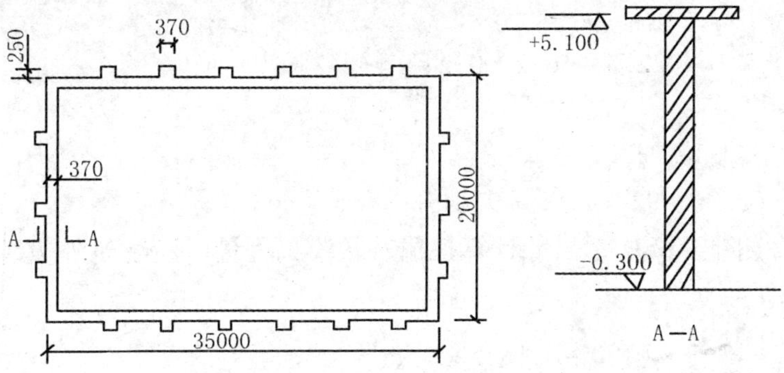

图 3-30　附墙砖垛工程量计算示意图

【解】　附墙砖垛工程量按砖垛实体积以体积立方米为单位计算，然后将其体积并入砖垛所依附的墙身工程量中。

墙垛工程量：

$$V_1 = [0.37 \times 0.25 \times (5.1 + 0.3) \times 18]\,\text{m}^3 = 8.99\text{m}^3$$

砖体工程量：

$$V_2 = \{0.37 \times (5.1 + 0.3) \times [(35 - 0.37 + 20 - 0.37) \times 2]\} m^3$$
$$= 216.82 m^3$$

砖垛和砖墙工程量合计：

$$V = V_1 + V_2 = (8.99 + 216.82) m^3 = 225.81 m^3$$

【例 3-31】 附墙砖垛（图 3-31）工程量按砖垛实体积以"m^3"为单位计算，然后将其体积并入砖垛所依附的墙身工程量中去。

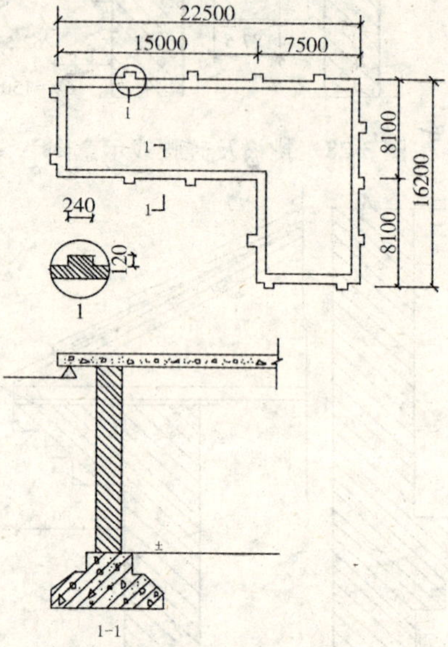

图 3-31 附墙砖垛示意图

【解】 墙垛工程量：

$V_1 = (0.24 \times 0.12 \times 5.1 \times 14) m^3 = 2.06 m^3$

砖体工程量：

$V_2 = [0.24 \times 5.1 \times (22.5 + 16.2 - 0.24 \times 4) \times 2] m^3$

$= 92.39 m^3$

砖垛和砖墙工程量合计：

$V = V_1 + V_2 = (2.06 + 92.39) m^3 = 94.45 m^3$

【例 3-32】 按图 3-32 所示尺寸计算挑檐及腰线工程量（注：建筑外边线长 100m）。

【解】 腰线工程量：

$$V = \frac{0.378 \times 0.1875}{2} \times (100 + 0.1875 \times 4) m^3$$

$= 3.57 m^3$

砖砌挑檐工程量：

$$V = \frac{0.378 \times 0.1875}{2} \times (100 + 0.1875 \times 4) m^3$$

$= 3.57 m^3$

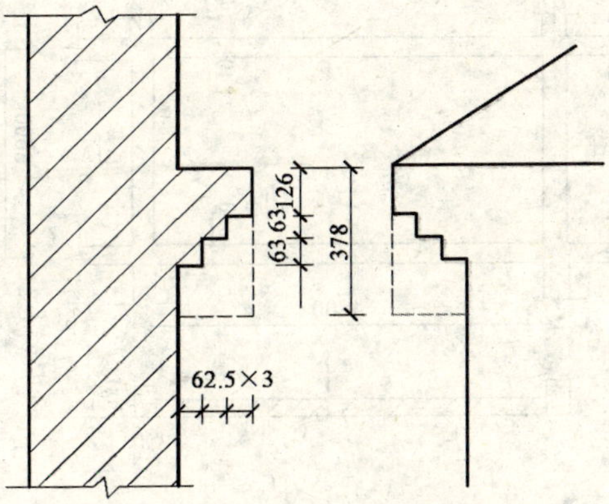

图 3-32　挑檐及腰线示意图

【例 3-33】　求图 3-33 所示女儿墙的工程量。

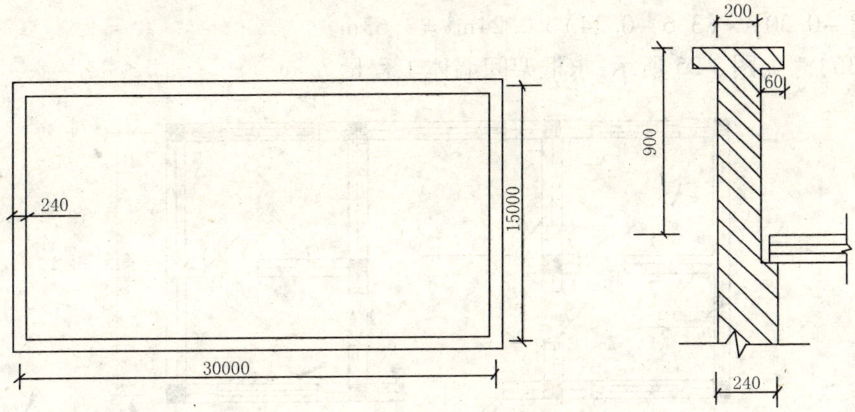

图 3-33　女儿墙工程量计算示意图

【解】　女儿墙工程量应按女儿墙的断面积乘以女儿墙中心线计算。女儿墙的高度，自顶板面算至图示高度。分别按不同的墙厚选套外墙定额。

女儿墙工程量：

$$V = \{0.2\times0.9\times[(15+30)+0.12\times4]\times2-0.24\times4\}\text{m}^3$$
$$=15.41\text{m}^3$$

【例 3-34】　设加气混凝土砌块规格为 600mm×240mm×150mm，灰缝厚为 10mm，求每立方米砌块的净用量。

【解】　砌块净用量 $=\dfrac{1}{(0.6+0.01)\times(0.24+0.01)\times(0.15+0.01)}$块/m³ $=41$ 块/m³

砂浆净用量 $=(1-41\times0.6\times0.15\times0.24)\text{m}^3=0.1144\text{m}^3$

【例 3-35】　求框架结构间砌墙的工程量，如图 3-34 所示。

【解】　框架结构间砌墙，分内外墙及不同墙厚，以框架间的净空面积乘以墙厚以体积立方米为单位计算，套相应的砖墙定额。框架外表面镶包砖部分应并入框架间墙的工程量内一并计算。

框架结构间砌墙工程量：

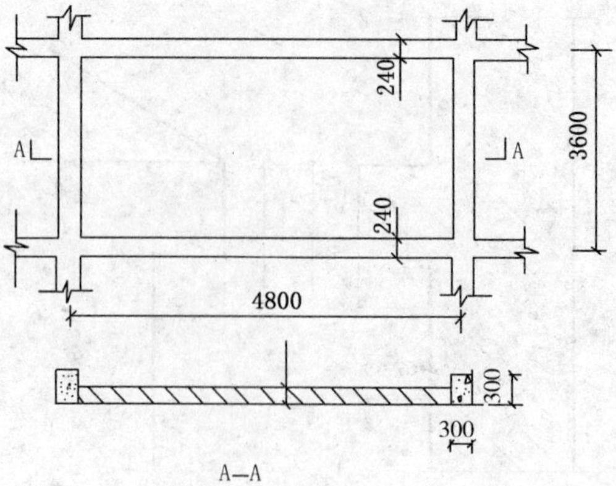

图 3-34　框架结构间砌墙工程量

V = 净空面积 × 墙厚

$= (4.8 - 0.30) \times (3.6 - 0.24) \times 0.24\text{m}^3 = 3.63\text{m}^3$

【例 3-36】　如图 3-35 所示，求框架间墙体工程量。

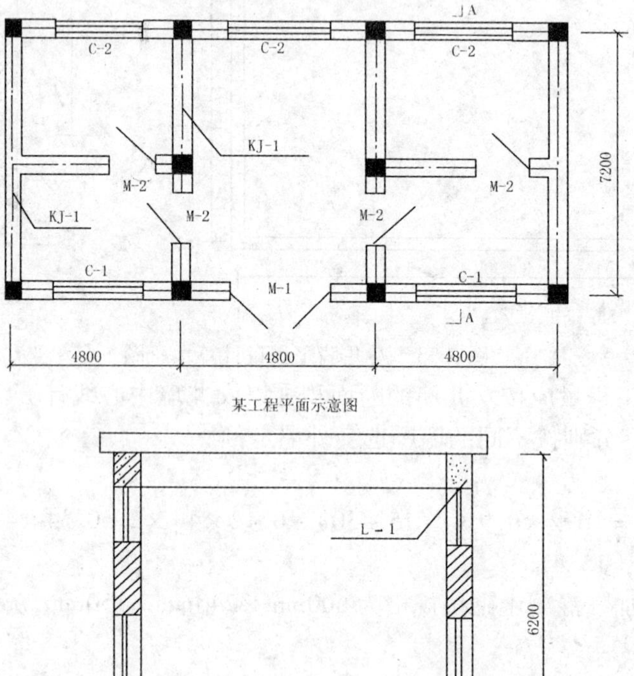

图 3-35　某工程示意图

注：KJ-1 柱断面为 400mm × 400mm；梁断面为 400mm × 600mm。

框架间墙厚 370mm。

M－1 尺寸：1.5m×2.4m；

M－2 尺寸：0.9m×2.1m；

C－1 尺寸：1.8m×1.5m；

C－2 尺寸：1.8m×0.6m；

L－1 断面为：400mm×400mm；

门窗两侧均砌 365mm 厚砖。

【解】 外墙体积：

$V_{外}$＝（框架间净长×框架间净高－门窗面积）×墙厚

$=\{[(4.8-0.4)\times3\times2\times(6.2-0.6)+(7.2-0.4)\times2\times(6.2-0.6)]-[1.5\times2.4+1.8\times1.5\times2+1.8\times0.6\times3]\}\times0.37\text{m}^3$

$=78.35\text{m}^3$

内墙体积：

$V_{内}$＝（框架间净长×框架间净高－门窗面积）×墙厚

$=[(6.4\times2+4.4\times2)\times(6.2-0.6)-0.9\times2.1\times4]\times0.37\text{m}^3$

$=41.96\text{m}^3$

$V_{总}=V_{外}+V_{内}=(80.30+41.96)\text{m}^3=122.26\text{m}^3$

【例 3-37】砖墙厚为 240mm，洞口宽度取 1000mm。求平拱工程量。

【解】 $[(1+0.1)\times0.24\times0.24]\text{m}^3$

$=0.06336\text{m}^3$

若为平砌砖，则工程量为：

$[(1+0.5)\times0.44\times0.24]\text{m}^3$

$=0.158\text{m}^3$

【例 3-38】 某工程一砖半外墙窗洞口采用砖砌平拱碹过梁（图 3-36）30 个，试求其工程量。

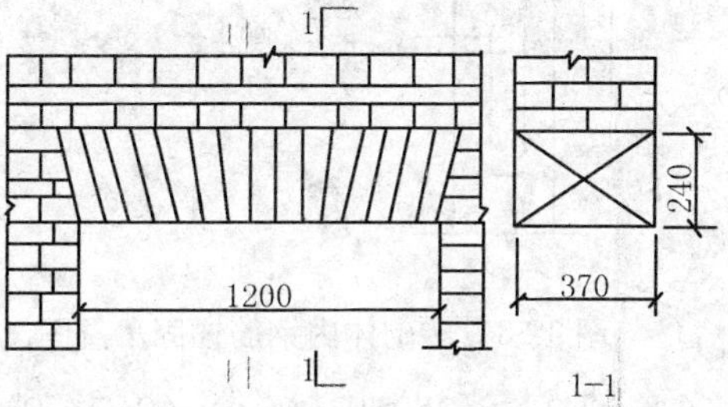

图 3-36 窗洞口砖砌平拱碹过梁

【解】 其工程量按图示尺寸以体积立方米为单位计算。如设计图纸无规定时，长度可按门窗洞口宽度两端共加 10cm，高度按 24cm 计算。

V＝拱长×拱高×拱厚×个数

$=[(1.2+0.05\times2)\times0.24\times0.37\times30]\text{m}^3$

$=3.463\text{m}^3$

【例 3-39】 试求钢筋砖过梁的工程量,如图 3-37 所示。

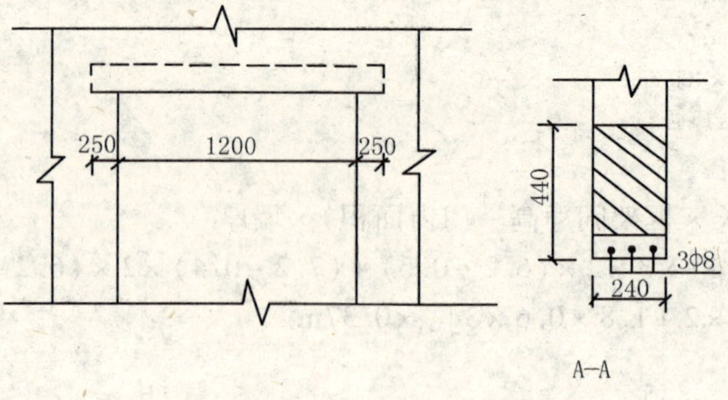

图 3-37 钢筋砖过梁示意图

【解】 钢筋砖过梁工程量按图示尺寸以立方米为单位计算,如设计图纸无规定时,钢筋砖过梁长度按门窗洞口宽度两端共加 50cm,高度 44cm,其保护钢筋的砂浆已包括在定额内不另计算。钢筋砖过梁工程量:

$V = [(1.2 + 0.5) \times 0.24 \times 0.44]\text{m}^3$

$= 0.18\text{m}^3$

【例 3-40】 工程内外墙交接处加筋如图 3-38 所示,共 42 处,沿 18m 的墙高,每 60cm 加设 ϕ6.5 拉结钢筋。计算其钢筋工程量。

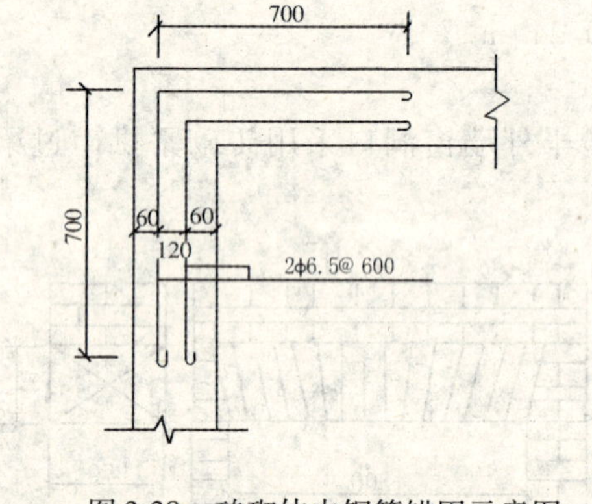

图 3-38 砖砌体内钢筋锚固示意图

【解】 钢筋工程量 $= \{[(1.4 + 2 \times 6.25 \times 0.065) + (0.7 - 0.12) \times 2 + 2 \times 6.25 \times 0.065] \times (18 \div 0.6 - 1) \times 42 \times 0.26\}\text{kg}$

$= 1325.3\text{kg}$

【例 3-41】 如图 3-39 所示,已知某工程墙体门窗洞口处采用钢筋砖过梁,用 50# 混合砂浆砌筑,此建筑物共有尺寸为 900mm × 2400mm 的门 20 个,1200mm × 1500mm 的窗 20 个,求钢筋砖过梁工程量。

【解】 门过梁 $= [(0.9 + 0.25 \times 2) \times 0.3 \times 0.24 \times 20]\text{m}^3 = 2.016\text{m}^3$

窗过梁 $= [(1.2 + 0.25 \times 2) \times 0.3 \times 0.24 \times 20]\text{m}^3 = 2.448\text{m}^3$

$V = (2.016 + 2.448)\text{m}^3 = 4.46\text{m}^3$

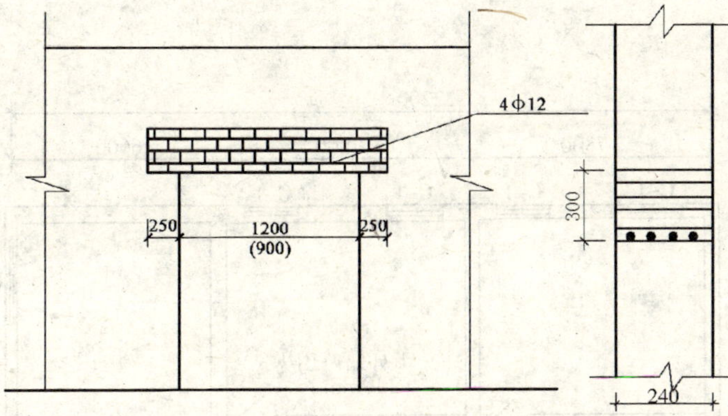

图 3-39　钢筋砖过梁示意图

【例 3-42】　有一墙厚为 365mm 的砖混结构房屋，设有 30 樘门，60 樘窗，门洞宽 1000mm，窗洞宽 1500mm，门用砖砌平碹，窗用钢筋砖过梁，试计算其砖平碹和钢筋砖过梁的工程量。

【解】　钢筋砖过梁根据窗宽 1500mm，墙厚 365mm，查表 3-8 得每根钢筋砖过梁的体积为 $0.3212m^3$，则钢筋砖过梁工程量为：$0.3212\times60m^3=19.272m^3$

砖平碹根据门宽 1000mm，墙厚 365mm，查表 3-8 得每个砖平碹体积为 $0.0964m^3$，则砖平碹工程量为 $0.0964\times30m^3=2.892m^3$

表 3-8　砖平碹及钢筋砖过梁体积表　　　（单位：m^3/每根）

门窗洞口宽/m	砖平碹墙厚				门窗洞口宽/m	钢筋砖过梁墙厚			
	0.115	0.180	0.240	0.365		0.115	0.180	0.240	0.365
0.50	0.0166	0.0259	0.0346	0.0526	0.50	0.0506	0.0792	0.1056	0.1606
0.60	0.0193	0.0303	0.0403	0.0613	0.60	0.0557	0.0871	0.1162	0.1767
0.70	0.0221	0.0346	0.0461	0.0701	0.70	0.0607	0.0951	0.1267	0.1927
0.80	0.0249	0.0339	0.0519	0.0789	0.80	0.0658	0.1030	0.1373	0.2088
0.90	0.0276	0.0432	0.0576	0.0876	0.90	0.0709	0.1109	0.1479	0.2249
1.00	0.0304	0.0475	0.0634	0.0964	1.00	0.0759	0.1188	0.1584	0.2409
1.10	0.0331	0.0518	0.0691	0.1051	1.10	0.0810	0.1267	0.1690	0.2570
1.20	0.0359	0.0562	0.0749	0.1139	1.20	0.0860	0.1347	0.1795	0.2730
1.30	0.0386	0.0605	0.0806	0.1226	1.30	0.0912	0.1426	0.1900	0.2891
1.40	0.0414	0.0648	0.0864	0.1314	1.40	0.0162	0.1505	0.2007	0.3052
1.50	0.0442	0.0691	0.0922	0.1402	1.50	0.1012	0.1584	0.2112	0.3212

【例 3-43】　M5 号砂浆砌一砖厚内、外墙。每层窗口上设置一道钢筋混凝土圈梁，通长设计，圈梁断面 240mm×250mm。层高为 3.3m，共 4 层，如图 3-40 所示。内墙门窗规格见表3-9，

试求墙体工程量。

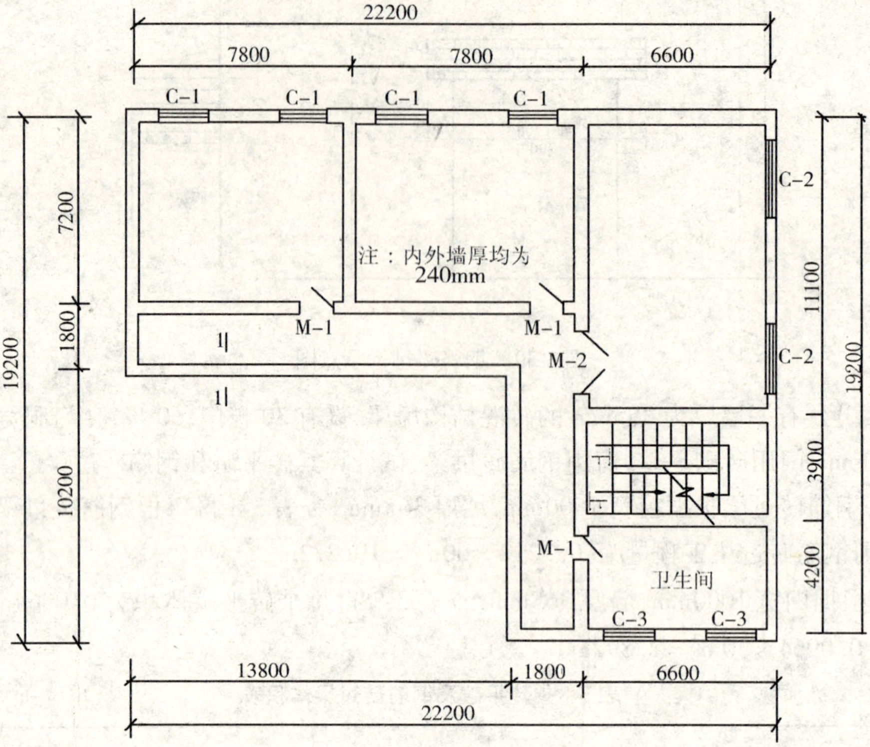

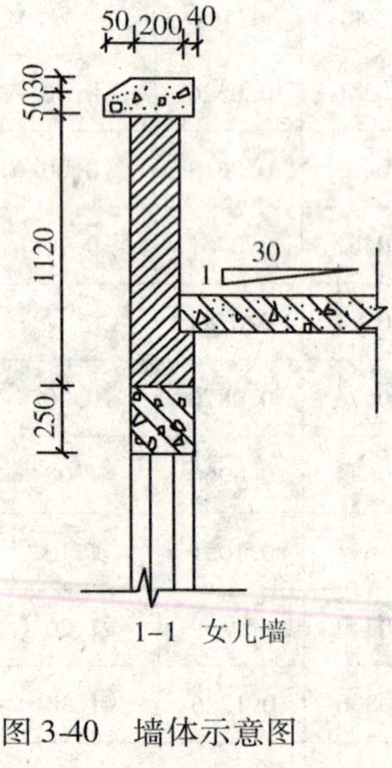

图 3-40 墙体示意图

表 3-9　门窗统计表

类别	代号	宽/m×高/m=面积/m^2	240 内墙上数量					面积/m^2
			一层	二层	三层	四层	小计	
门	M-1	1.2×2.4=2.88	3	3	3	3	12	34.56
	M-2	1.8×2.4=4.32	1	1	1	1	4	17.28
	总计							51.84
窗	C-1	1.8×1.8=3.24	4	4	4	4	16	51.84
	C-2	2.1×1.8=3.78	2	2	2	2	8	30.24
	C-3	1.8×0.9=1.62	2	2	2	2	8	12.96
	合计							95.04
总计								146.88

【解】　(1)一砖厚外墙(未包括女儿墙)

外墙中心线长=[(22.2+19.2)×2]m=82.8m

外墙高度=(3.3×4-0.25×4)m=12.2m

外墙门窗洞口面积=146.88m^2(表 3-9)

外墙体积=(82.8×12.2-146.88)×0.24m^3=207.2m^3

(2)一砖厚内墙

内隔墙净长=[(7.2-0.24)×2+(6.6-0.24)×2]m=26.64m

内隔墙高=(3.3×4-0.25×4-0.12×4)m=11.72m

内隔墙体积=26.64×11.72×0.24m^3=74.93m^3

走廊墙净长=[(13.8+10.2)+1.8+1.8-1.2×3-1.8]m=22.2m

走廊墙高=(3.3×4-0.25×4-0.12×4)m=11.72m

走廊墙门窗洞口面积=51.84m^2(表 3-9)

走廊体积=(22.2×11.72-51.84)×0.24m^3=50m^3

内墙体积合计:(74.93+50)m^3=124.93m^3

(3)砖砌半砖厚女儿墙:

女儿墙长=(82.8+0.125×4)m=83.3m

女儿墙高=(1.2-0.08)m=1.12m

女儿墙体积=83.3×1.12×0.2m^3=18.66m^3

【例 3-44】　某工程如图 3-41 所示,M5 号砂浆砌一砖内外墙。每层窗上沿设置一道钢筋混凝土圈梁,通长设计,圈梁断面 240mm×200mm。门窗洞口尺门见统计表 3-10。试求其工程量。

【解】　(1)一砖外墙(未包括女儿墙)

外墙中心线长=(28.5+14.4)×2m=85.8m

外墙高度=(3.6×4-0.2×4)m=13.6m

外墙门窗洞口面积 = 329.94m^2(表 3-10)。

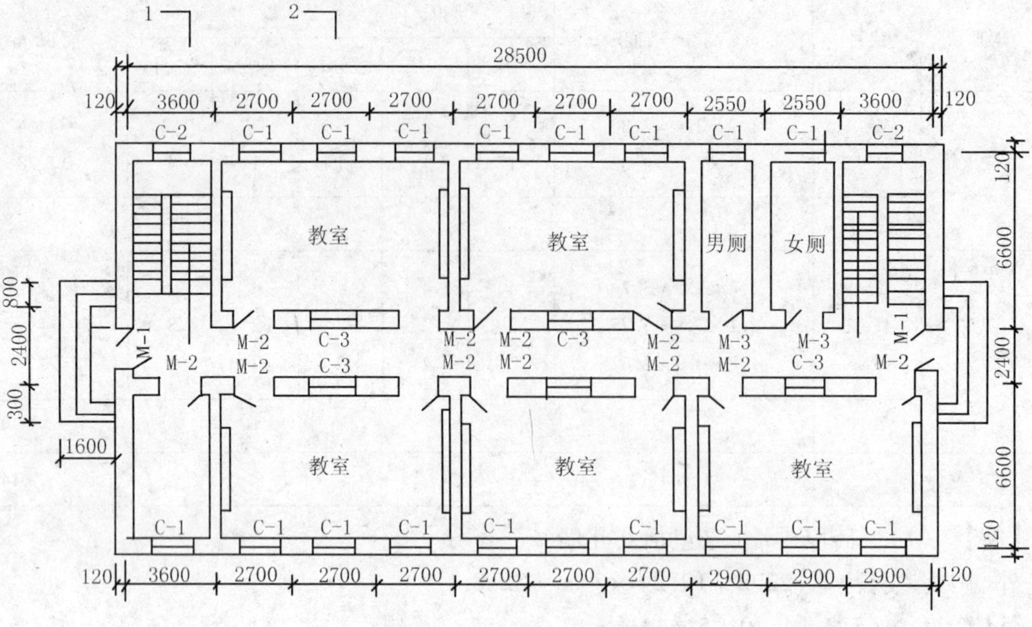

(a) 一～四层平面

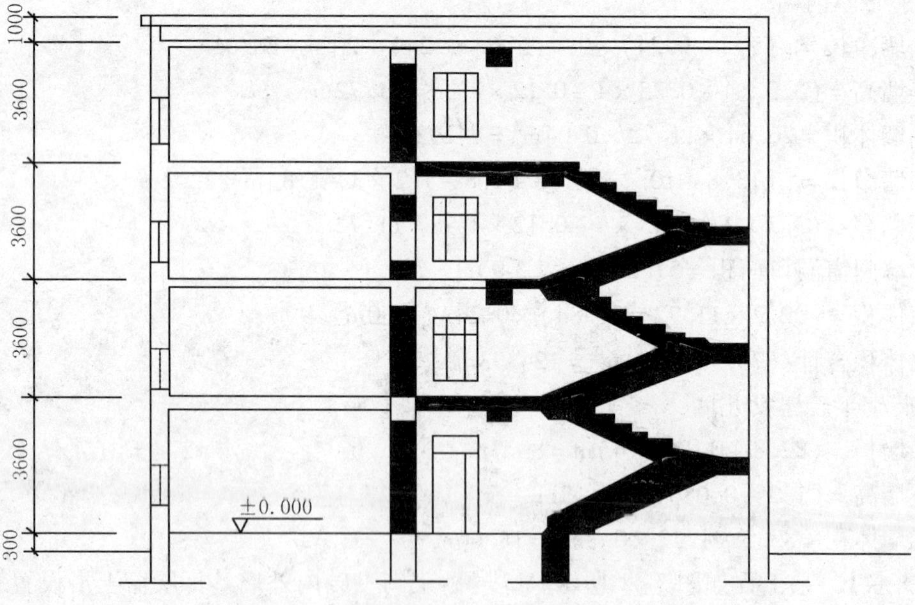

(b) 1-1 剖面图

图 3-41　基础以上砖砌体工程量计算示意图

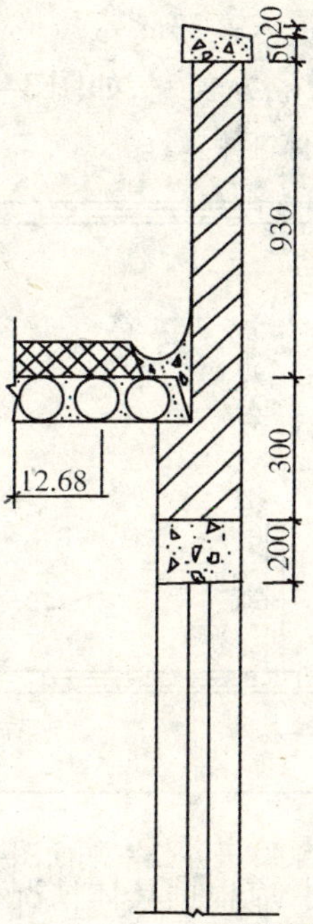

(c)女儿墙

续图 3-41

表 3-10　门窗统计表

类别	代号	宽×高=面积/m²	240 外墙上						240 内墙上						面积合计/m²
			一层	二层	三层	四层	小计	面积/m²	一层	二层	三层	四层	小计	面积/m²	
门窗	M-1	1.5×2.7=4.05	2				2	8.10							8.10
	M-2	1.0×2.70=2.70							11	11	11	11	44	118.8	118.8
	M-3	0.90×2.70=2.43							2	2	2	2	8	19.44	19.44
	C-1	1.8×2.1=3.78	18	22	22	22	84	317.52							317.52
	C-2	1.2×1.8=2.16	2				2	4.32							4.32
	C-3	2.1×0.8=1.68							5	5	5	5	20	33.6	33.6
合计								329.94						171.84	501.78

(2)一砖内墙

内隔墙净长 = [(6.6 − 0.24)×8]m = 50.88m

内隔墙高 = [(3.6×4 − 0.2×4(圈梁) − 0.12×4(楼板)]m = 13.12m

内隔墙体积 = (50.88×13.12×0.24)m³ = 160.21m³

内走廊墙净长 = (8.1×2 + 2.55×2 + 0.24 + 28.5 − 0.24)m = 49.8m

内走廊墙高 = (3.6×4 − 0.2×4 − 0.12×4)m = 13.12m

内走廊墙门窗洞口面积 = 171.84m²(见门窗洞口表 3-10)

内走廊体积 = [(49.8×13.12 − 171.84)×0.24]m³ = 115.57m³

内墙体积合计:(160.21 + 115.57)m³ = 275.78m³

(3)砖砌半砖女儿墙

女儿墙长 = (85.8 + 0.125×4)m = 86.3m

女儿墙高 = (1.00 − 0.07)m = 0.93m

女儿墙体积 $=(86.3\times0.93\times0.115)\mathrm{m}^3=9.23\mathrm{m}^3$

【例 3-45】 某厂房平间采用八五砖分隔办公室，如图 3-42 所示，墙高 3.0m，门洞 1000mm ×2400mm，求每个分隔办公室砌筑墙体工程量。

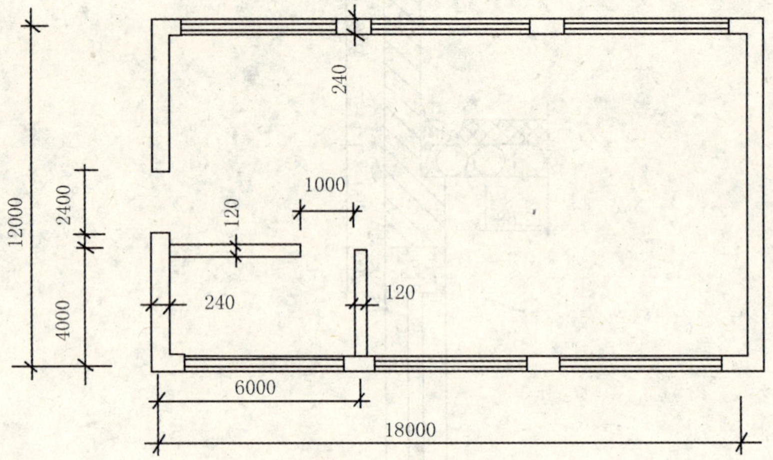

图 3-42 某厂房办公室平面图

【解】 内墙分隔不能简单按计算规则，应根据具体情况确定。

本题半砖墙与主墙相接按净尺寸计算，中间墙相交处按墙中心线计算。

半砖墙身长 $L=[(4-0.12)+(6-0.12)]\mathrm{m}=9.76\mathrm{m}$

门洞尺寸 $1.00\mathrm{m}\times2.40\mathrm{m}=2.4\mathrm{m}^2$

则墙身工程量 $V=(9.76\times3.00-1.00\times2.40)\times0.12\mathrm{m}^3=3.23\mathrm{m}^3$

【例 3-46】 砖混结构单层建筑如图 3-43 所示，外墙厚 360mm，1、5、A、D 均为偏中轴线。外墙中圈梁、过梁体积为 $11.30\mathrm{m}^3$（其中地圈梁体积为 $4.43\mathrm{m}^3$），内墙中圈梁、过梁体积为 $1.44\mathrm{m}^3$（其中地圈梁体积为 $0.67\mathrm{m}^3$），屋面板厚度为 120mm，内外墙门窗规格见表 3-11，计算该建筑砖砌体工程量。

表 3-11 门窗统计表

名称	序号	编号	宽/mm×高/mm=面积/(mm^2)	数量	所在墙轴线号
钢窗	1	C－1	1500×1800	6	1、5 轴线外墙
	2	C－2	1200×1800	7	A、D 轴线外墙
钢门	1	M－1	2100×2400	1	A 轴外侧
	2	M－2	1200×2700	1	1 轴外墙
木门	1	M－3	1500×2400	1	C 轴内墙

【解】 (1)基础资料

1)外墙中心线：$L_{中}=(13.68-0.48+13.98-0.48)\times2\mathrm{m}=53.4\mathrm{m}$

2)内墙净长：$L_{净}=(13.2-0.12\times2)\mathrm{m}=12.96\mathrm{m}$

3)砖基础计算高度：$h_{基}=(2.00-0.45)\mathrm{m}=1.55\mathrm{m}$

4)墙高 h：由于该建筑为平屋面，内外墙高度相同，故 $h=4.00\mathrm{m}$

(2)砖基础工程量计算

1)外墙砖基础 $V_{外}$＝外墙基础中心线长度×基础断面：

$V_{外}=53.4\times(0.36\times1.55+0.126)\mathrm{m}^3=36.526\mathrm{m}^3$

2）内墙砖基础 $V_{内}$ = 内墙净长度 × 基础断面：

$V_{内} = 12.96 \times (0.24 \times 1.55 + 0.126)\,m^3 = 6.45m^3$

3）外墙砖垛基础（外墙上共有 7 个砖垛，$V_{外垛}$ =（砖垛断面积 × 砖垛基础高 + 单个砖垛增加体积）× 砖垛个数）：

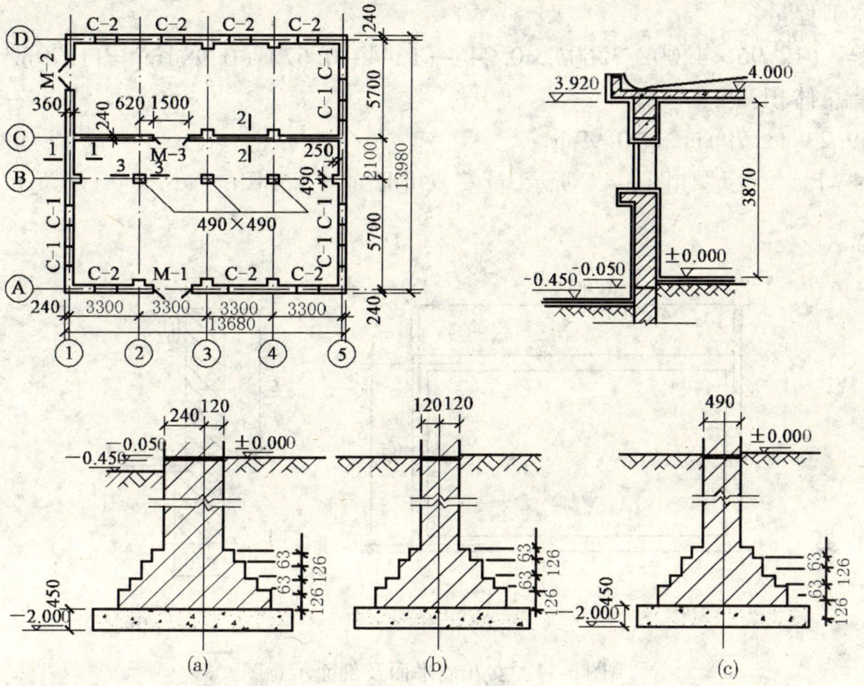

图 3-43　砖砌体工程量计算

（a）外墙断面；（b）内墙断面；（c）柱断面

$V_{外垛} = [(0.49 \times 0.25 \times 1.55 + 0.032) \times 7]\,m^3 = 1.55m^3$

4）内墙砖垛基础（内墙上有 2 个砖垛）：

$V_{内垛} = [(0.49 \times 0.25 \times 1.55 + 0.032) \times 2]\,m^3 = 0.44m^3$

5）砖柱基础：

$V_{柱} = [0.49 \times 0.49 \times (1.55 + 0.614) \times 3]\,m^3 = 1.56m^3$

6）砖基础总体积：

$V = (36.526 + 6.45 + 1.55 + 0.44 + 1.56 - 4.43 - 0.67)\,m^3 = 41.426m^3$

（3）砖墙工程量

1）砖外墙工程量：

①外墙门窗面积：

$F_1 = (1.5 \times 1.8 \times 6 + 1.2 \times 1.8 \times 7 + 2.1 \times 2.4 + 1.2 \times 2.7)\,m^3 = 39.60m^2$

②外墙墙垛工程量：

$V'_{垛} = (0.49 \times 0.25 \times 4.00 \times 7)\,m^3 = 3.43m^3$

③墙体工程量：

$V_{外墙体} = [(53.4 \times 4.00 - 39.60) \times 0.36 - (11.3 - 4.43) + 3.43]\,m^3 = 59.2m^3$

2）砖内墙工程量：

①内墙门窗面积：

$F_2=(1.5\times2.4)\mathrm{m}^2=3.6\mathrm{m}^2$

②内墙墙垛工程量为：

$V'_{垛}=(0.49\times0.25\times4.00\times2)\mathrm{m}^2=0.98\mathrm{m}^3$

③墙体工程量：

$V_{内墙体}=[(12.96\times4.00-3.60)\times0.24-(1.44-0.67)+0.98]\mathrm{m}^3=11.79\mathrm{m}^3$

3)砖墙总体积：

$V=(59.2+11.79)\mathrm{m}^3=70.99\mathrm{m}^3$

【例3-47】 女儿墙如图3-44所示，计算女儿墙的工程量。

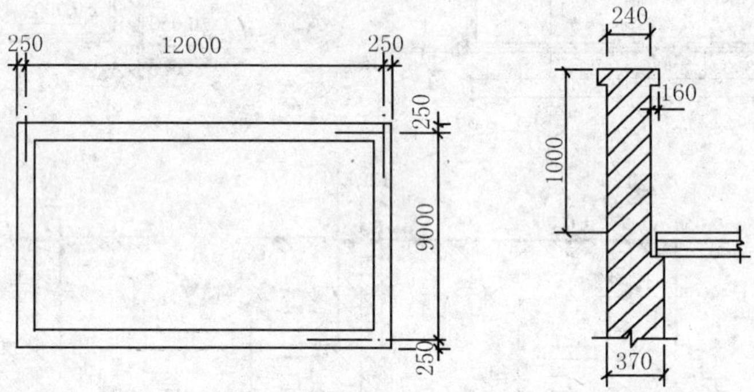

图3-44 女儿墙平面及剖面示意图

【解】 女儿墙工程量为：

$V=\{0.24\times1.0\times[(12+0.25\times2)+(9+0.25\times2)]\times2-0.24\times4\}\mathrm{m}^3$
$=9.6\mathrm{m}^3$

【例3-48】 某建筑平面及剖面如图3-45所示，门窗数量及洞口尺寸见表3-12。试计算砖砌体工程量(女儿墙压顶厚50mm)。

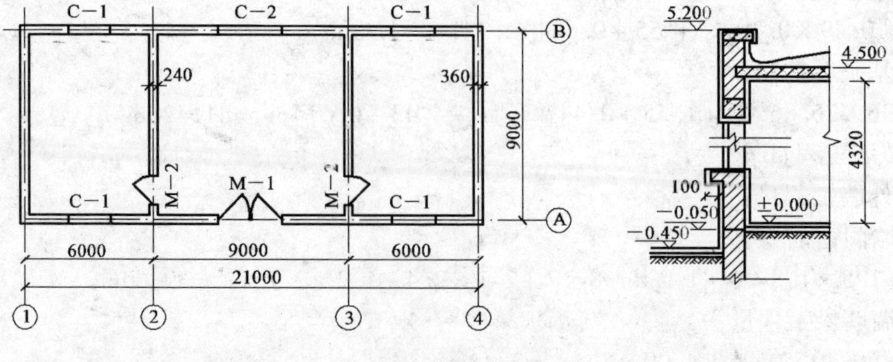

图3-45 平屋面砖墙工程量计算示意图

【解】 (1)外墙中心线 $L_{中}=[(21.00+9.00)\times2]\mathrm{m}=60\mathrm{m}$

表 3-12 门窗表

序号	名称	编号	洞口尺寸/mm	单位	数量	面积/m^2		所在砖墙部位面积/m^2	
						单位面积	合计	外墙	内墙
1	铝合金门	M-1	1750×2075	樘	1	3.63	3.63	3.63	—
2	胶合板门	M-2	1000×2400	樘	2	2.40	4.80	—	4.80
3	铝合金窗	C-1	2050×1550	樘	4	3.18	12.72	12.72	—
4	铝合金窗	C-2	2950×1550	樘	1	4.57	4.57	4.57	—
	总计						25.72	20.92	4.80

(2)内墙净长：$L_{净}=[(9.00-0.36)\times 2]\text{m}=17.28\text{m}$

(3)墙高 h：由于该建筑为平屋面，内墙高度为：

$$h=4.50\text{m}$$

外墙高度为 $h=(5.20-0.05)\text{m}=5.15\text{m}$

(4)墙体体积计算见表 3-13，墙体体积合计为 122.66m^3。

表 3-13 砖墙工程量计算表

部位	墙长/m	墙高/m	墙毛面积/m^2	门窗洞口面积/m^2	墙净面积/m^2	墙厚/m	墙体体积/m^3
序号	①	②	③	④	⑤	⑥	⑦
外墙	60.00	5.15	309.00	20.92	288.08	0.365	105.15
内墙	17.28	4.50	77.76	4.80	72.96	0.24	17.51
合计							122.66

注：1×2=3；3-4=5，5×6=7

山墙工程量计算

砖砌山墙工程量可按下式计算：

工程量=(墙宽×墙高+山尖墙面积)×墙厚

式中 墙宽——房屋两端外山墙按中心线长计算；内承重隔墙按净长计算；

墙高——设计室内地坪至檐口高度；

墙厚——指一砖、一砖半墙等的厚度；

山尖墙面积—指坡屋面山墙顶部(包括搁置檩条的承重墙)的三角形部分的墙体的面积。

$$山尖墙面积=墙宽\times山尖高\times\frac{1}{2}$$

【例 3-49】 某一砖墙檐高为 10m、墙宽为 9m、屋面坡度为 1/2.5。试计算该墙的面积。

【解】 由屋面坡度 1:2.5 和墙宽(即山尖跨度)跨度(即墙宽)列有 8.9m 和 9.1m，用插入法(即用插入法)，即$\frac{8.35+8.72}{2}=8.54$，得山尖面积为 8.54m^2

则两端山墙面积 $=(9\times 10+8.54)\times 0.24\times 2\text{m}^3$

$=47.30\text{m}^3$

【例 3-50】 求图 3-46 的 $1\frac{1}{2}$砖外山墙工程量。

【解】 此外山墙中包含有1/2砖空花墙和$1\frac{1}{2}$砖外山墙，它们分别属于不同的定额编号，因此应分别计算其工程量。

$$1/2\text{砖}(115\text{mm厚})\text{空花墙工程量} = (0.8 \times 1.0 \times 0.115)\text{m}^3 = 0.092\text{m}^3 \approx 0.09\text{m}^3$$

$1\frac{1}{2}$砖外山墙工程量=(外山墙面积-空花墙面积)×墙厚=$\{[(9.0+0.7\times2)\times(\frac{9.0+0.7\times2}{2})\times0.5/2-(0.7-\frac{0.365}{2})\times(0.7-\frac{0.365}{2})\times0.5-0.8\times1]\times0.365\}\text{m}^3$

$=4.59\text{m}^3$

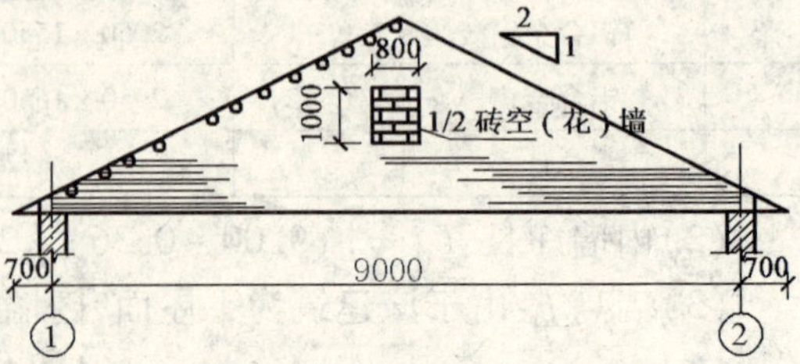

图3-46 某外山墙示意图

【例3-51】 计算图3-47所示内墙、外墙的长度。

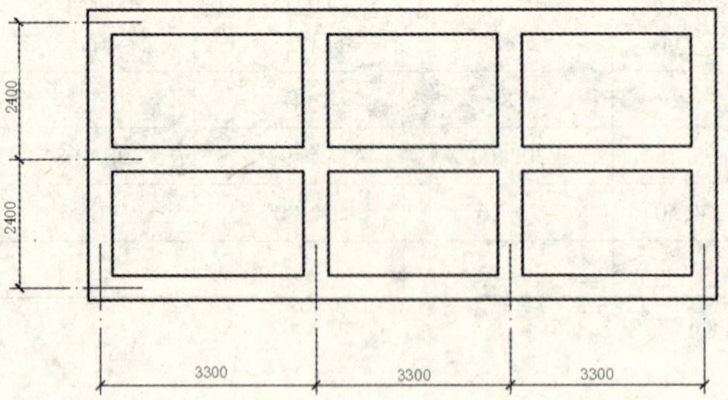

图3-47 某建筑物平面图

【解】 外墙(中心线)长=(9.9+4.8+9.9+4.8)m=29.4m

内墙净长=[(3.3-0.24)×3+(2.4-0.24)×4]m=17.82m

【例3-52】 某建筑物挂瓦屋面，前后纵墙中心线各长35m，两端山墙各宽8m；墙厚0.24m，屋脊距地6.5m，屋檐高4.5m，室内外高差0.30m。共有3个门，门洞尺寸3m×2.5m；16个窗，窗洞尺寸1.6m×2.5m，有一道钢筋混凝土圈梁兼作门窗过梁，圈梁断面为0.18m×0.24m，求外墙工程量。

【解】 外墙总长：L=[(35+8)×2]m=86m

屋檐高4.5m，室内外高差0.3m，则外墙高：(4.5+0.3)m=4.8m

山墙尖高：h=(6.5-4.5)m=2m

门窗面积：$(3.0\times2.5\times3+1.6\times2.5\times16)\text{m}^2=(22.5+64)\text{m}^2=86.5\text{m}^2$

注：不扣除钢筋混凝土圈梁的体积。

外墙面积：$(86\times4.8-86.5+8\times2)\text{m}^2=342.3\text{m}^2$

【例3-53】 计算图3-48所示工程墙体工程量。M5.0号混合砂浆砌筑，门窗上部均设

240mm × 300mm 过梁，板下设 240mm × 200mm 圈梁（封闭），M－1：1500mm × 2400mm，M－2：1000mm × 2100mm，C－1：1800mm × 2100mm，C－2：1500mm × 2100mm。

【解】 外墙工程量：

$$[(4.2\times3+6+6)\times2\times(0.9+2.1+0.3+0.5+0.2+0.12+0.6)-1.5\times2.4\times1(M-1)-1\times2.1\times2(M-2)-1.8\times2.1\times3(C-1)-1.5\times2.1\times4(C-2)]m^2$$

$$=200.48m^2$$

内墙工程量

$$=[(4.2+6\times2)\times(0.9+2.1+0.3+0.5+0.2)-1\times2.1\times1(M-2)]m^2$$

$$=62.7m^2$$

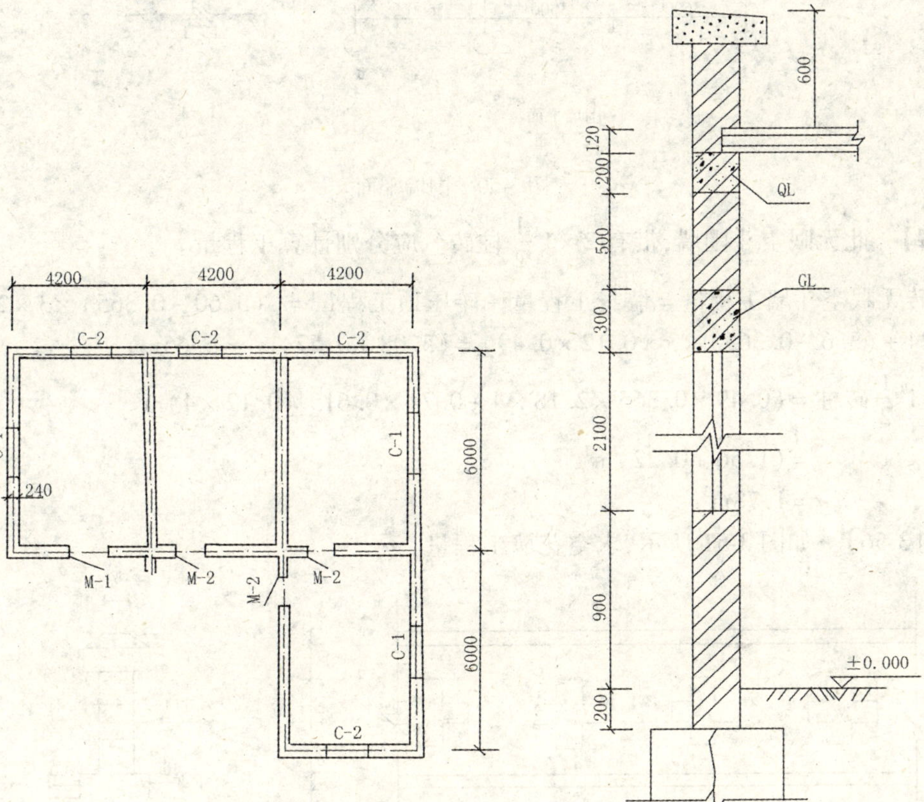

图 3-48 某工程墙体示意图

【例 3-54】 试计算空花墙（图 3-49）工程量。

【解】 空花墙按空花部分外形体积计算，空花部分不扣除。实砌部分以体积 m^3 计算，套相应外墙定额。

空花墙工程量的计算：

空花墙部分工程量为：

$$V=(0.12\times0.5\times100)m^3=6m^3$$

实砌部分工程量为：

$$V=[(0.12\times0.063+0.24\times0.126+0.18\times0.063+0.18$$

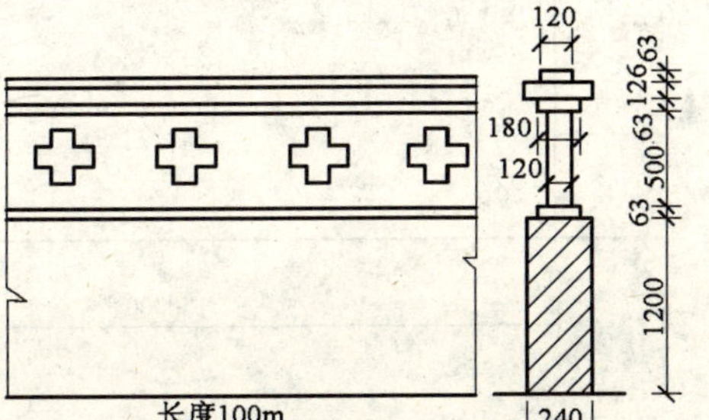

图 3-49 某空花墙示意图

$\times 0.063+0.24\times 1.2+0.12\times 0.5)\times 100]\mathrm{m}^3$

$=40.85\mathrm{m}^3$

【例 3-55】 求图 3-50 一砖无眠空斗围墙的工程量(每砖柱压顶宽 0.615m)。

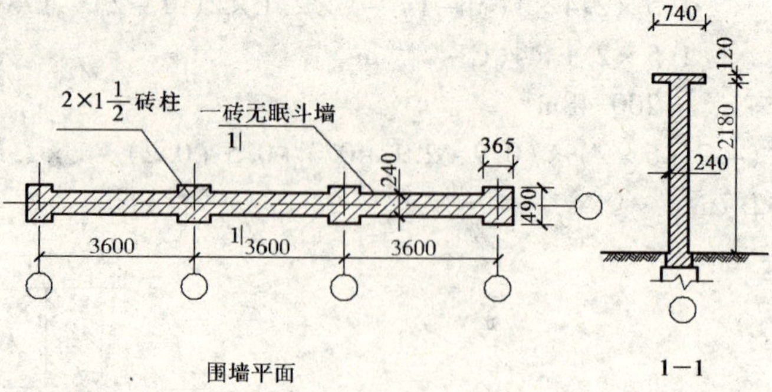

图 3-50 围墙平面

【解】 此无眠空斗围墙,带有 $2\times 1\frac{1}{2}$ 柱砖。应分别计算工程量。

一砖无眠空斗墙工程量 = 墙身工程量 + 砖压顶工程量 = $[(3.60-0.365)\times 3\times 2.18\times 0.24+(3.6-0.365)\times 3\times 0.12\times 0.49]=(5.08+0.57)\mathrm{m}^3=5.65\mathrm{m}^3$

$2\times 1\frac{1}{2}$砖柱 $=(0.49\times 0.365\times 2.18\times 4+0.74\times 0.615\times 0.12\times 4)\mathrm{m}^3$

$=(1.56+0.22)\mathrm{m}^3$

$=1.78\mathrm{m}^3$

【例 3-56】 如图 3-51 所示,求空花墙工程量。

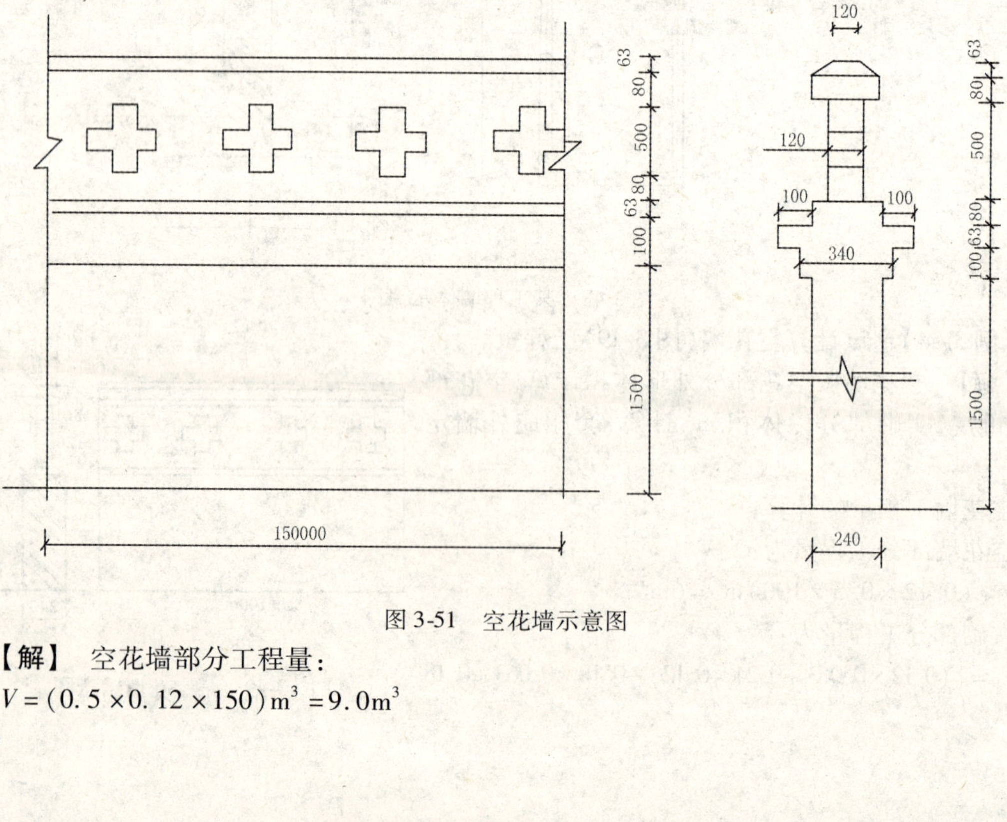

图 3-51 空花墙示意图

【解】 空花墙部分工程量:

$V=(0.5\times 0.12\times 150)\mathrm{m}^3=9.0\mathrm{m}^3$

实砌部分工程量：

$\{[(0.12+0.24)\times0.063/2+0.08\times0.24\times2+(0.1\times2+0.24)\times0.063+0.34\times0.1+0.24\times1.5]\times150\}m^3$

$=70.72m^3$

【例 3-57】 某单层建筑物平面如图 3-52 所示，层高 3.6m 净高 3.48m，门窗及内外墙体、埋件体积分别见表 3-14、表 3-15。计算内外墙身工程量。

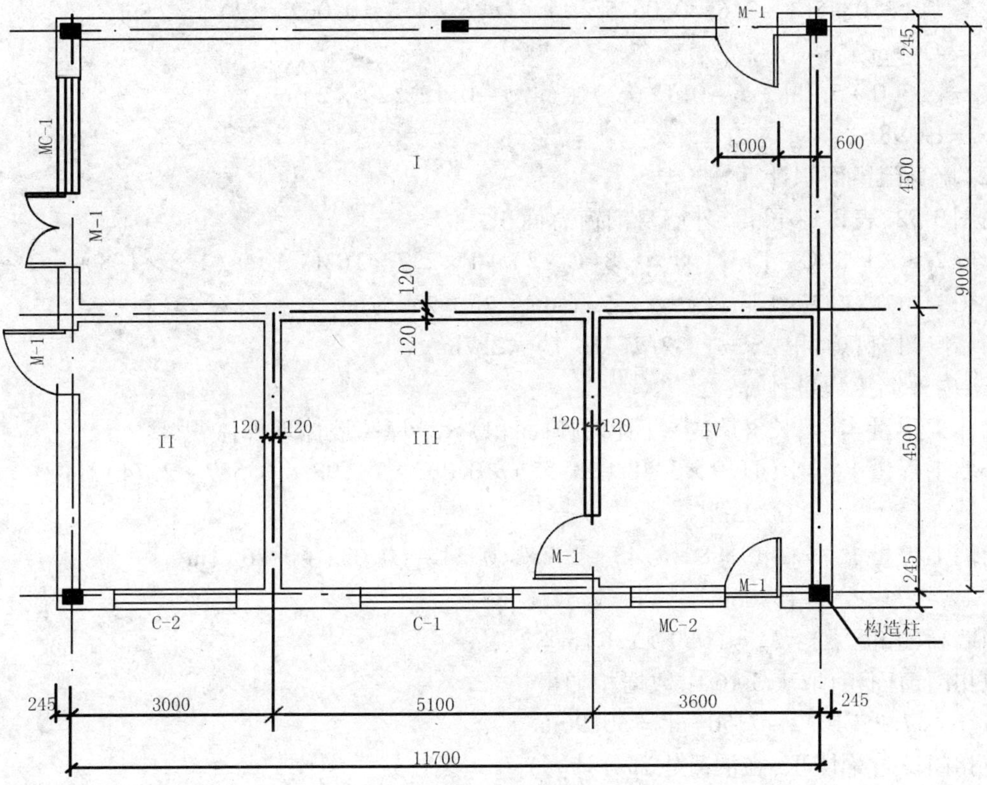

图 3-52 单层建筑物平面图

表 3-14 门窗表

门窗编号	洞口尺寸/mm		数量	备注
	宽	高		
C－1	2400	1800	1	铝合金窗
C－2	1800	1800	1	铝合金窗
MC－1	3000	2700	1	铝合金门连窗
MC－2	2400	2700	1	铝合金门连窗
M－1	1000	2700	3	铝合金门

表 3-15 墙体埋件体积表

墙身名称	埋件体积/mm		
	构造柱体积	过梁体积	圈梁体积
365 外墙	1.98	0.587	2.74
240 内墙		0.032	0.86

【解】 (1)基数计算

$L_{外}=\{[(3.0+5.1+3.6+0.0625\times2)+(4.5+4.5+0.0625\times2)]\times2\}$m

$=41.9$m

$L_{内}=[(3.0+5.1+3.6-0.12\times2)+(4.5-0.12\times2)\times2]$m

$=19.98$m

(2)墙身门窗面积计算

由图 3-52、表 3-14 可得,外墙身门窗总面积:

$S_{外}=2.4\times1.8(C-1)+1.8\times1.8(C-2)+1\times2.7\times2(M-1)+(1.8\times1.8+1.2\times2.7)(MC-1)+(1.5\times1.8+0.9\times2.7)(MC-2)=24.57m^2$

内墙身门窗总面积 $S_{内}=1\times2.7(M-1)=2.7m^2$

(3)内外墙工程量计算:

墙体工程量 =(墙长 × 墙高 − 门窗洞口面积)× 墙厚 − 墙体埋件体积

外墙工程量 $V_{外}=[(41.9\times3.48-24.57)\times0.365-(1.98+0.587+2.74)]m^3$

$=38.95m^3$

内墙工程量 $V_{内}=[(19.88\times3.48-2.7)\times0.24-(0.032+0.86)]m^3$

$=15.06m^3$

内墙高(扣圈梁):$H_{内}=(0.9+1.8)$m $=2.7$m

应扣门窗面积,取表 3-16 中数据相加得:

$S_{门窗}=(7.2+16.2+7.56)m^2=30.96m^2$

应扣门窗过梁体积(在混凝土部分计算)

$V_{GL}=0.146m^3$

则内外墙体工程量:$V_{墙}=(L_{中}\times H_{外}+L_{净}\times H_{内}-S_{门窗})\times 墙厚-V_{GL}$

$=[(37.56\times3.3+13.08\times2.7-30.96)\times0.24-0.146]m^3$

$=30.65m^3$

【例 3-58】 某单层建筑物如图 3-53 所示,门窗见表 3-16,试根据图所给尺寸计算一砖内外墙工程量。

表 3-16 门窗统计表

门窗名称	代号	洞口尺寸/mm × mm	数量/樘	单樘面积/m^2	合计面积/m^2
单扇无亮无砂镶板门	M − 1	900 × 2000	4	1.8	7.2
双扇铝合金推拉窗	C − 1	1500 × 1800	6	2.7	16.2
双扇铝合金推拉窗	C − 2	2100 × 1800	2	3.78	7.56

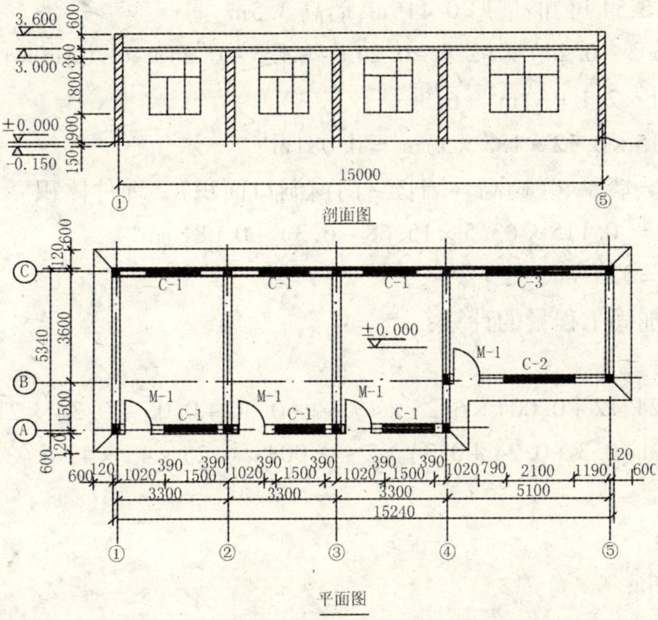

图 3-53　某单层建筑平面图及剖面图

【解】　外墙中心线：

$L_{中}=(3.3\times3+5.1+1.5+3.6)\times2\text{m}=40.2\text{m}$

构造柱可在外墙长度中扣除：

$L'_{中}=(40.2-0.24\times11)\text{m}=37.56\text{m}$

内墙净线长 $L_{净}=[(1.5+3.6)\times2+3.6-0.12\times6]\text{m}=13.08\text{m}$

外墙高(扣圈梁) $=(0.9+1.8+0.6)\text{m}=3.3\text{m}$

【例 3-59】　计算图 3-54 所示空心砖墙工程量。

注：M－2 尺寸：1000mm×2700mm，过梁：150mm×120mm

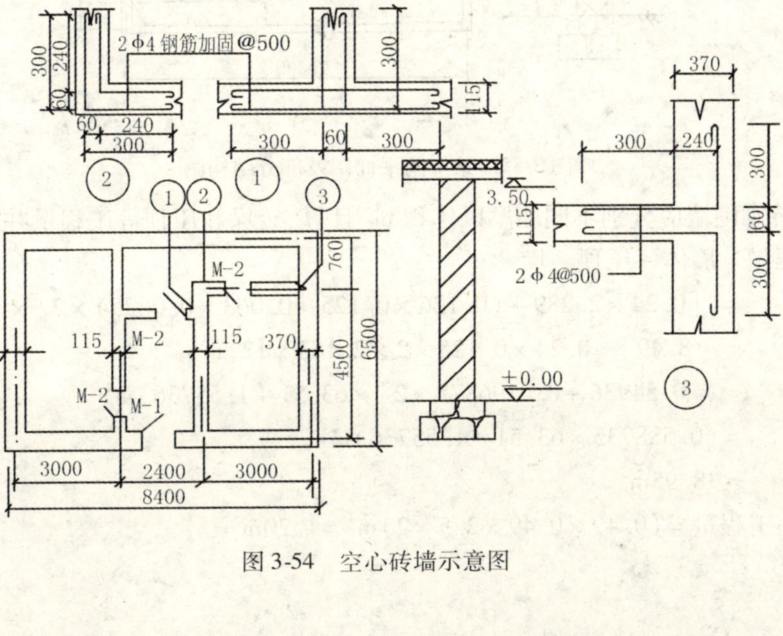

图 3-54　空心砖墙示意图

【解】 根据图 3-54 可知:墙厚 0.115m,墙高 3.5m。

墙长:$L_{内} = [(6.5-0.24)+(2.4-0.24)+(4.5-0.24)+3.0]m = 15.68m$

门洞口面积:$(1\times2.1\times3)m^2 = 6.3m^2$

过梁体积:$(0.15\times0.12\times1.5\times3)m^3 = 0.081m^3$

砖墙工程量 V = 墙厚×(墙高×墙长-门窗洞口面积)-埋件体积

$= [0.115\times(3.5\times15.68-6.3)-0.081]m^3$

$= 5.51m^3$

砖砌体内钢筋加固工程量的计算:

加固钢筋长度:

$\{(0.3\times2+0.24\times2+0.004\times6.25\times4)+[(0.30+0.06+0.3)\times2+0.3\times2+0.004\times6.25\times6]\times2+[(0.3+0.24+0.3)\times2+0.004\times6.25\times4]\times4\}\times(3.5\div0.5+1)m$

$= 99.520m$

加固钢筋重量:

$0.099\times99.520kg$

$= 9.852kg$

$= 0.01t$

【例 3-60】 试求如图 3-55 所示砖砌围墙工程量。

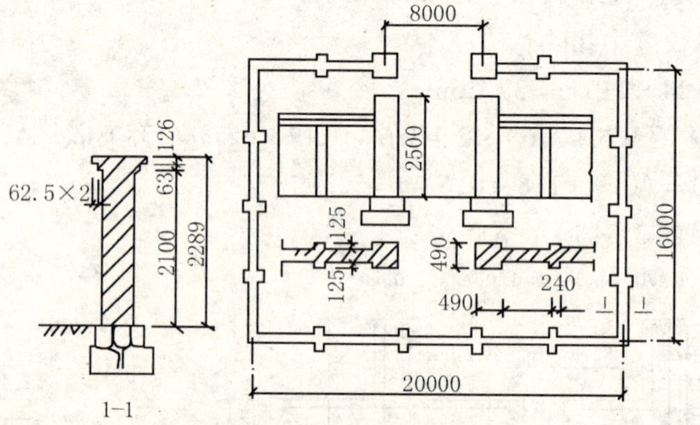

图 3-55 某房间平面图及部分结构图

【解】 砖砌围墙应分别不同墙厚以体积 m^3 计算,砖垛和压顶等工程量并入墙身内计算。

围墙工程量 = 墙体 + 压顶 + 垛

$= \{[0.24\times2.289+(0.126\times0.125+0.063\times0.0625)\times2]\times[(20+16)\times2-8.49]+0.24\times0.125\times2\times2.163\times12\}m^3$

$= \{[0.54936+0.0196875\times2]\times63.51+1.55736\}m^3$

$= (0.588735\times63.51+1.55736)m^3$

$= 38.95m^3$

大门砖柱工程量 $= (0.49\times0.49\times2.5\times2)m^3 = 1.20m^3$

【例 3-61】 围墙如图 3-56 所示，一砖围墙，M2.5 砂浆，试求其工程量。

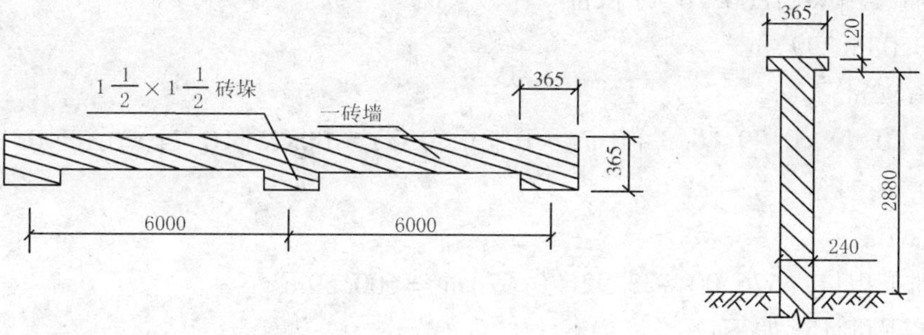

图 3-56 围墙示意图

【解】 砖墙身工程量：$[0.24\times2.88\times(12+0.365)]m^3=8.55m^3$

砖垛工程量：$(0.365\times0.125\times3\times3)m^3=0.41m^3$

压顶工程量：$[0.365\times0.12\times(6\times2+0.365)]m^3=0.54m^3$

合计：$(8.55+0.41+0.54)m^3=9.5m^3$

【例 3-62】 如图 3-57 所示，已知墙身及毛石基础均用 M15 混合砂浆砌筑，围墙总长为 1800m（扣除门宽及门垛），每 6m 一个附墙垛，求围墙工程量。

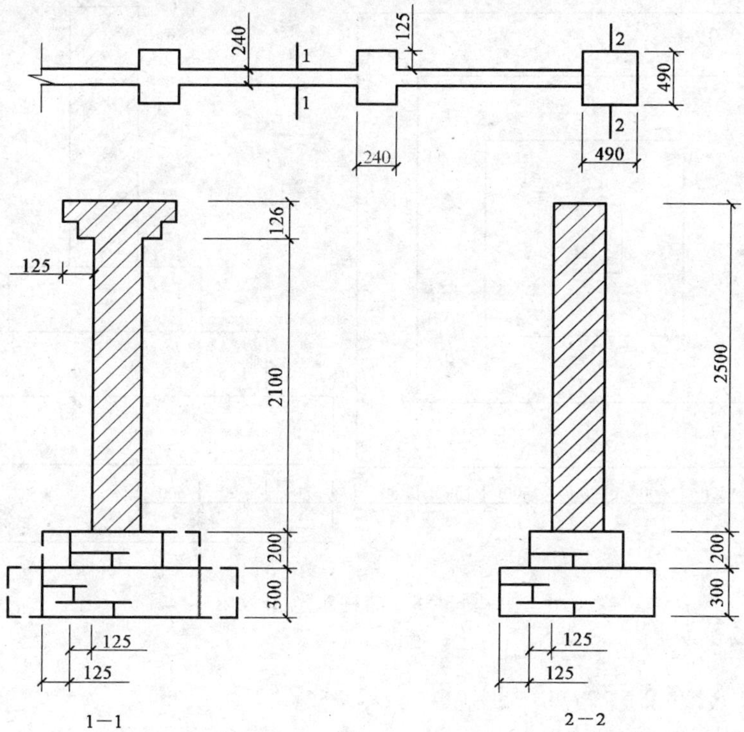

图 3-57 围墙示意图

【解】 毛石基础工程量计算如下：

$$V_{围墙}=[(0.24+0.125\times4)\times0.3+0.49\times0.2]\times1800m^3$$
$$=576.00m^3$$

$V_{附墙垛} = \{[(0.24+0.125\times2)\times0.125\times0.2\times2+(0.24+0.125\times2+0.125\times2)\times0.125\times0.3\times2]\times(1800\div6-1)\}m^3$

$=(0.08\times299)m^3$

$=23.92m^3$

$V_{门垛}=\{[(0.99\times0.99\times0.3+0.74\times0.74\times0.2)-(0.25\times0.74\times0.3+0.125\times0.49\times0.2)]\times2\}m^3$

$=0.67m^3$

毛石基础工程量：$(576.00+23.92+0.67)m^3=600.59m^3$

砖围墙工程量计算如下：

附墙垛数量 = (1800/6 − 1)个 = 299 个

附墙垛体积 = $(0.125\times2\times2.1\times0.24\times299)m^3=37.67m^3$

压顶体积 = $(0.365\times0.063+0.49\times0.063)\times1800m^3=96.96m^3$

围墙体积 = $(0.24\times2.1\times1800)m^3=907.2m^3$

门垛体积 = $(0.49\times0.49\times2.5\times2)m^3=1.20m^3$

围墙总体积：$(37.67+96.96+907.2+1.2)m^3=1043.03m^3$

【例 3-63】 如图 3-58 所示，已知某车棚需用 $25^{\#}$ 混合砂浆砌砖柱 36 个，求砖柱工程量。

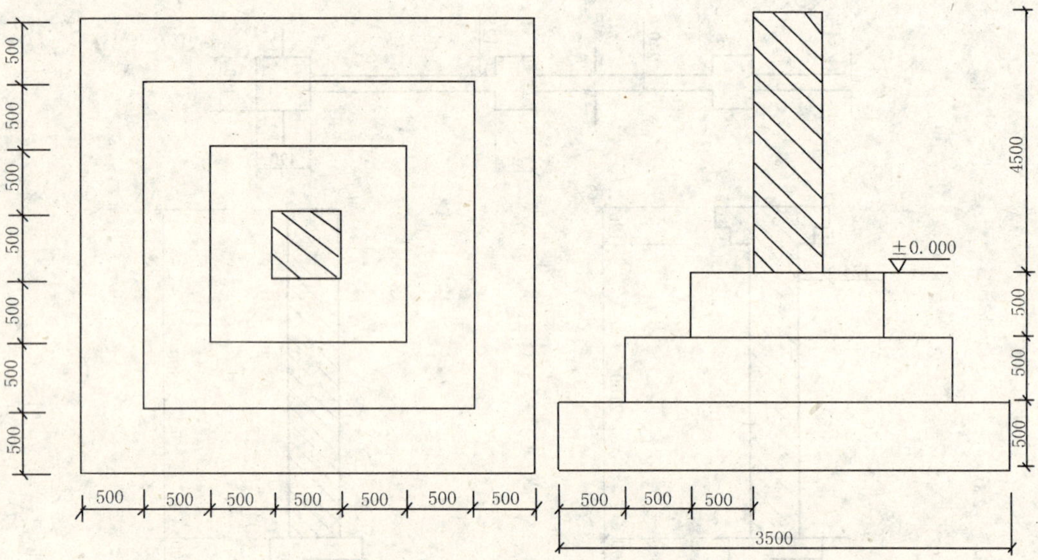

图 3-58　砖柱示意图

【解】 砖柱体积：

$V=(0.5\times0.5\times4.5\times36)m^3=40.5m^3$

毛石基础体积：

$V=[(3.5\times3.5\times0.5+2.5\times2.5\times0.5+1.5\times1.5\times0.5)\times36]m^3=373.5m^3$

【例 3-64】 某方形砖柱工程量如图 3-59 所示，试求方形砖柱工程量。

【解】 方形砖柱工程量按图示尺寸计算实体积。其体积可分大放脚四周体积及柱身两部分。其计算公式为：

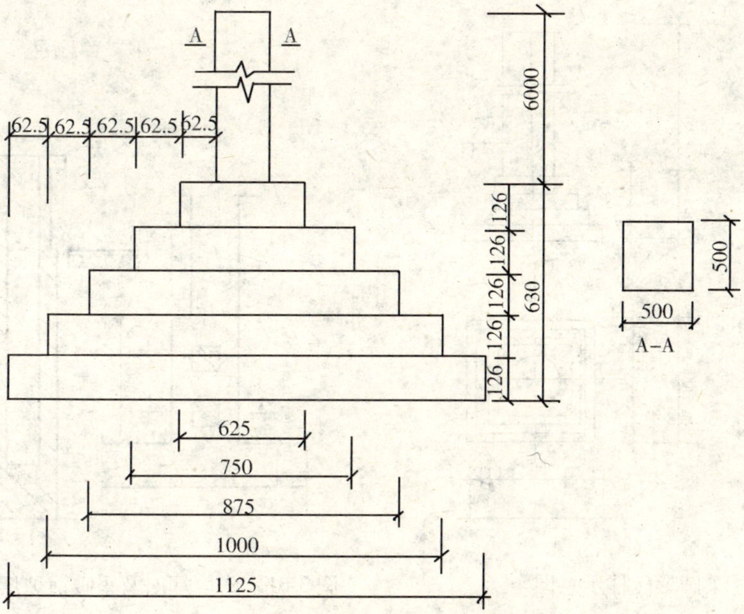

图 3-59　某方砖柱示意图

$$V = 大放脚四周体积 + 柱身体积$$

(1)大放脚四周体积的计算

方形砖柱为等高式基础,其大放脚四周体积为:

$V_1 = \{[0.126 \times (0.625 \times 0.625 + 0.75 \times 0.75 + 0.875 \times 0.875 + 1.0 \times 1.0 + 1.125 \times 1.125)]\text{m}^3 - 0.5 \times 0.5 \times 0.63\}\text{m}^3$

$= 0.345\text{m}^3$

(2)柱身体积的计算

$V_2 = [0.5 \times 0.5 \times (6 + 0.63)]\text{m}^3 = 1.66\text{m}^3$

$V = V_1 + V_2 = (0.345 + 1.66)\text{m}^3 = 2.005\text{m}^3$

【例 3-65】　如图 3-60 所示,试求其砖柱工程量。

【解】　圆形砖柱工程量按图示尺寸分别计算基础四周大放脚和柱身的体积,汇总后执行圆形砖柱定额。

圆形砖柱基础体积为:

$V_1 = [0.126 \times (0.525 \times 0.525 + 0.65 \times 0.65 + 0.775 \times 0.775 + 0.90 \times 0.90)]\text{m}^3$

$= (0.126 \times 2.10875)\text{m}^3$

$= 0.266\text{m}^3$

圆形砖柱身体积为:

$V_2 = [(\frac{0.4}{2})^2 \pi \times 6]\text{m}^3 = 0.754\text{m}^3$

圆形砖柱体积为:$V = V_1 + V_2 = (0.266 + 0.754)\text{m}^3 = 1.02\text{m}^3$

【例 3-66】　附墙烟囱(包括附墙通风道、垃圾道)及采暖锅炉烟囱如图 3-61 所示,试计算其工程量。

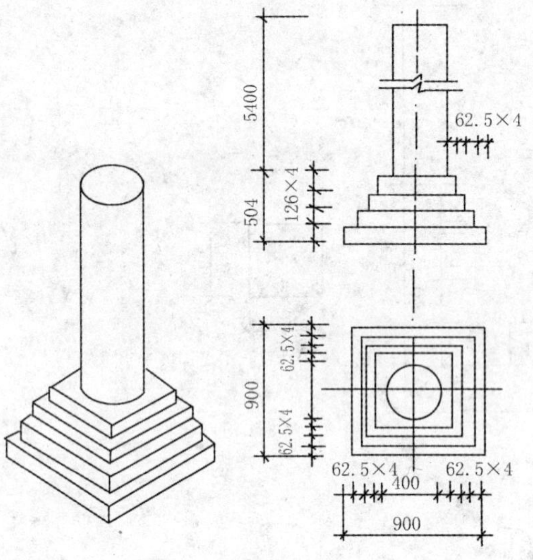

图 3-60　某圆形砖柱示意图

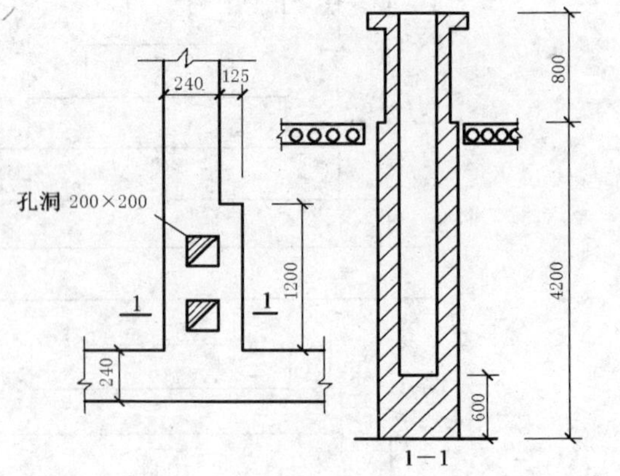

图 3-61　附墙烟囱及采暖锅炉烟囱示意图

【解】　按其外形体积计算，并计入所依附的墙体积内，不扣除每一孔洞横断面积在 $0.1m^2$ 以内的体积，孔洞内抹灰工程亦不增加；如每一孔洞横断面积超过 $0.1m^2$ 时，应扣除孔洞所占体积，孔洞内的抹灰亦另列项目计算。

附墙烟囱工程量为：

$V = 0.125 \times 1.2 \times 4.2m^3 = 0.63m^3$

注：孔洞横断面积为 $0.2 \times 0.2 = 0.04 < 0.1m^2$，故不应扣除。

【例 3-67】　计算图 3-62 中砖烟囱筒壁工程量及钢筋混凝土圈梁工程量。

【解】　(1)钢筋混凝土圈梁工程量按图示体积，以立方米进行计算

$V = 2\pi Rab = (2\pi \times 1.12 \times 0.24 \times 0.20) m^3 = 0.34m^3$

式中　R——圈梁中心半径；

a、b——圈梁断面的宽度和厚度。

(2)砖砌烟囱筒壁工程量

$V = \Sigma(\pi D \times H \times C)$

$= [9.0\pi(2.37 + 2.12) \times 0.74 + 18.00\pi(2.245 + 1.745) \times 0.49 + 16.5\pi(1.805 + 1.3675) \times 0.37 + 12.5\pi(1.4325 + 1.12) \times 0.24 + 2\pi \times 1.24 \times (0.18 \times 0.504 + 0.12 \times 0.252 + 0.06 + 0.126) - 0.34 - 3.67] m^3$

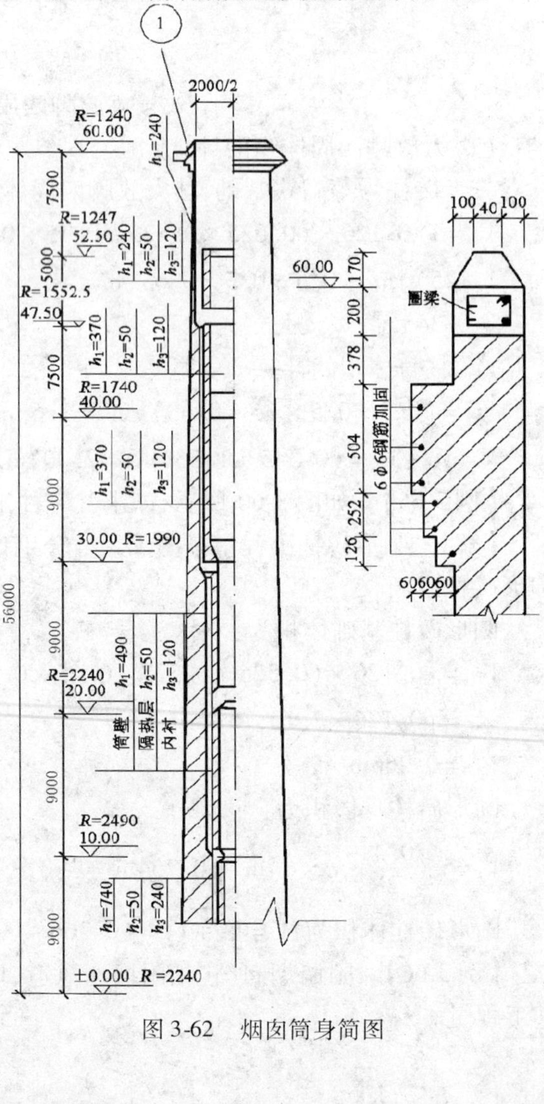

图 3-62　烟囱筒身简图

$=288.01\text{m}^3$

式中　D——每段筒壁中心线平均直径；

H——每段筒身垂直高度；

C——每段筒壁厚度，0.34——圈梁体积；

3.67——入烟口及出灰口体积。

【例 3-68】　如图 3-63 所示，已知砖烟囱高 30m，筒身采用 M10 混合砂浆砌筑，求砖烟囱工程量。

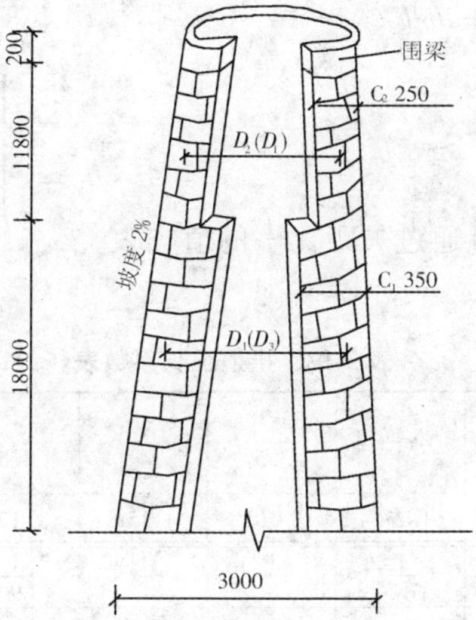

图 3-63　烟囱筒身示意图

【解】　$V=\Sigma HC\pi D$

其中　$D_1=(3.0-0.35-5\times2\%\times2)\text{m}=2.45\text{m}$

$D_2=[3.0-0.25-(18+11.8\div2)\times2\%\times2]\text{m}=1.79\text{m}$

则　$V_1=18\times0.35\times3.1416\times2.45\text{m}^3=48.49\text{m}^3$

$V_2=11.8\times0.25\times3.1416\times1.79\text{m}^3=16.59\text{m}^3$

$V=V_1+V_2$

$=(48.49+16.59)\text{m}^3$

$=65.08\text{m}^3$

【例 3-69】　如图 3-63 所示，求烟囱内衬的工程量（内衬为耐火砖）。

【解】　烟囱内衬按不同内衬材料，并扣除孔洞后，以图示实体积计算。

$D_3=(2.45-0.35-0.12)\text{m}=1.98\text{m}$

$D_4=(1.79-0.25-0.12)\text{m}=1.42\text{m}$

$V_3=18\times0.12\times3.1416\times1.98\text{m}^3=13.44\text{m}^3$

$V_4=11.8\times0.12\times3.1416\times1.42\text{m}^3=6.32\text{m}^3$

$V=V_3+V_4=(13.44+6.32)\text{m}^3=19.76\text{m}^3$

【例 3-70】　计算图 3-64 中烟道的工程量（设烟道长为 20m）。

【解】 烟道工程量 = 立墙体积 + 弧顶体积

立墙体积按一般墙体方法计算。

弧墙顶拱据设计图标注尺寸不同有两种计算方法:

(1)当拱弧标注尺寸为矢高 f 时:

$$弧顶体积 = dblk$$

式中 d——拱顶厚度;

b——中心线跨距;

l——拱顶长度;

k——延长系数,可通过矢距比 $\frac{f}{b}$ 的值查表 3-17得到。

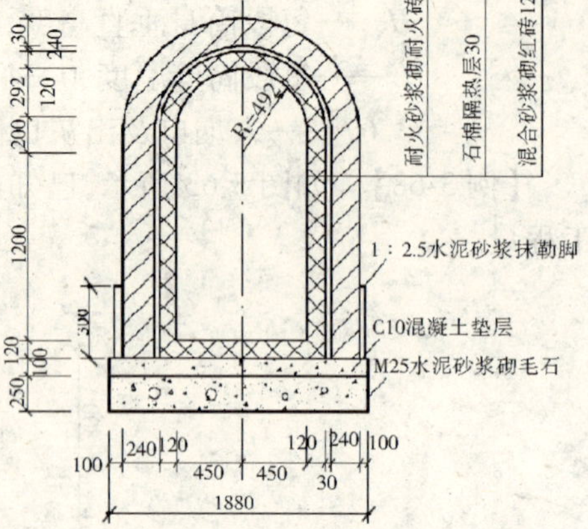

图 3-64 烟道剖面图

表 3-17 拱顶弧长系数表

矢距比 $\frac{f}{b}$	$\frac{1}{2}$	$\frac{1}{2.5}$	$\frac{1}{3}$	$\frac{1}{3.5}$	$\frac{1}{4}$	$\frac{1}{4.5}$	$\frac{1}{5}$	$\frac{1}{5.5}$	$\frac{1}{6}$
弧长系数 k	1.571	1.383	1.274	1.205	1.159	1.127	1.103	1.086	1.073
矢距比 $\frac{f}{b}$	$\frac{1}{6.5}$	$\frac{1}{7}$	$\frac{1}{7.5}$	$\frac{1}{8}$	$\frac{1}{8.5}$	$\frac{1}{9}$	$\frac{1}{9.5}$	$\frac{1}{10}$	
弧长系数 k	1.062	1.054	1.047	1.041	1.037	1.033	1.027	1.026	

(2)当拱顶标注尺寸为圆弧半径 R 和中心角 θ 时

$$弧形体积 = \frac{\pi\theta}{180°} \times Rdl$$

则:①耐火砂浆砌 120 耐火砖工程量:

$$V = [20 \times (2 \times 1.52 + 0.9 + 1.02 \times 1.296) \times 0.12]\text{m}^3$$
$$= 12.63\text{m}^3$$

注:因 $b = 1.02, f = 0.352, b/f = 1.02/0.352 = 2.9$,所以:$\frac{f}{b} = \frac{1}{2.90}$,用插入法求得 $k = 1.296$

②石棉隔层工程量($b = 1.17, f = 0.427$):

$$V = [20 \times (2 \times 1.52 + 1.17 \times 1.331) \times 0.03]\text{m}^3$$
$$= 2.78\text{m}^3$$

③混合砂浆砌红砖:($b = 1.44, f = 0.562$)

$$V = [20 \times (2 \times 1.52 + 1.44 \times 1.361) \times 0.24]\text{m}^3$$
$$= 24.00\text{m}^3$$

④1∶2.5 水泥砂浆抹勒脚工程量:

$$S = (20 \times 0.3 \times 2)\text{m}^2 = 12.00\text{m}^2$$

⑤C10 混凝土工程量:

$$V = (20 \times 0.1 \times 1.88)\text{m}^3 = 3.76\text{m}^3$$

⑥M2.5 水泥砂浆砌毛石工程量:

$V=(20\times 0.25\times 1.88)\text{m}^3=9.40\text{m}^3$

砖砌烟道及内衬工程量计算:烟道砌砖及内衬,均扣除孔洞后,以图示实体积计算。烟道与炉体的划分以第一道闸门为界,炉体内的烟道部分列入炉体工程量计算。

【例 3-71】 如图 3-65 所示,已知烟道延长 20m,50#混合砂浆砌砖、耐火砖内衬,求砖砌烟道及内衬的工程量。

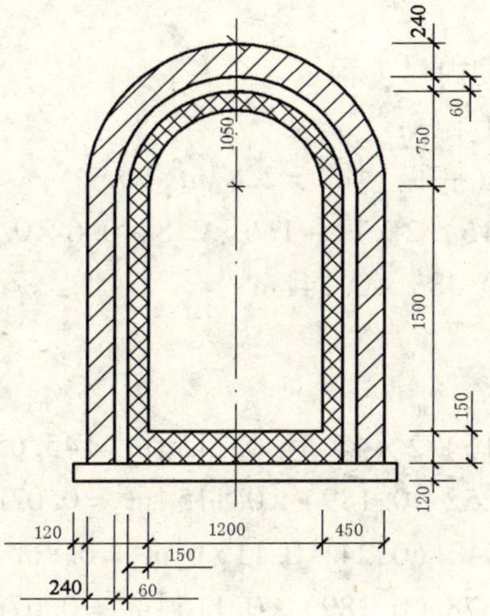

图 3-65 砖砌烟道示意图

【解】 砖砌烟道工程量:

$V=\{[1.65\times 2+(1.05-0.24/2)\times 3.14]\times 0.24\times 20\}\text{m}^3$

$=63.755\text{m}^3$

砖砌烟道内衬工程量计算:

$V=\{[1.65\times 2+(1.05-0.24-0.06-0.15/2)\times 3.14+1.2]\times 0.15\times 20\}\text{m}^3$

$=19.86\text{m}^3$

【例 3-72】 求图 3-66 砖砌筒身工程量。

【解】 砖砌烟囱筒身工程量的计算(按一般常用计算方法):

(1)[3.142×(4.74+4.24)/2×10−1.6×2.8(烟道口)−0.6×0.8(出灰口)]×0.74+(1.2+0.6)/2×0.86×4.6×2(烟道口附垛)m^2

$=\{[141.08-4.48-0.48]\times 0.74+7.12\}\text{m}^2$

$=(100.73+7.12)\text{m}^2$

$=107.85\text{m}^2$

(2)$[3.142\times(4.49+3.49)/2\times 20\times 0.49]\text{m}^2=122.86\text{m}^2$

(3)$[3.142\times(3.61+2.735)/2\times 17.5\times 0.365]\text{m}^2=63.67\text{m}^2$

(4)$[3.142\times(2.865+2.24)/2\times 12.3\times 0.24]\text{m}^2=23.67\text{m}^2$

(5)$[3.142\times 2.66\times 0.504\times 0.18]\text{m}^2=0.76\text{m}^2$

(6)$[3.142\times 2.6\times 0.252\times 0.12]\text{m}^2=0.25\text{m}^2$

(7)$[3.142\times 2.54\times 0.126\times 0.06]\text{m}^2=0.06\text{m}^2$

(8)$[3.142\times 2.325\times 0.252\times 0.045]\text{m}^2=0.08\text{m}^2$

(10) $[3.142\times2.65\times0.5\times0.09]m^2=0.37m^2$

(11) $[3.142\times3.41\times0.5\times0.09]m^2=0.48m^2$

(12) 减圈梁 $=[3.142\times4.44\times0.62\times0.5]m^3=4.32m^3$

工程量共计 $(107.85+122.86+63.67+23.67+0.76+0.25+0.06+0.08+0.11+0.37+0.48-4.32)m^2$

$=315.84m^2$

【例 3-73】 求图 3-66 砖砌内衬工程量。

【解】 砖砌内衬工程量的计算:

(1) $[3.142\times1.95^2\times0.24(\text{底板})]m^2=2.87m^2$

(2) $\{[3.142\times(3.66+3.16)/2\times11-1.6\times2.8-0.6\times0.8]\times0.24\}m^2$

$=\{[117.86-4.48-0.48]\times0.24\}m^2$

$=(112.9\times0.24)m^2$

$=27.1m^2$

(3) $[3.142\times(3.785+2.16)/2\times42.5\times0.115]m^2=45.65m^2$

(4) $[3.142\times3.285\times(0.252-0.189)\times0.115]m^2=0.07m^2$

(5) $[3.142\times3.545\times0.504\times(0.24-0.115)]m^2=0.7m^2$

(6) $[3.142\times3.265\times(0.378+0.189)\times0.115]m^2=0.67m^2$

(7) $(3.142\times2.775\times0.189\times0.115)m^2=0.19m^2$

(8) $[3.142\times2.275\times(0.378+0.189)\times0.115]m^2=0.47m^2$

(9) $(3.142\times2.16\times0.189\times0.115)m^2=0.15m^2$

工程量共计: $(2.87+27.1+45.65+0.07+0.7+0.67+0.19+0.47+0.15)m^3$

$=77.87m^3$

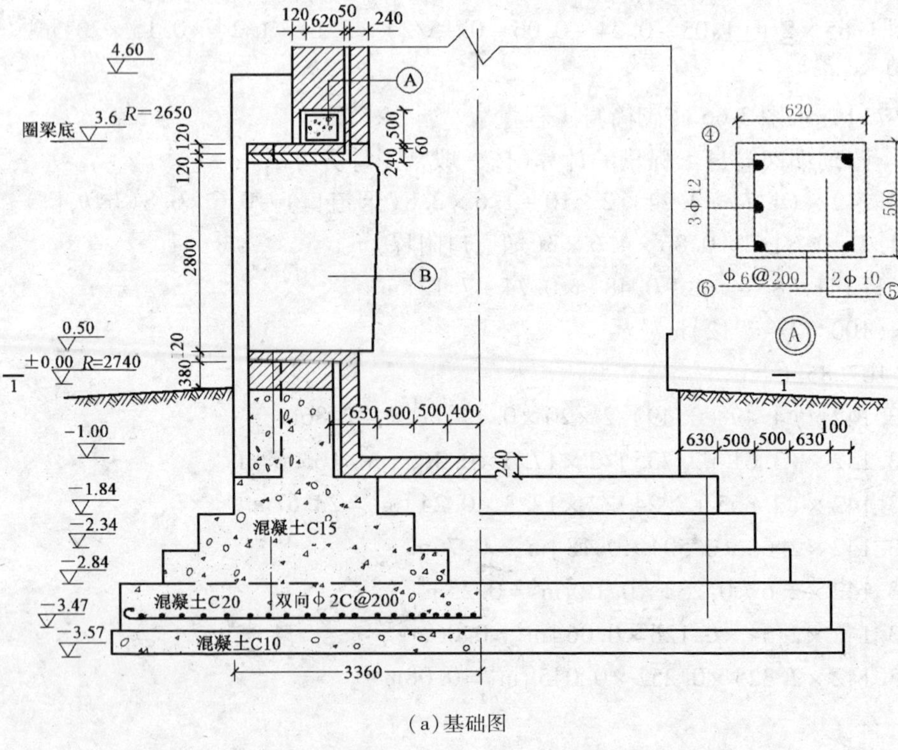

(a) 基础图

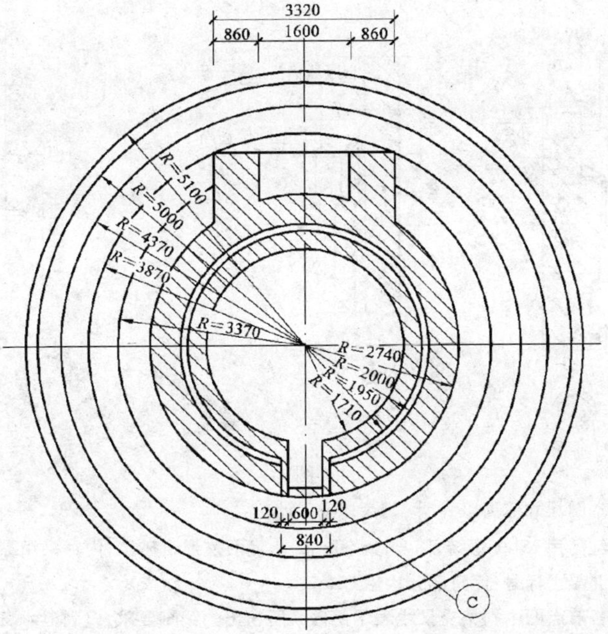

3320
860
1600
860
R=5100
R=5000
R=4370
R=3870
R=3370
R=2740
R=2000
R=1950
R=1710
120
600
120
840
C

(b)1－1 剖面图

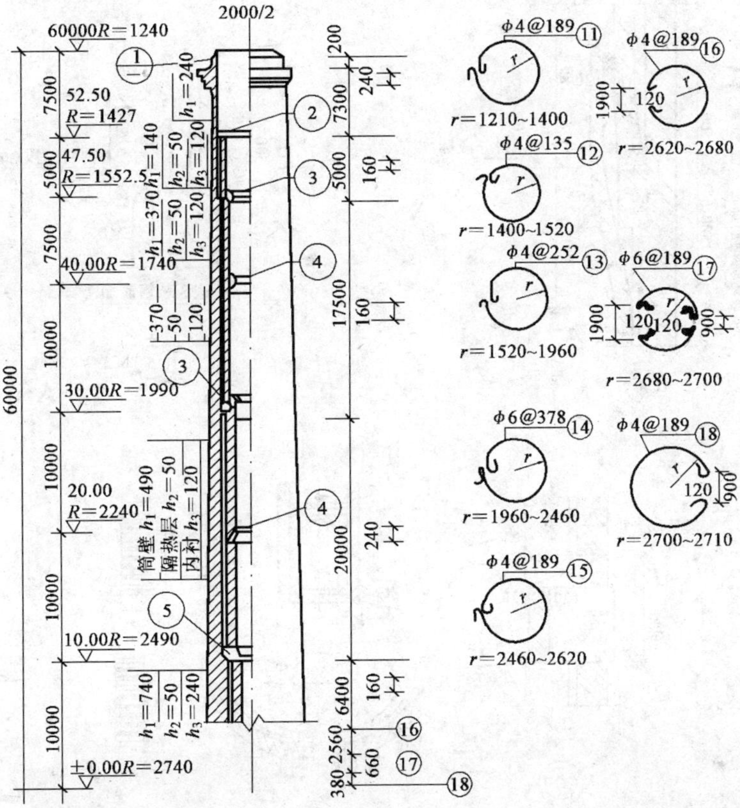

2000/2
60000R=1240
52.50
R=1427
47.50
R=1552.5
40.00R=1740
30.00R=1990
20.00
R=2240
10.00R=2490
±0.00R=2740
60000
筒壁 h1=490
隔热层 h2=50
内衬 h3=120
φ4@189 11
r=1210~1400
φ4@135 12
r=1400~1520
φ4@252 13
r=1520~1960
φ6@378 14
r=1960~2460
φ4@189 15
r=2460~2620
φ4@189 16
r=2620~2680
φ6@189 17
r=2680~2700
φ4@189 18
r=2700~2710

(c)立面图

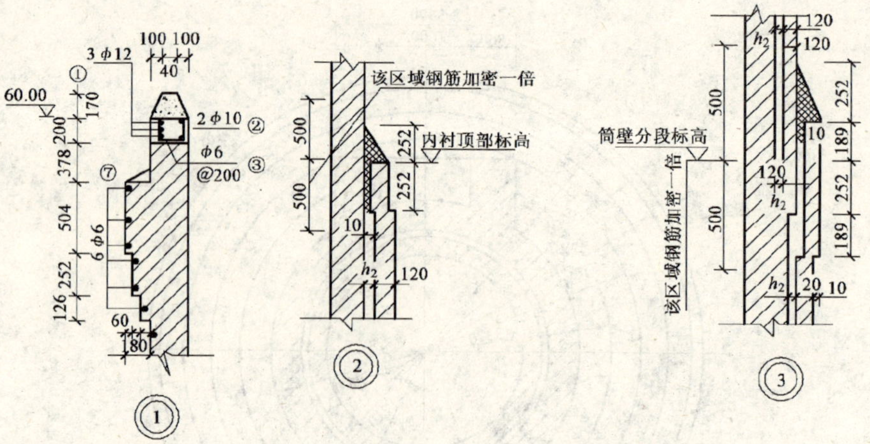

(d)详图①～③

注:1. 本图尺寸标高以 m 计,其余以 mm 计。

2. 红砖用 75[#]一级砖,筒身砂浆用 M5 水泥石灰混合砂浆,内衬采用黏土浆。

3. 混凝土标号:筒身部分均用 C15。

4. 各节点图中斜格交叉线表示用砂浆所粉出的线脚要求,以利泄水,砂浆材料与砌筑内衬相同。

5. 隔热材料:用空气隔热层。

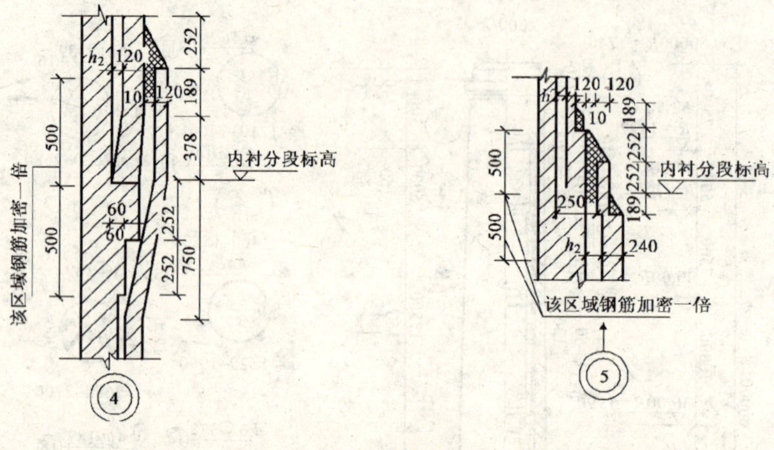

(e)详图④～⑤

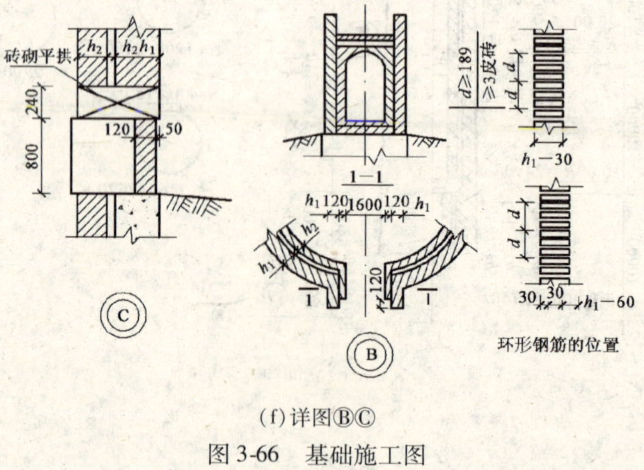

(f)详图ⒷⒸ

图 3-66　基础施工图

【例 3-74】 如图 3-67 所示，试计算 27m 高圆形砖砌烟囱筒身工程量，已知烟囱下口直径为 2.100m。

【解】 (1)烟囱各段中心线平均直径

下段：$D_1 = [(2.10 + 1.85)/2]\text{m} = 1.975\text{m}$

中段：$D_2 = [(1.85 + 1.60)/2]\text{m} = 1.725\text{m}$

上段：$D_3 = [(1.60 + 1.35)/2]\text{m} = 1.475\text{m}$

(2)烟囱各段体积

下段：$V_1 = (9.00 \times 0.365 \times 1.975 \times 3.1416)\text{m}^3 = 20.38\text{m}^3$

中段：$V_2 = (9.00 \times 0.240 \times 1.725 \times 3.1416)\text{m}^3 = 11.706\text{m}^3$

上段：$V_3 = (9.00 \times 0.18 \times 1.475 \times 3.1416)\text{m}^3 = 7.507\text{m}^3$

(3)烟囱筒身体积

$V = V_1 + V_2 + V_3 = (20.38 + 11.706 + 7.507)\text{m}^3 = 39.59\text{m}^3$

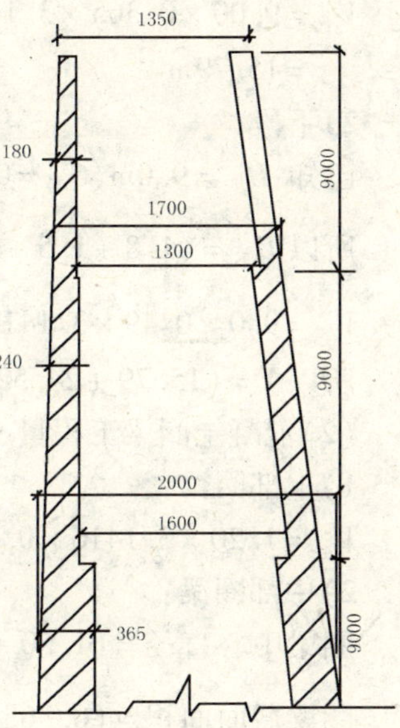

图 3-67 砖烟囱剖面示意图

【例 3-75】 某五层住宅，每层 6 户，每户设一个厨房，厨房烟道按图 3-68 所示平面尺寸，已知层高 3.3m，计算墙内烟道砌体工程量。

【解】 墙内烟道砌体工程量

$$V = (0.12 \times 1.0 \times 3.3 \times 6 \times 5)\text{m}^3 = 11.88\text{m}^3$$

【例 3-76】 按图 3-69 所示，计算女儿墙砖砌体工程量。

已知女儿墙厚度为 240mm，女儿墙中心线长为 100m。

【解】 女儿墙砌体工程量

$$V = (0.24 \times 1.20 \times 100)\text{m}^3 = 28.8\text{m}^3$$

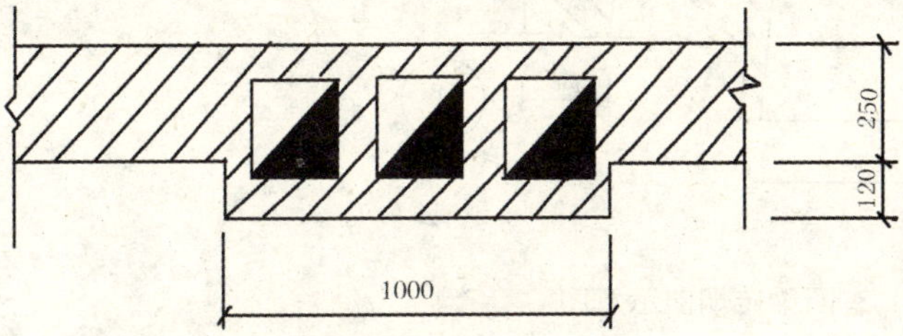

图 3-68 墙内烟道示意图

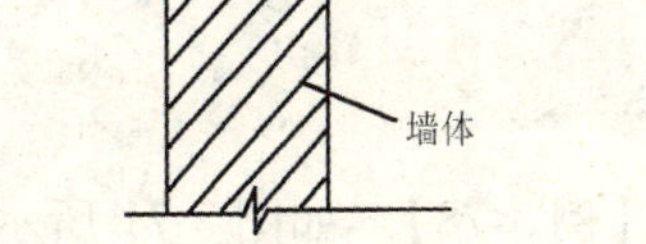

图 3-69 女儿墙示意图

【例 3-77】 根据图 3-70 中的有关数据计算砖砌烟囱和圈梁工程量。

【解】 (1)砖砌烟囱工程量

1)上段：

已知：$H_上 = 9.00\text{m}, C_上 = 0.365\text{m}$

所以 $D_上 = [(1.20 + 1.50 + 0.365) \times \frac{1}{2}]\text{m} = 1.53\text{m}$

$V_{上} = 9.00 \times 0.365 \times 3.1416 \times 1.53\text{m}^3$

$= 15.79\text{m}^3$

2）下段：

已知：$H_{下} = 9.0\text{m}, C_{下} = 0.490\text{m}$

所以 $D_{下} = (1.8 + 1.5 + 0.365 \times 2 - 0.49) \times \frac{1}{2}\text{m} = 1.77\text{m}$

$V_{下} = 9.0 \times 0.49 \times 3.1416 \times 1.77\text{m} = 24.52\text{m}^3$

所以 $V = (15.79 + 24.52)\text{m}^3 = 40.31\text{m}^3$

（2）混凝土圈梁工程量

1）上部圈梁：

$V_{上} = 1.20 \times 3.1416 \times 0.4 \times 0.365\text{m}^3 = 0.55\text{m}^3$

2）中部圈梁：

圈梁中心直径 $= (1.50 + 0.365 \times 2 - 0.49)\text{m} = 1.74\text{m}$

圈梁截面面积 $= (0.365 + 0.49) \times \frac{1}{2} \times 0.30\text{m}^2 = 0.128\text{m}^2$

$V_{中} = 1.74 \times 3.1416 \times 0.128\text{m}^3 = 0.70\text{m}^3$

所以 $V = (0.70 + 0.55)\text{m}^3 = 1.25\text{m}^3$

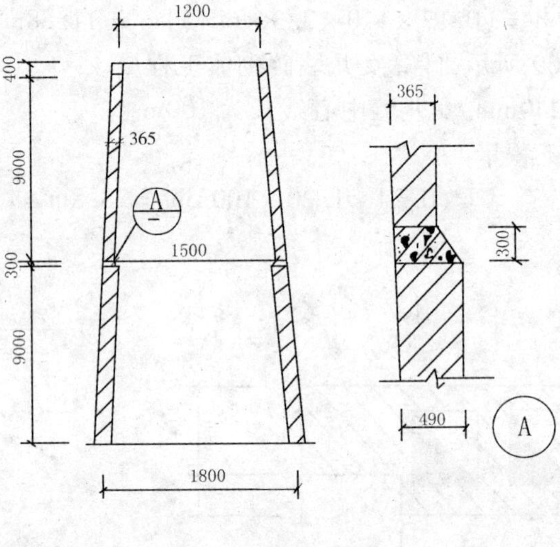

图 3-70　有圈梁砖烟囱示意图

【例 3-78】　如图 3-71 所示，试求拱顶工程量。

【解】　按圆弧长计算

$V =$ 圆弧长 × 拱厚 × 拱长 $= ldL$

式中 $l = \frac{\pi}{180} R\theta$

则：$V = \left(\frac{3.1416}{180} \times 4.2 \times 120 \times 0.18 \times 10\right)\text{m}^3 =$ 15.83m^3

【例 3-79】　某工程有图 3-72 所示一砖垛和一附墙

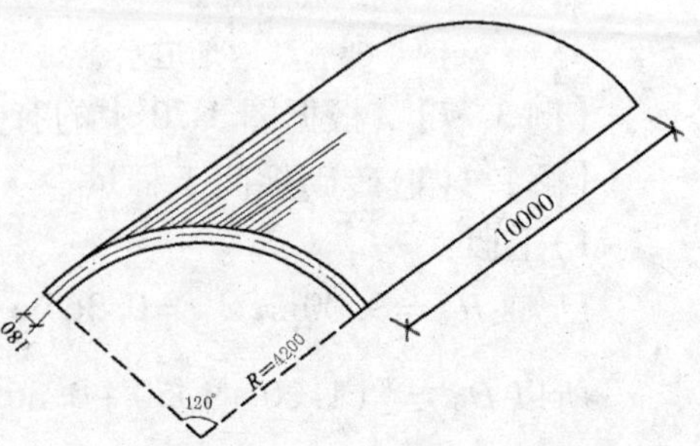

图 3-71　烟囱拱顶示意图

烟道，高 3.9m，计算其折算面积。

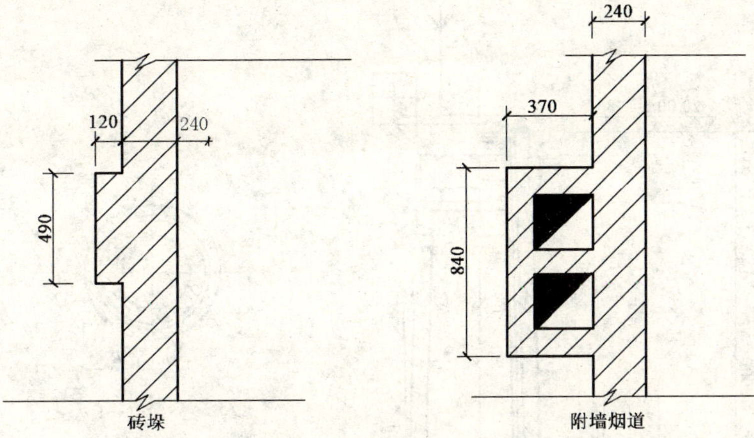

图 3-72　砖垛和附墙烟道示意图

【解】　(1)砖垛折算附墙面积

砖垛体积 $=(0.12\times0.49\times3.9)m^3=0.229m^3$

除以所附墙的墙厚 0.24m 可得：$0.229/0.24=0.954m^2$

(2)附墙烟道折算附墙面积

外形体积 $(0.37\times0.84\times3.9)m^3=1.212m^3$，除以所附墙的厚度 0.24m，$1.212/0.24m^2=5.05m^2$

折算面积合计：$(0.954+5.05)m^2=6.004m^2$

【例 3-80】　计算图 3-73 所示砖烟囱筒身的工程量。烟囱高度 $H=20m$，分两段，在中部及顶部有内、外挑檐，囱身坡度 2.5%，筒壁厚度 240mm，隔热空气层 50mm，内衬 120mm，筒底砌衬砖 120mm 厚。

【解】　(1)标高 ±0.00m～20.00m 筒身

$$V_1=[0.24\pi(\frac{1.28\times2+0.78\times2}{2}-0.24)\times20]m^3=27.44m^3$$

(2)标高 +10.00m 处砖砌内悬壁

$(0.25\times0.06+0.25\times0.12)m^2=0.045m^2$

$$平均半径=\frac{(1.03-0.24-0.03)\times0.015+(1.03-0.24-0.06)\times0.03}{0.045}m=0.74m$$

$V_2=2\pi\times0.74\times0.045m^3=0.21m^3$

(3)烟囱顶部挑砖

$$挑檐断面积=(0.126\times0.06+0.252\times0.12+0.504\times0.18)m^2$$
$$=(7.56\times10^{-3}+0.03+0.091)m^2$$
$$=0.128m^2$$

$$平均半径=\frac{7.56\times10^{-3}\times(0.78+0.03)+0.03\times(0.78+0.06)+0.091\times(0.78+0.09)}{0.128}$$
$$=0.863m$$

$V_3 = 2\pi \times 0.863 \times 0.128\text{m}^3 = 0.69\text{m}^3$

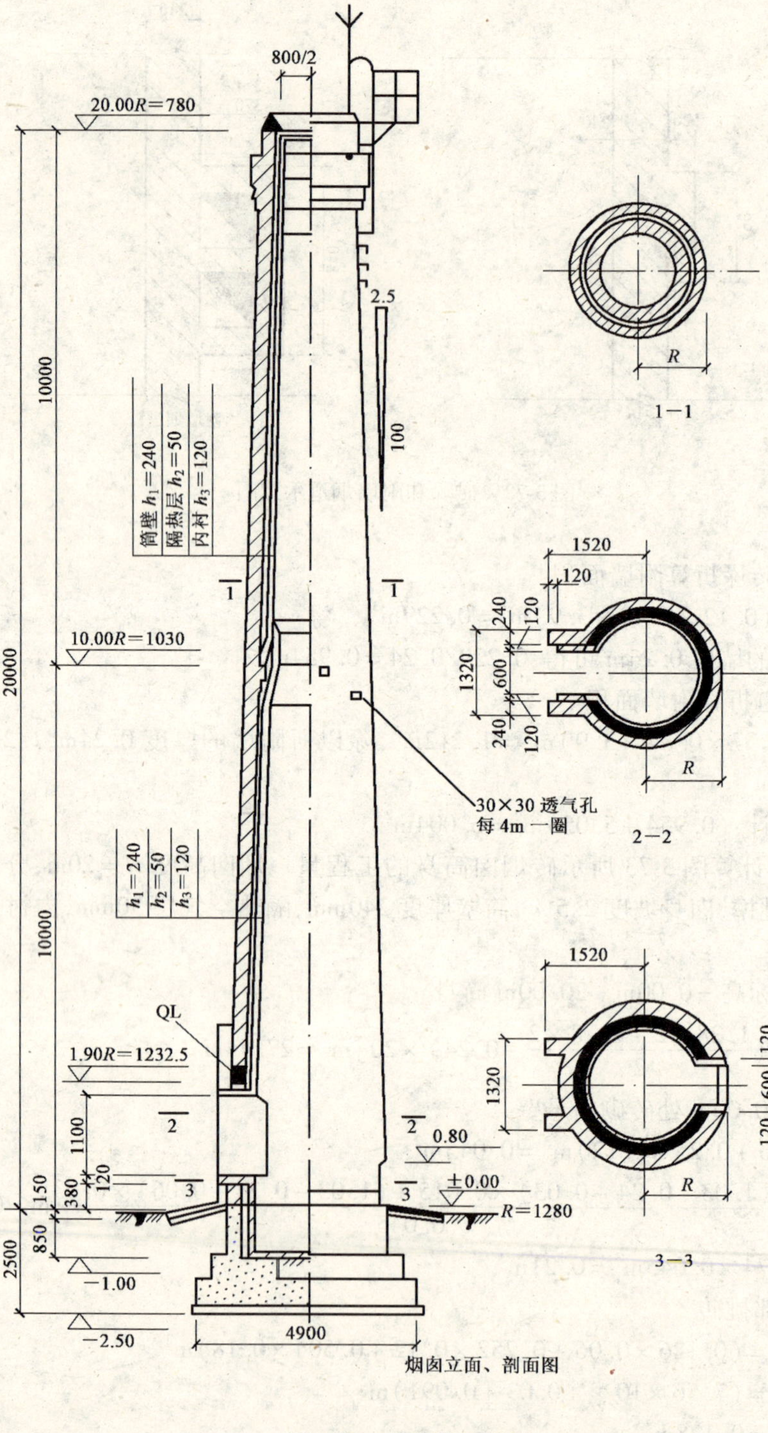

图 3-73　砖砌烟囱简图

(4)应扣除部分

1)出灰口：

按图示，出灰口尺寸为0.84m×0.8m，则

$V_4=(0.84\times0.8\times0.24)\text{m}^3=0.16\text{m}^3$

2）烟道口：

按图示尺寸，应扣除体积为

$$V_5=\left[\left(10.68\times0.84+\frac{\pi}{2}\times0.42^2\right)\times0.24\right]\text{m}^3$$

$$=2.22\text{m}^3$$

3）钢筋混凝土圈梁：

$V_6=[0.24^2\times(1.2325-0.120)\times2\pi]\text{m}^3=0.40\text{m}^3$

（5）烟囱筒身工程量

$$V=\sum_{i=1}^{6}V_i=(27.44+0.21+0.69-0.16-2.22-0.4)\text{m}^3=25.56\text{m}^3$$

【例3-81】 计算烟囱示意图3-74（a）、（b）及筒身工程量。

【解】 根据公式 $V=\sum HC\pi D$ 得：

每段中心线平均直径

$$D=\frac{外壁直径+内壁直径}{2}$$

设：$a—a$ 剖面中心直径长为2.13m，壁厚为0.49m；

$b—b$ 剖面中心直径长为1.88m，壁厚为0.37m；

$c—c$ 剖面中心直径长为1.15m，壁厚为0.24m；

$d—d$ 剖面中心直径长为1.06m，壁厚为0.20m；

$e—e$ 剖面中心直径长为0.78m，壁厚为0.20m。

则 $a—a\sim b—b$ 段体积 $=\left[\frac{1}{2}\times(2.13+1.88)\times3.1416\times0.49\times9\right]\text{m}^3=27.78\text{m}^3$

$b—b\sim c—c$ 段体积 $=\left[\frac{1}{2}\times(1.88+1.15)\times3.1416\times0.37\times9\right]\text{m}^3=15.85\text{m}^3$

$c—c\sim d—d$ 段体积 $=\left[\frac{1}{2}\times(1.15+1.06)\times3.1416\times0.24\times9\right]\text{m}^3=7.50\text{m}^3$

$d—d\sim e—e$ 段体积 $=\left[\frac{1}{2}\times(1.06+0.78)\times3.1416\times0.2\times9\right]\text{m}^3=5.20\text{m}^3$

该烟囱总体积 $=(27.78+15.85+7.50+5.20)\text{m}^3=56.33\text{m}^3$

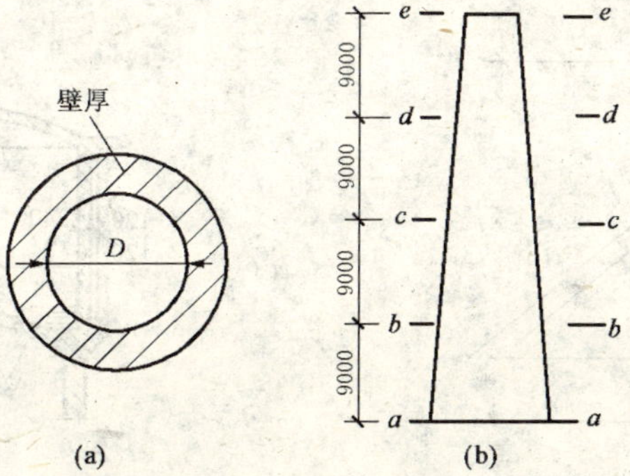

图3-74 烟囱示意图

【例 3-82】 试计算图 3-75 烟囱散水工程量(已知：$R_1=2700$，$B=0.5$)。

【解】 根据公式

$$S=\pi(R+b)^2-\pi R_1^2-bB$$

式中 S——散水面积；

R_1——烟囱底外半径；

b——散水宽；

B——烟道宽。

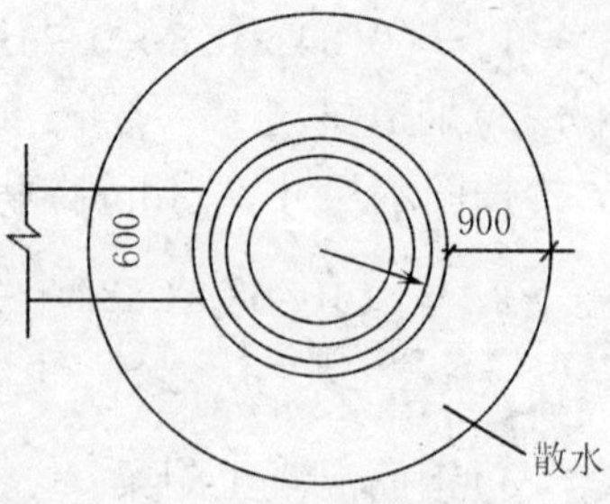

图 3-75 烟囱平面示意图

则烟囱散水工程量 $=[(2.7+0.9)^2\times3.1416-3.1416\times2.7^2-0.9\times0.5]m^3$

$=(40.72-22.90-0.45]m^3$

$=17.37m^3$

【例 3-83】 如图 3-76 所示，试求圆锥形、球形塔顶及箱底工程量。

【解】 (1)圆锥形：

$V=\pi rKt=3.1416\times1.8\times2\times0.12m^3=1.357m^3$

(2)球形：

$V=\pi(a^2+H^2)t$

$=3.1416\times(2.1^2+1.5^2)\times0.24m^3$

$=5.02m^3$

式中 r——圆锥底面半径；

a——球形底面半径；

H——高；

t——厚度；

K——圆锥斜高。

附：水箱壁按图示尺寸体积以 m^3 计算，依附于水箱壁的柱、挑檐梁等均并入水箱壁的体积内计算。水箱壁的高度按塔顶圈梁下皮至水箱底圈梁上皮计算。

【例 3-84】 如图 3-77 所示，一水塔水箱，池槽粉刷用水泥砂浆，水箱内壁半径为 5m，高 5m，求其工程量并套用定额。

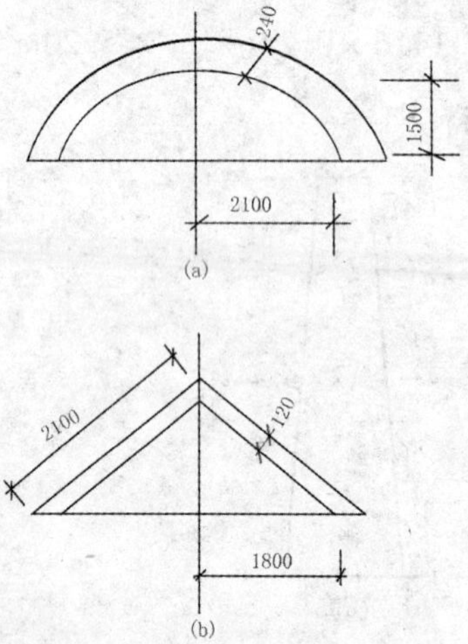

图 3-76 水箱壁示意图

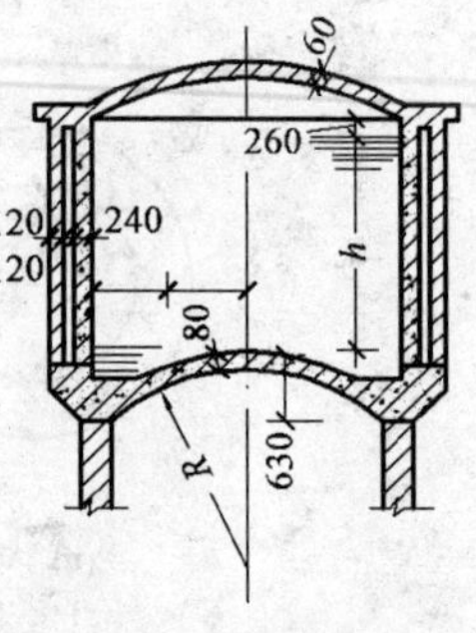

图 3-77 水塔水箱剖面示意图

【解】 $V_1=(5+0.12)\times2\pi\times5\times0.24\mathrm{m}^3=38.6\mathrm{m}^3$

$V_2=\dfrac{1}{2}\pi\times0.06\times[2\times5^2+0.26^2+(0.26+0.26)^2]\mathrm{m}^3=4.744\mathrm{m}^3$

$V_{总}=(38.6+4.744)\mathrm{m}^3=43.344\mathrm{m}^3$

套用定额 8958.10 元/$10\mathrm{m}^3$

所以预算费用为 8958.10/10×43.344 元=38827.55 元。

其中已包括粉刷，不必另行计算。但门窗、栏杆、铁梯、避雷针等，应按相应项目另行计算。

【例 3-85】 按图 3-78 计算二道砖砌地垄墙工程量。已知墙厚 0.24m，墙长 4.50m。

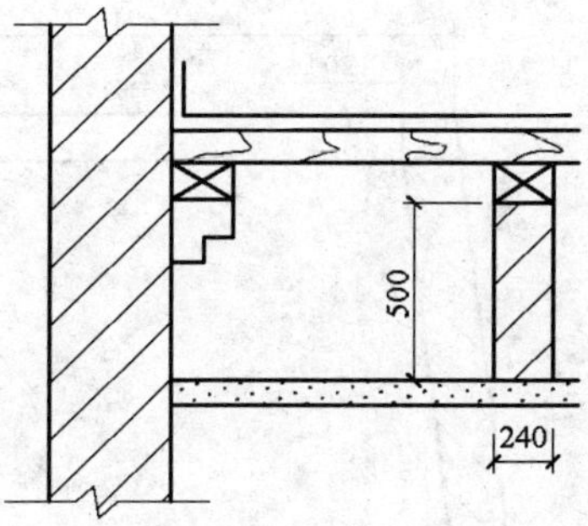

图 3-78 砖砌地垄墙

【解】 砖砌地垄墙工程量按图示尺寸以 m^3 计算。支撑地楞的砖墩按方砖柱计算。

则砖砌地垄墙工程量：

$V=0.24\times0.50\times4.50\times2\mathrm{m}^3=1.08\mathrm{m}^3$

【例 3-86】 如图 3-79 所示，求砖台阶工程量。

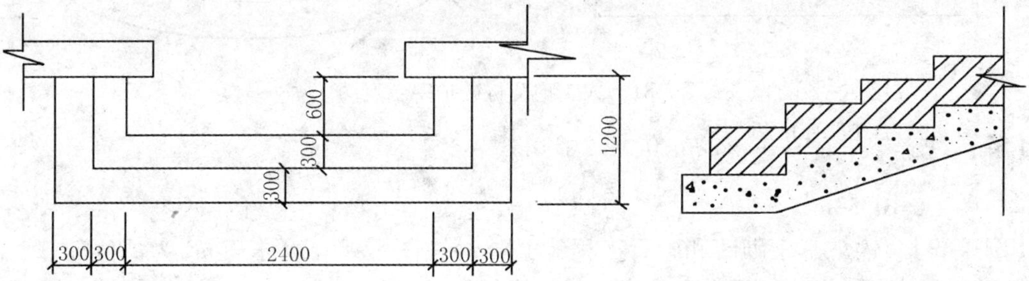

图 3-79 砖台阶示意图

【解】 砖砌台阶工程量 $=(2.4+0.3\times4)\times(0.6+0.3\times2)\mathrm{m}^3=4.32\mathrm{m}^3$

【例 3-87】 暖气沟（图 3-80）及其他砖砌沟道不分墙身和墙基均按图示尺寸计算实体积，其工程量合并计算。

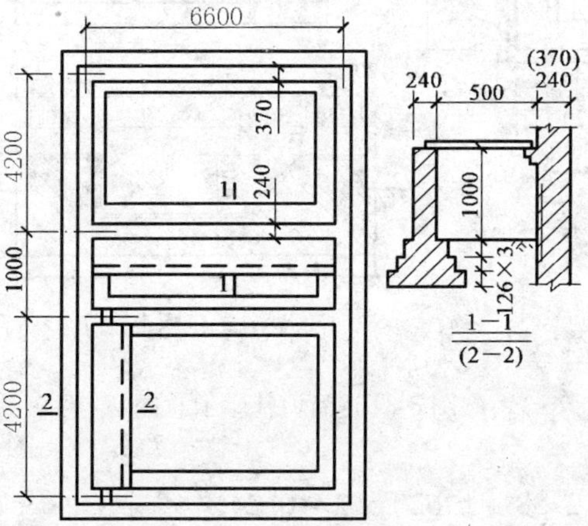

图 3-80 暖气沟

【解】 暖气沟工程量为:

$V=0.24\times(1+0.378+0.394)\times(4.2-0.24+6.6-0.24)m^3$

$=4.39m^3$

注:0.394m 为折加高度。

【例 3-88】 人工挖孔桩砖护壁为分段圆锥体,如图 3-81 所示。上圆平均半径为 0.63m,下圆平均半径为 0.75m,高为 1.0m。求分段圆锥体红砖护壁体积。

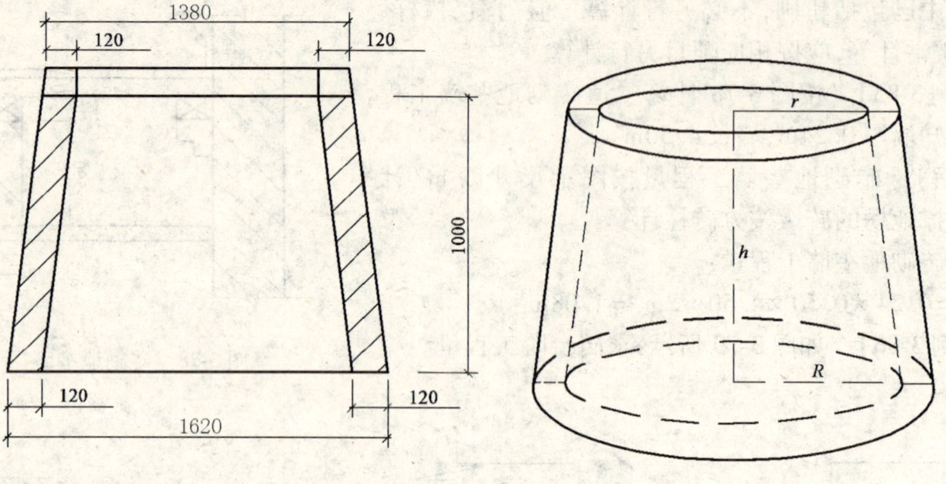

图 3-81 人工挖孔桩砖护壁示意图

【解】 $V=\frac{0.63+0.75}{2}\times2\pi\times0.12\times1.0m^3$

$=0.52m^3$

【例 3-89】 锅炉基座砌砖和砌石工程(图 3-82)按图示尺寸以体积 m^3 为单位计算。砌砖按砖基础工程定额执行,砌石按毛石基础定额执行。

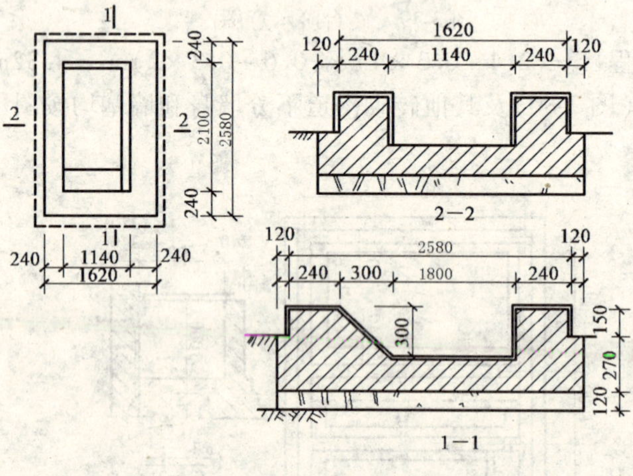

图 3-82 锅炉基座示意图

【解】 砌砖工程量为:

$V=\{0.24\times0.15\times[(2.58+1.62)\times2-0.24\times4]+0.27\times(0.24+0.12)\times[(2.58+$

$1.62+0.12\times4)\times2-(0.24+0.12)\times4]+0.12\times1.14\times2.1+\frac{0.3\times0.3}{2}\times1.14\}\text{m}^3$

$=(0.26784+0.7698+0.28728+0.0513)\text{m}^3$

$=1.38\text{m}^3$

砌石工程量为：

$V=0.12\times(2.58+0.12\times2)\times(1.62+0.12\times2)\text{m}^3=0.63\text{m}^3$

砖砌台阶工程量 $=(2.7+0.4\times6)\times(0.6+0.4\times3)\text{m}^2=9.18\text{m}^2$

【例 3-90】 计算零星砌体（图 3-83 ~ 图 3-88）工程量。

【解】 （1）台阶挡墙（图 3-83）工程量计算

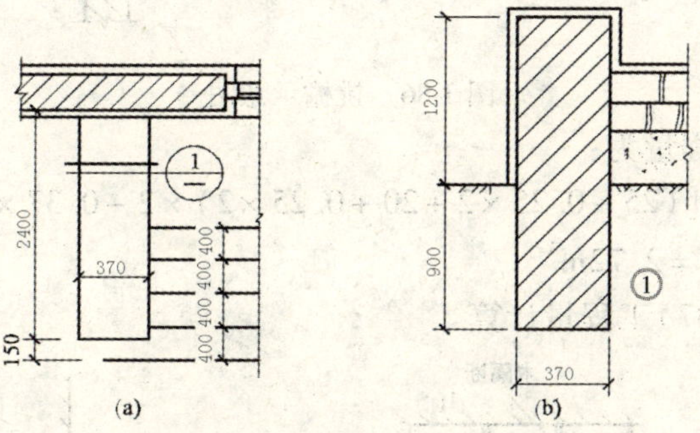

图 3-83 台阶挡墙示意图

台阶挡墙工程量为：

$V_1=[0.37\times(0.9+1.2)\times2.4]\text{m}^3=1.86\text{m}^3$

（2）花台砌蹲（图 3-84）工程量计算

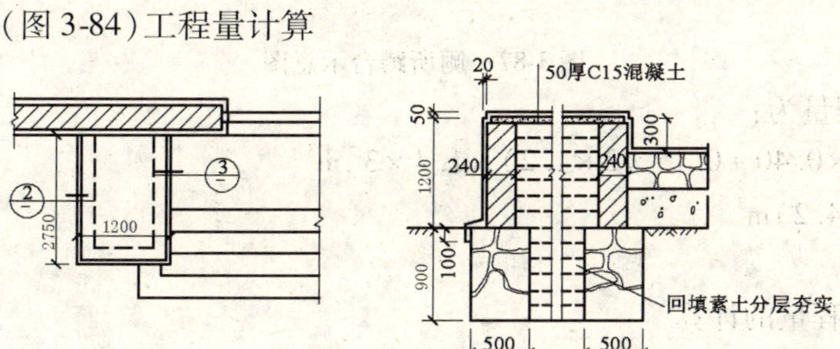

图 3-84 花台砌蹲示意图

花台砌蹲工程量为：

$V_2=[0.24\times1.2\times(2.75\times2+1.2-0.24\times2)]\text{m}^3=1.79\text{m}^3$

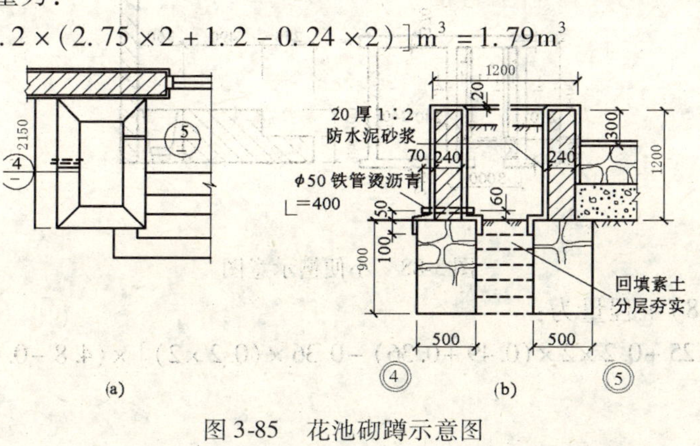

图 3-85 花池砌蹲示意图

(3)花池砌蹲(图 3-85)工程量计算

$V_3 = [0.24 \times 1.2 \times (2.15 \times 2 + 1.2 \times 2 - 0.24 \times 4)]\text{m}^3$

$= (0.24 \times 1.20 \times 5.74)\text{m}^3 = 1.65\text{m}^3$

(4)挑檐砖工程量的计算：

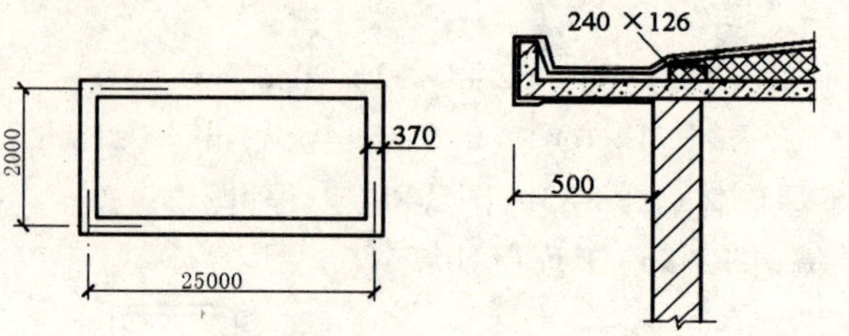

图 3-86 挑檐示意图

挑檐砖(图 3-86)工程量为：

$V_4 = 0.24 \times 0.126 \times [(25 + 0.25 \times 2 + 20 + 0.25 \times 2) \times 2 - 0.37 \times 8 + 0.24 \times 4]\text{m}^3$

$= 0.03024 \times 90\text{m}^3 = 2.72\text{m}^3$

(5)厕所蹲台(图 3-87)工程量计算

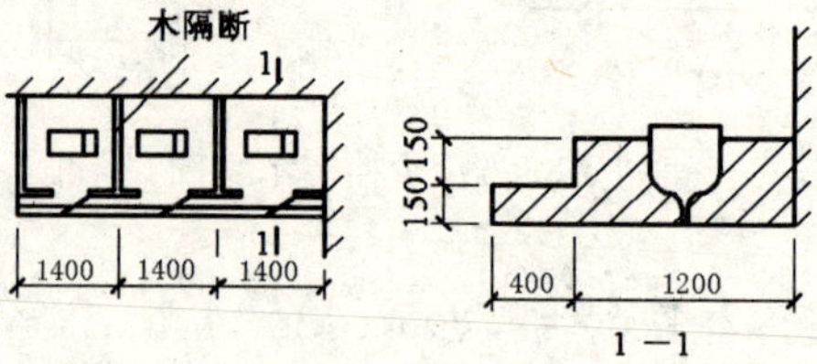

图 3-87 厕所蹲台示意图

厕所蹲台工程量为：

$V_5 = [(0.15 \times 0.40 + 0.15 \times 2 \times 1.2) \times 1.4 \times 3]\text{m}^3$

$= (0.42 \times 4.2)\text{m}^3$

$= 1.76\text{m}^3$

(6)小便槽工程量的计算

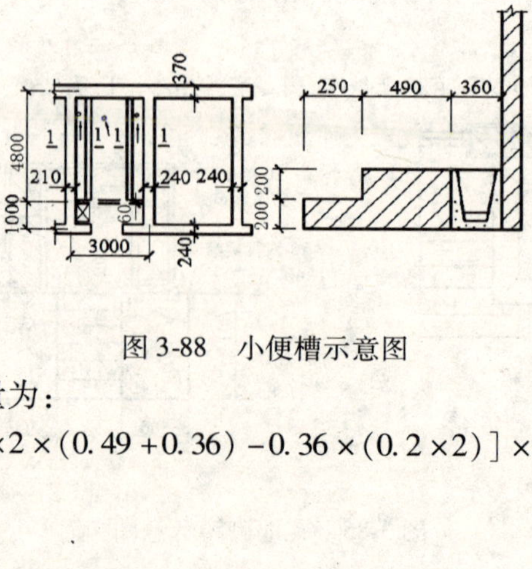

图 3-88 小便槽示意图

小便槽(图 3-88)工程量为：

$V_6 = \{[0.2 \times 0.25 + 0.2 \times 2 \times (0.49 + 0.36) - 0.36 \times (0.2 \times 2)] \times (4.8 - 0.12 - 0.06) \times 2\}\text{m}^3$

$=(0.25\times9.24)m^3=2.31m^3$

零星砌体工程量：

$V=V_1+V_2+V_3+V_4+V_5+V_6$

$=(1.55+1.79+1.65+2.72+1.76+2.31)m^3$

$=11.78m^3$

【例 3-91】 如图 3-89 所示，已知地沟长 150m，计算地沟砌砖工程量。

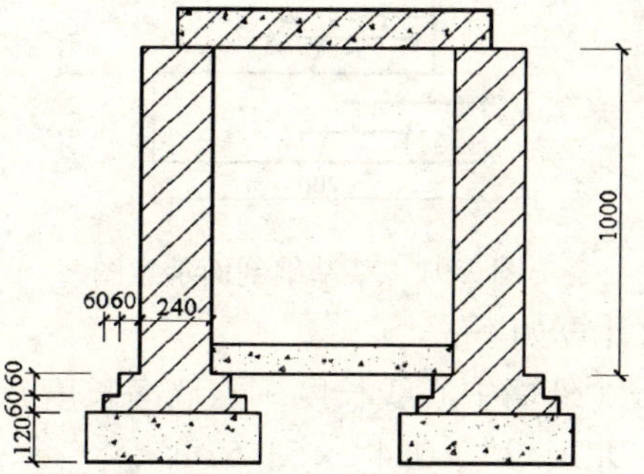

图 3-89 砖地沟示意图

【解】 砖砌地沟不分墙基、墙身，合并以 m^3 为单位计算。

地沟砌砖工程 $V=(0.49\times0.06+0.365\times0.06+0.24\times1)\times150\times2m^3=87.39m^3$

【例 3-92】 某工程按设计规定采用毛石基础（图 3-90），求其工程量。

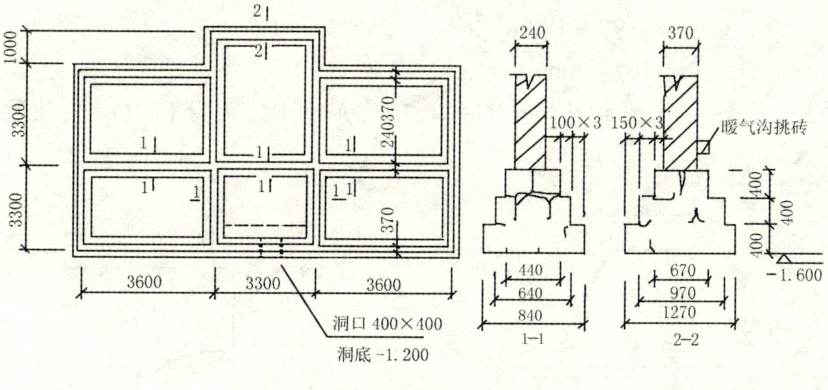

图 3-90 某工程基础平面示意图

【解】 $L_{外}=[(3.6+3.3+3.6+0.25\times2+3.3+3.3+1.0+0.25\times2)\times2-0.37\times4]m$

$=(19.1\times2-1.48)m$

$=36.72m$

$L_{内}=[(3.6-0.24)\times2+(3.3-0.24)+(6.6-0.24)\times2]m$

$=(6.72+3.06+12.72)m$

$=22.5m$

$V_{1-1}=(0.44+0.64+0.84)\times0.4\times22.5m^3=17.28m^3$

$V_{2-2}=(0.67+0.97+1.27)\times0.4\times36.72m^3=42.74m^3$

内外墙毛石基础工程量合计：

$V=(17.28+42.74)m^3=60.02m^3$

【例 3-93】 如图 3-91 所示，求毛石基础工程量。已知：基础外墙中心线长度和内墙净长度之和 53.52m。

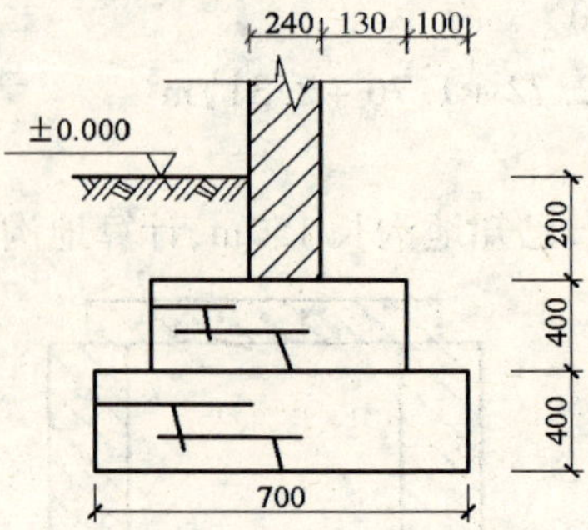

图 3-91 某基础剖面示意图

【解】 毛石基础工程量计算如下：

V = 毛石基础断面面积 ×（外墙中心线长度 + 内墙净长度）

$= [0.7\times0.4+(0.7-0.1\times2)\times0.4]\times53.52\text{m}^3$

$=25.69\text{m}^3$

【例 3-94】 如图 3-92 所示，已知某毛石挡土墙用 25[#]混合砂浆砌筑 180m，求毛石挡土墙工程量。

【解】 毛石挡土墙及毛石护坡，按图示尺寸以体积 m^3 计算。

毛石挡土墙工程量 $V=[0.6\times(0.7+1.8)+1.8\times(1.5-0.6)+(0.8+1.8)\times4.5\div2]\times180\text{m}^3$

$=8.97\times180\text{m}^3$

$=1614.6\text{m}^3$

【例 3-95】 求图 3-93 全长 100m 的毛石挡土墙基础、墙身和内墙面及顶面勾缝的工程量。

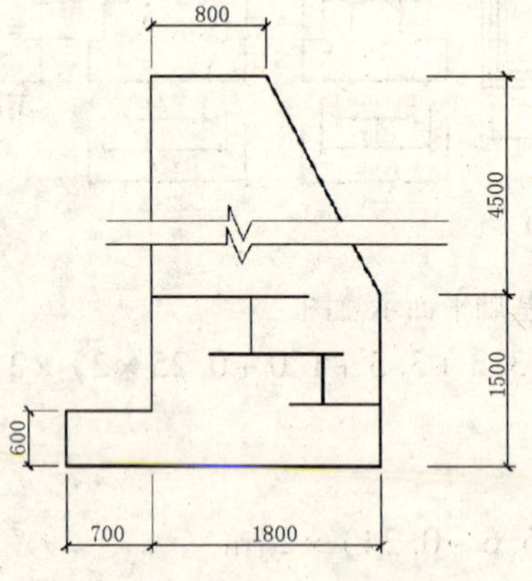

图 3-92 毛石挡土墙示意图

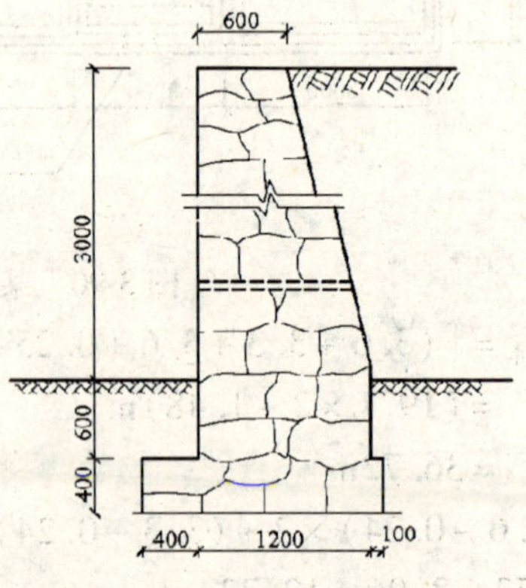

图 3-93 毛石挡土墙示意图

【解】 基础、墙身及内墙面勾缝应分别计算工程量。

基础工程量 $=[(1.7\times0.4+1.2\times0.6)\times100]\text{m}^3=140\text{m}^3$

墙身工程量 $=[\dfrac{1.2+0.6}{2}\times3\times100]\text{m}^3=270\text{m}^3$

勾缝工程量 $=[(3+0.6)\times100]\text{m}^2=360\text{m}^2$

【例 3-96】 毛石护坡工程量计算。如图 3-94(护坡)、图 3-95(锥形护坡)所示。

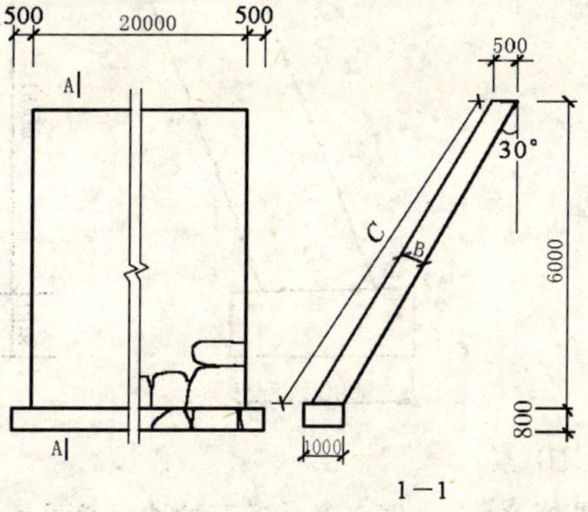

图 3-94　护坡示意图

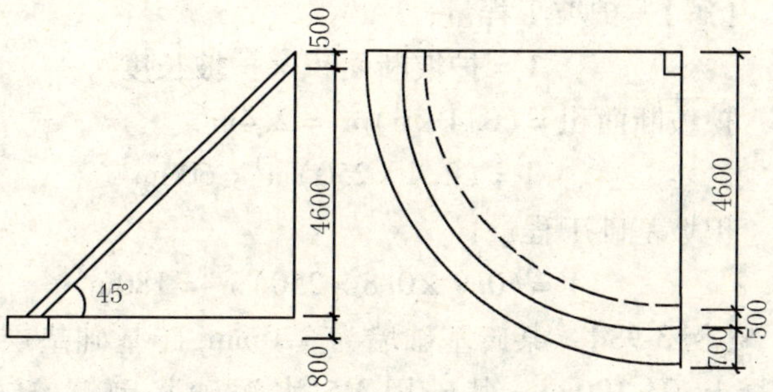

图 3-95　锥形护坡示意图

【解】 护坡工程量为:

$$V=\text{护坡断面积}\times\text{护坡长度}$$

护坡断面积 $=BC$

$B=0.5\times\cos30°=(0.5\times\frac{\sqrt{3}}{2})\text{m}=0.433\text{m}$

$C=6\times\frac{1}{\cos30°}=(6\times\frac{2}{\sqrt{3}})\text{m}=6.928\text{m}$

护坡工程量:

$$V=(0.433\times6.928\times20)\text{m}^3=60\text{m}^3$$

护坡基础工程量:

$$V=[0.8\times1\times(20+0.5\times2)]\text{m}^3=16.8\text{m}^3$$

锥形护坡工程量的计算:

锥形护坡工程量 = 外锥体积 − 内锥体积

外锥体积 $=\text{底面积}\times\text{高}\times\frac{1}{3}\times\frac{1}{4}$

$=[(4.6+0.5)^2\times3.14\times5.1\times\frac{1}{3}\times\frac{1}{4}]\text{m}^3$

$=34.71\text{m}^3$

内锥体积 $=(4.6^2\times3.14\times4.6\times\frac{1}{3}\times\frac{1}{4})\text{m}^3$

$=25.47\text{m}^3$

锥形护坡工程量

$$(34.71-25.47)\text{m}^3=9.24\text{m}^3$$

护坡基础工程量

$$[(0.5+0.7)\times0.8\times(4.6+\frac{0.5+0.7}{2})\times2\times3.14\times\frac{1}{4}]m^3$$

$=7.84m^3$

【例3-97】 如图3-96所示，已知某工程需用25#混合砂浆砌筑毛石护坡250m，求毛石护坡工程量。

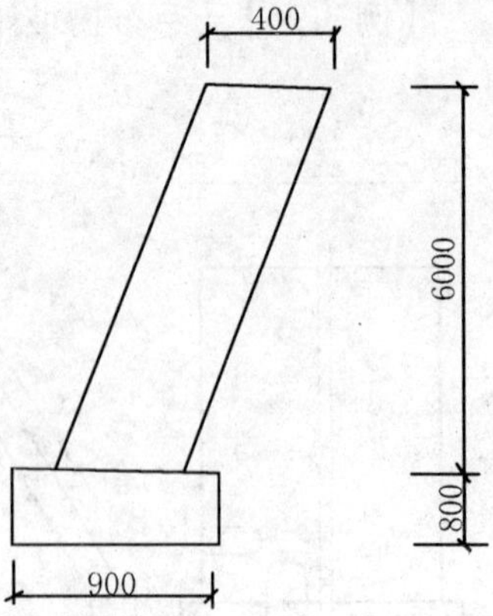

图3-96 毛石护坡示意图

【解】 护坡工程量：

V=护坡断面积×护坡长度

护坡断面积 $=(0.4\times6)m^2=2.4m^2$

$V=(2.4\times250)m^3=600m^3$

护坡基础工程量：

$V=(0.9\times0.8\times250)m^3=180m^3$

【例3-98】 某砖基础墙为370mm，砖基础垫层为C10素混凝土，厚100mm；基础用M5水泥砂浆砌筑，砖的规格为240mm×115mm×53mm，MU10，基础高度2.1m，采用5层等高，防潮层为1∶3防水砂浆。垫层宽为1.2m，基础全长为20m。

【解】 (1)业主根据基础施工图计算(0.647m为折加高度，查计算规则相关表得)

砖基础体积为：$V=\{[0.365\times(2.1+0.647)+1.2\times0.1]\times20\}m^3=22.45m^3$

分部分项工程量清单见表3-18。

表3-18 分部分项工程量清单

序号	项目编码	项目名称	计量单位	工程数量
1	010301001001	砖基础 垫层材料：C10素混凝土 厚度：100mm 砖材料：红机砖 规格：240mm×115mm×53mm 强度等级：MU10 基础类型：条形砖基础 基础深度：2.2m	m^3	22.45

(2)投标人计算

1)基础垫层，C10素混凝土，100mm厚，$V_1=1.2\times0.1\times20m^3=2.4m^3$

人工费：24.02元/$m^3\times2.4m^3$ =57.648元

材料费：157.96元/$m^3\times2.4m^3$ =379.104元

机械费：13.47元/$m^3\times2.4m^3$ =32.328元

2)砖基础：$V_2=0.365\times(2.1+0.647)\times20m^3=20.05m^3$

人工费：34.51元/$m^3\times20.05m^3$ =691.926元

材料费：126.57元/$m^3\times20.05m^3$ =2537.729元

机械费：4.05元/$m^3\times20.05m^3$ =81.203元

3)1∶2.5水泥砂浆防潮层：$S=0.365\times20m^2=7.3m^2$

人工费：2.52元/$m^2\times7.3m^2$ =18.396元

材料费：6.34元/$m^2\times7.3m^2$ =46.282元

材料费：0.27元/$m^2\times7.3m^2$ =1.971元

4)综合：

直接费合计:3846.587 元

管理费:3846.587 元 × 34% = 1307.840 元

利润:3846.587 元 × 8% = 307.727 元

总计:3846.587 元 + 1307.840 元 + 307.727 元 = 5462.154 元

综合单价:5462.154 元 ÷ 22.45m^3 = 243.303 元/m^3

分部分项工程量清单计价表及分部分项工程量清单综合单价计算见表 3-19、表 3-20。

表 3-19 分部分项工程量清单计价表

工程名称:某工程　　　　第　页　共　页

序号	项目编码	项目名称	计量单位	工程数量	金额/元	
					综合单价	合价
1	010301001001	砖基础 垫层材料:C10 素混凝土 厚度:100mm 砖材料:红机砖 规格:240 × 115 × 53 强度等级:MU10 基础类型:条形砖基础 基础深度:2.2m	m^3	22.45	243.303	5462.154

表 3-20 分部分项工程量清单综合单价计算表

工程名称:某工程　　　　计量单位:m^3

项目编码:010301001001　　　　工程数量:22.45

项目名称:砖基础　　　　综合单价:243.303

序号	定额编号	工程内容	单位	数量	其中/元					
					人工费	材料费	机械费	管理费	利润	小计
1	5-1	基础垫层,C10 素混凝土	m^3	2.4	57.648	379.104	32.328			
	4-1	砖基础	m^3	20.05	691.926	2537.729	81.203			
	13-5	1:2.5 水泥砂浆防潮层	m^2	7.2	18.396	46.282	1.971			
		总计			767.97	2963.115	115.502	1307.840	307.727	5462.154

第4章　混凝土及钢筋混凝土工程工程量清单设置与计价举例

【例4-1】 某工厂现浇框架设备基础，柱基础工程量为6.24m^3，带形墙基础4.16m^3；基础柱截面为450mm×450mm，工程量为12.75m^3；基础墙厚300mm，工程量为10.85m^3；基础梁截面为350mm×700mm，工程量为17.01m^3；基础板厚300mm，工程量为40.53m^3。混凝土均为C35，螺栓孔灌浆细石混凝土强度为C35，ϕ10以内钢筋工程量为2.829t；ϕ10以外钢筋工程量为4.362t。

【解】 (1)业主根据现浇框架设备基础施工图计算

1)柱基础为块体，工程量为6.24m^3；

墙基础为带形基础，工程量为4.16m^3；

基础柱截面为450mm×450mm，工程量为12.75m^3；

基础墙厚度300mm，工程量为10.85m^3；

基础梁截面为350mm×700mm，工程量为17.01m^3。

基础板厚度为300mm，工程量为40.53m^3。

2)混凝土工程量合计：91.54m^3。

3)螺栓孔灌浆：细石混凝土C35。

4)钢筋：ϕ10以内，工程量2.829t，ϕ10以外，工程量4.362t。

分部分项工程量清单工程量见表4-1。

表4-1　分部分项工程量清单

工程名称：某工程　　　　　　　　　　　　　　　　第　页　共　页

序号	项目编码	项目名称	计量单位	工程数量
1	010401004001	设备基础 块体柱基础：6.24m^3 带形墙基础：4.16m^3 基础柱：截面450mm×450mm 基础墙：厚度300mm 基础梁：截面350mm×700mm 基础板：厚度300mm 混凝土强度：C35 螺栓孔灌浆细石混凝土强度C35	m^3	91.54
2	010416001001	现浇钢筋 ϕ10以内：2.829t ϕ10以外：4.362t	t	7.191

(2)投标人报价计算

1)柱基础:

①人工费:22.5 元/m^3 ×6.24m^3 =140.4 元

②材料费:237.05 元/m^3 ×6.24m^3 =1479.19 元

③机械费:14.00 元/m^3 ×6.24m^3 =87.36 元

④合计:1706.95 元

2)带形墙基:

①人工费:21.18 元/m^3 ×4.16m^3 =88.11 元

②材料费:237.35 元/m^3 ×4.16m^3 =987.38 元

③机械费:14.00 元/m^3 ×4.16m^3 =58.24 元

④合计:1133.73 元

3)基础墙:

①人工费:25.65 元/m^3 ×10.85m^3 =278.30 元

②材料费:237.05 元/m^3 ×10.85m^3 =2571.99 元

③机械费:22 元/m^3 ×10.85m^3 =238.70 元

④合计:3088.99 元

4)基础柱:

①人工费:36.10 元/m^3 ×12.75m^3 =460.28 元

②材料费:237.15 元/m^3 ×12.75m^3 =3023.66 元

③机械费:21.90 元/m^3 ×12.75m^3 =279.23 元

④合计:3763.17 元

5)基础梁:

①人工费:30.10 元/m^3 ×17.01m^3 =512.00 元

②材料费:237.75 元/m^3 ×17.01m^3 =4044.13 元

③机械费:21.90 元/m^3 ×17.01m^3 =372.52 元

④合计:4928.65 元

6)基础板:

①人工费:26.83 元/m^3 ×40.53m^3 =1087.42 元

②材料费:239.13 元/m^3 ×40.53m^3 =9691.94 元

③机械费:22 元/m^3 ×40.53m^3 =891.66 元

④合计:11671.02 元

7)锚栓孔灌浆:

①人工费:5.54 元/个 ×28 个 =155.12 元

②材料费:13.86 元/个 ×28 个 =388.08 元

③机械费:0.16 元/个 ×28 个 =4.48 元

④合计:547.68 元

8)基础综合:

①直接费合计:26840.19 元

②管理费:直接费 ×34% =9125.66 元

③利润:直接费×8% =2147.22 元

④总计:38113.07 元

⑤综合单价:38113.07 元÷91.54m^3 =416.35 元

9)钢筋:

①钢筋 ϕ10 以内:人工费:132.3 元/t×2.829t =374.28 元

材料费:2475.4 元/t×2.829t =7002.91 元

机械费:4 元/t×2.829t =11.32 元

合计:7388.51 元

②钢筋 ϕ10 以外:人工费:141.62 元/t×4.362t =617.75 元

材料费:2475.4 元/t×4.362t =10797.69 元

机械费:4 元/t×4.362t =17.45 元

合计:11432.89 元

10)钢筋综合:

①直接费合计:18821.4 元

②管理费:直接费×34% =6399.28 元

③利润:直接费×8% =1505.71 元

④总计:26726.39 元

⑤综合单价:26726.39 元÷7.191t =3716.64 元/t

11)模板(计算略,计算后列入工程量清单措施项目)。

分部分项工程量清单、综合单价及综合单价计算见表 4-2 ~ 表 4-4。

表 4-2 分部分项工程量清单计价表

工程名称:某工程　　　　第 页 共 页

序号	项目编号	项目名称	计量单位	工程数量	金额/元	
					综合单价	合价
		A.4 混凝土及钢筋混凝土工程 设备基础 块体柱基础:6.24m^3 带形墙基础:4.16m^3 基础柱:截面 450mm×450mm 基础墙:厚度 300mm 基础梁:截面 350mm×700mm 基础板:厚度 300mm 混凝土强度:C35 螺栓孔灌浆细石混凝土强度 C35				
	010401004001		m^3	91.54	416.35	38113.07
	010416001001	现浇钢筋 ϕ10 以内:2.829t ϕ10 以外:4.362t	t	7.191	3716.64	26726.39
		本页小计				
		合计				

表 4-3　分部分项工程量清单综合单价计算表

工程名称：某工厂　　　　　　　　　　　　　　　　　　　　　　　　计量单位：m^3

项目编码：010401004001　　　　　　　　　　　　　　　　　　　　　工程数量：91.54

项目名称：现浇设备基础（框架）　　　　　　　　　　　　　　　　　综合单价：416.35 元

序号	定额编号	工程内容	单位	数量	其中/元					
					人工费	材料费	机械费	管理费	利润	小计
	5-396	块体柱基础：混凝土强度 C35	m^3	0.068	1.53	16.16	0.95	6.34	1.49	26.47
	5-394	带形墙基础：混凝土强度 C35	m^3	0.045	0.96	10.79	0.64	4.21	0.99	17.59
	5-401	基础柱：截面 450×450、混凝土强度 C35	m^3	0.139	5.03	33.03	3.05	13.98	3.29	58.38
	5-412	基础墙：厚度 300mm、混凝土强度 C35	m^3	0.119	3.04	28.10	2.61	11.47	2.70	47.92
	5-406	基础梁：截面 350×700、混凝土强度 C35	m^3	0.186	5.59	44.18	4.07	18.31	4.31	76.46
	5-419	基础板：厚度 300、混凝土强度 C35	m^2	0.443	11.88	105.88	9.74	43.35	10.20	181.05
		螺栓孔灌浆细石混凝土强度 C35	个	0.306	1.69	4.24	0.05	2.03	0.48	8.49
		合计			29.72	242.38	21.11	99.69	23.46	416.35

表 4-4　分部分项工程量清单综合单价计算表

工程名称：某工厂　　　　　　　　　　　　　　　　　　　　　　　　计量单位：t

项目编码：010416001001　　　　　　　　　　　　　　　　　　　　　工程数量：7.191

项目名称：现浇设备基础（框架）钢筋　　　　　　　　　　　　　　　综合单价：3716.64 元

序号	定额编号	工程内容	单位	数量	其中/元					
					人工费	材料费	机械费	管理费	利润	小计
	借北 8-1	现浇混凝土钢筋 ϕ10 以内	t	1.000	52.05	973.84	1.57	349.34	82.20	1459.00
	借北 8-2	现浇混凝土钢筋 ϕ10 以外	t	1.000	85.91	1501.56	2.43	540.56	127.19	2257.65
		合计			137.96	2475.40	4.00	889.90	209.39	3716.64

注：借北即借用北京市定额（下同）。

【例 4-2】　某工程需用 50 根预制钢筋混凝土矩形梁，其尺寸为 300mm × 400mm × 4000mm，混凝土为 C35，砂浆为 M7.5，矩形梁运距 15km。

【解】　(1)业主根据施工图计算

预制钢筋混凝土矩形梁的工程量为 $V = 0.3m \times 0.4m \times 4m \times 50 = 24m^3$

钢筋 ϕ10 以内工程量：$(5.03kg + 6.35kg) \times 50 = 569kg$

　　ϕ10 以外工程量：$14.97kg \times 50 = 749kg$

分部分项工程量清单见表 4-5。

表 4-5　分部分项工程量清单

工程名称：某工程　　　　　　　　　　　　　　　　　　　　　　　　第　页　共　页

序号	项目编码	项目名称	计量单位	工程数量
1	010410001001	预制混凝土梁 单根矩形梁体积：0.48m^3 安装高度：2.0m 混凝土强度等级：C35 砂浆强度等级：M7.5 矩形梁运距 15km	m^3	24
2	010416002001	预制构件钢筋 ϕ10 以内	t	0.569
3	010416002002	预制构件钢筋 ϕ10 以外	t	0.749

(2)投标人根据施工图及施工方案计算

1)预制混凝土梁：

①预制钢筋混凝土过梁制作、安装：

人工费：52.52 元/m^3 ×24m^3 =1260.48 元

材料费：775.06 元/m^3 ×24m^3 =18601.44 元

机械费：无

②预制钢筋混凝土矩形梁运输，5km 以内。

人工费：2.88 元/m^3 ×24m^3 =69.12 元

材料费：1.15 元/m^3 ×24m^3 =27.6 元

机械费：38.76 元/m^3 ×24m^3 =930.24 元

③预制钢筋混凝土矩形梁运输，增 10km：

人工费：0.74 元/m^3 ×24m^3 =17.76 元

材料费：0.11 元/m^3 ×24m^3 =2.64 元

机械费：8.07 元/m^3 ×24m^3 =193.68 元

④综合：

直接费合计：21102.96 元

管理费：21102.96 元×34% =7175.006 元

利润：21102.96 元×8% =1688.237 元

总计：(21102.96 +7175.006 +1688.237)元 =29966.203 元

综合单价：29966.203 元 ÷24m^3 =1248.592 元/m^3

2)预制构件钢筋 ϕ10 以内：

①预制构件钢筋 ϕ10 以内：1.03t/t ×0.569t =0.586t

人工费：183.97 元/t ×0.586t =107.806 元

材料费：2644.59 元/t ×0.586t =1549.730 元

机械费：3.73 元/t ×0.586t =2.186 元

②综合：

直接费合计：1659.722 元

管理费：1659.722 元 ×34% =564.305 元

利润：1659.722 元 ×8% =132.778 元

总计：(1659.722 +564.305 +132.778)元 =2356.805 元

综合单价：2356.805 元 ÷0.569t =4142.012 元/t

3)预制构件钢筋 ϕ10 以外：

①预制构件钢筋 ϕ10 以外：1.03t/t ×0.749t =0.771t

人工费：171.52 元/t ×0.771t =132.242 元

材料费：2680.43 元/t ×0.771t =2066.612 元

机械费：3.76 元/t ×0.771t =2.899 元

②综合：

直接费合计：2201.753 元

管理费：2201.753 元 ×34% =748.596 元

利润:2201.753 元×8% =176.140 元

总计:(2201.753 +748.596 +176.140)元 =3126.489 元

综合单价:3126.489 元÷0.749t =4174.218 元/t

分部分项工程量清单计价、综合单价及综合单价计算见表 4-6 ~ 表 4-9。

表 4-6 分部分项工程量清单计价表

序号	项目编码	项目名称	计量单位	工程数量	金额/元	
					综合单价	合价
1	010410001001	预制混凝土梁 单根矩形梁体积:0.48m^3 安装高度:2.0m 混凝土强度等级:C35 砂浆强度等级:M7.5 矩形梁运距 15km	m^3	24	1248.592	29966.203
2	010416002001	预制构件钢筋 ϕ10 以内	t	0.569	4142.012	2356.805
3	010416002002	预制构件钢筋 ϕ10 以外	t	0.749	4174.218	3126.489
		合计				35449.497

表 4-7 分部分项工程量清单综合单价计算表

工程名称:某工程　　计量单位:m^3

项目编码:010401001001　　工程数量:24

项目名称:预制混凝土梁　　综合单价:1248.592 元

序号	定额编号	工程内容	单位	数量	其中/元					
					人工费	材料费	机械费	管理费	利润	小计
	11-34	预制钢筋混凝土过梁制作、安装	m^3	24	1260.48	18601.44	—			
	9-1	预制钢筋混凝土过梁运输,5km 以内	m^3	24	69.12	27.6	930.24			
	9-2	预制钢筋混凝土过梁运输,增 10km	m^3	24	17.76	2.64	193.68			
		总计			1347.36	18631.68	1123.92	7175.006	1688.237	29966.203

表 4-8 分部分项工程量清单综合单价计算表

工程名称:某工程　　计量单位:t

项目编码:010416002001　　工程数量:0.569

项目名称:预制构件钢筋　　综合单价:4142.012 元

序号	定额编号	工程内容	单位	数量	其中/元					
					人工费	材料费	机械费	管理费	利润	小计
1	8-1	预制构件钢筋 ϕ10 以内	t	0.586	107.806	1549.730	2.186			
		总计			107.806	1549.730	2.186	564.305	132.778	2356.805

表 4-9　分部分项工程量清单综合单价计算表

工程名称:某工程　　　　计量单位:t

项目编码:010416002002　　　　工程数量:0.749

项目名称:预制构件钢筋　　　　综合单价:4174.218 元

序号	定额编号	工程内容	单位	数量	其中/元					
					人工费	材料费	机械费	管理费	利润	小计
1	8-2	预制构件钢筋 ϕ10 以外	t	0.771	132.242	2066.612	2.899			
		总计			132.242	2066.612	2.899	748.596	176.140	3126.489

第5章 厂库房大门、特种门、木结构工程工程量清单设置与计价举例

【例5-1】 某工程有一个钢木大门。两个冷藏库门。钢木大门为推拉式，二面板，尺寸为3m×3.6m，刷一遍底油，两遍调合漆；冷藏库门保温层厚150mm，尺寸为2m×1m。

【解】 (1)业主根据施工图计算

钢木大门工程量为：$3m \times 3.6m = 10.8m^2$

冷藏库门工程量为：$2m \times 1.0m \times 2 = 4m^2$

分部分项工程量清单见表5-1。

表5-1 分部分项工程量清单

工程名称：某工程　　　　第　页　共　页

序号	项目编码	项目名称	计量单位	工程数量
1	010501002001	钢木大门 开启方式：推拉式 有框 两扇门 刷一遍底油，两遍调和漆	m^2	10.8
2	010501004001	特种门 冷藏库门 开启方式：推拉式 一扇门 保温层厚150mm	m^2	4

(2)投标人根据施工图及施工方案计算(北京市建设工程预算定额第二册装饰工程)

1)钢木大门

①钢木大门制作安装：

人工费：22.22元/m^2 ×10.8m^2 =239.976元

材料费：352.27元/m^2 ×10.8m^2 =3804.516元

机械费：11.45元/m^2 ×10.8m^2 =123.66元

②钢木大门底油一遍，调合漆二遍：

人工费：6.14元/m^2 ×10.8m^2 =66.312元

材料费：6.53元/m^2 ×10.8m^2 =70.524元

机械费：0.39元/m^2 ×10.8m^2 =4.212元

③综合：

直接费合计：4309.2元

管理费：4309.2元×34% =1465.128元

利润：4309.2元×8% =344.736元

总计：(4309.2+1465.128+344.736)元=6119.064元

综合单价：6119.064元÷10.8m^2 =566.58元/m^2

2)特种门(冷藏库门)

①冷藏库门制作安装:

人工费:73.22 元/m^2 ×4m^2 =292.88 元

材料费:583.02 元/m^2 ×4m^2 =2332.08 元

机械费:20.07 元/m^2 ×4m^2 =80.28 元

②综合:

直接费合计:2705.24 元

管理费:2705.24 元×34% =919.782 元

利润:2705.24 元×8% =216.419 元

总计:(2705.24 +919.782 +216.419)元 =3841.441 元

综合单价:3841.441 元 ÷4m^2 =960.36 元/m^2

分部分项工程量清单计价及综合单价计算见表 5-2 ~表 5-4。

表 5-2　分部分项工程量清单计价表

工程名称:某工程　　　　第　页　共　页

序号	项目编码	项目名称	计量单位	工程数量	金额/元	
					综合单价	合价
1	010501002001	钢木大门 开启方式:推拉式 有框 两扇门 刷一遍底油、两遍调和漆	m^2	10.8	566.58	6119.064
2	010501004001	特种门(冷藏库门) 开启方式:推拉式 一扇门 保温层厚 150mm	m^2	4	960.36	3841.441
		总计				9960.505

表 5-3　分部分项工程量清单综合单价计算表

工程名称:某工程　　　　计量单位:m^2

项目编码:010501002001　　　　工程数量:10.8

项目名称:钢木大门　　　　综合单价:566.58 元

序号	定额编号	工程内容	单位	数量	其中/元					
					人工费	材料费	机械费	管理费	利润	小计
	6-7	钢木门制作安装	m^2	10.8	239.976	3804.516	123.66			
	11-4	钢木大门刷底油一遍,调和漆二遍	m^2	10.8	66.312	70.524	4.212			
		合计			306.288	3875.04	127.872	1465.128	344.736	6119.064

表 5-4　分部分项工程量清单综合单价计算表

工程名称:某工程　　　　计量单位:m^2

项目编码:010501004001　　　　工程数量:4

项目名称:特种门(冷藏库门)　　　　综合单价:960.36 元

序号	定额编号	工程内容	单位	数量	其中/元					
					人工费	材料费	机械费	管理费	利润	小计
	6-82	冷藏库门制作安装	m^2	4	292.88	2332.08	80.28			
					292.88	2332.08	80.28	919.782	216.419	3841.441

【例 5-2】 某跃层住宅室内木楼梯,共 21 套,楼梯斜梁截面:80mm × 150mm,踏步板 900mm × 300mm × 25mm,踢脚板 900mm × 150mm × 20mm,楼梯栏杆 $\phi50$,硬木扶手为圆形 $\phi60$,除扶手材质为桦木外,其余材质为杉木。

业主根据木楼梯施工图计算

(1)木楼梯斜梁体积为 0.256m^3。

(2)楼梯面积为 6.21m^2(水平投影面积)。

(3)楼梯栏杆为 8.67m(垂直投影面积为 7.31m^2)。

(4)硬木扶手 8.89m。

(5)其他项目如油漆工程工程量均在相应项目后注明。

分部分项工程量清单见表 5-5。

表 5-5 分部分项工程量清单

工程名称:某跃层住宅　　　　第　页 共　页

序号	项目编码	项目名称	计量单位	工程数量
1	010503003001	木楼梯 木材种类:杉木 刨光要求:露面部分刨光 踏步板:900mm × 300mm × 25mm 踢脚板:900mm × 150mm × 20mm 斜梁截面:80mm × 150mm 刷防火漆两遍 刷地板清漆两遍	m^2	130.41
2	020107002001	木栏杆(硬木扶手) 木材种类:栏杆杉木 扶手桦木 刨光要求:刨光 栏杆截面:$\phi50$ 扶手截面:$\phi60$ 刷防火漆两遍 栏杆刷聚氨酯清漆两遍 扶手刷聚氨酯清漆两遍	m	182.07

【解】 投标人投标报价计算:

(1)木斜梁制作、安装

1)人工费:75.08 元/m^3 × 0.256m^3 = 19.22 元

2)材料费:1068.73 元/m^3 × 0.256m^3 = 273.59 元

3)合计:292.81 元

(2)楼梯制作、安装

1)人工费:51.56 元/m^2 × 6.21m^2 = 320.19 元

2)材料费:184.6 元/m^2 × 6.21m^2 = 1146.37 元

3)合计:1466.56 元

(3)楼梯刷防火漆两遍(22m^2)

1）人工费：1.33 元/m^2 ×22m^2 =29.26 元
2）材料费：3.03 元/m^2 ×22m^2 =66.66 元
3）机械费：0.13 元/m^2 ×22m^2 =2.86 元
4）合计：98.78 元
（4）楼梯刷地板清漆三遍
1）人工费：9.83 元/m^2 ×6.21m^2 =61.04 元
2）材料费：5.72 元/m^2 ×6.21m^2 =35.52 元
3）机械费：0.48 元/m^2 ×6.21m^2 =2.98 元
4）合计：99.54 元
（5）楼梯综合
1）直接费合计：1957.69 元
2）管理费：直接费×34% =665.61 元
3）利润：直接费×8% =156.62 元
4）总计：2779.92 元
5）综合单价：447.65 元
（6）栏杆制作、安装
1）人工费：14.89 元/m^2 ×7.31m^2 =108.85 元
2）材料费：50.46 元/m^2 ×7.31m^2 =368.86 元
3）材料费：2 元/m^2 ×7.31m^2 =14.62 元
4）合计：492.33 元
（7）栏杆防火漆两遍（1.56m^2）
1）人工费：1.33 元/m^2 ×1.56m^2 =2.07 元
2）材料费：3.03 元/m^2 ×1.56m^2 =4.73 元
3）机械费：0.13 元/m^2 ×1.56m^2 =0.20 元
4）合计：7.00 元
（8）栏杆刷聚氨酯清漆两遍
1）人工费：11.86 元/m^2 ×7.31m^2 =86.70 元
2）材料费：11.08 元/m^2 ×7.31m^2 =80.99 元
3）机械费：0.7 元/m^2 ×7.31m^2 =5.12 元
4）合计：172.81 元
（9）栏杆扶手制作、安装
1）人工费：7.04 元/m^2 ×8.89m^2 =62.59 元
2）材料费：129.83 元/m^2 ×8.89m^2 =1154.19 元
3）机械费：4.18 元/m^2 ×8.89m^2 =37.16 元
4）合计：1253.94 元
（10）扶手刷防火漆两遍（1.76m^2）
1）人工费：1.33 元/m^2 ×1.76m^2 =2.34 元
2）材料费：3.03 元/m^2 ×1.76m^2 =5.33 元
3）机械费：0.13 元/m^2 ×1.76m^2 =0.23 元

4）合计：7.90 元

（11）扶手刷清漆三遍（8.87m^2）

1）人工费：5.63 元/m^2 ×8.87m^2 =49.94 元

2）材料费：2.21 元/m^2 ×8.87m^2 =19.60 元

3）机械费：0.24 元/m^2 ×8.87m^2 =2.13 元

4）合计：71.67 元

（12）栏杆、扶手综合

1）直接费合计：2005.65 元

2）管理费：直接费 ×34% =681.92 元

3）利润：直接费 ×8% =160.45 元

4）总计：2848.02 元

5）综合单价：328.49 元

分部分项工程量清单计价及综合单价计算见表 5-6 ~ 表 5-8。

表 5-6 分部分项工程量清单计价表

工程名称：某跃层住宅　　　　第　页　共　页

序号	项目编码	项目名称	计量单位	工程数量	金额/元	
					综合单价	合价
	010503003001	A.5 厂库房大门、特种门、木结构工程 木楼梯 木材种类：杉木 刨光要求：露面部分刨光 踏步板 900mm×300mm×25mm 踢脚板 900mm×150mm×20mm 斜梁截面 80mm×150mm 刷防火漆两遍 刷地板清漆两遍	m^2	130.41	447.65	58378.04
	020107002001	木栏杆（硬木扶手） 木材种类：栏杆杉木 扶手桦木 刨光要求：刨光 栏杆截面 ϕ50 扶手截面 ϕ60 刷防火漆两遍 栏杆刷聚氨酯清漆两遍 扶手刷聚氨酯清漆两遍	m	182.07	328.49	59808.17
		本页小计				
		合计				

表 5-7　分部分项工程量清单综合单价计算表

工程名称:某跃层住宅　　　　计量单位:m²

项目编码:010503003001　　　　工程数量:130.41

项目名称:木楼梯　　　　综合单价:447.64 元

序号	定额编号	工程内容	单位	数量	其中/元					
					人工费	材料费	机械费	管理费	利润	小计
	借北 10-18(土)	木斜梁制作、安装	m^3	0.041	3.10	44.06		16.03	3.77	66.96
	借北 10-19(土)	木楼梯制作、安装	m^2	1.000	51.56	184.60		80.29	18.89	335.34
	11-230(装)①	刷防火漆两遍	m^2	3.543	4.71	10.73	0.46	5.41	1.27	22.58
	11-251、11-253	刷聚氨酯清漆三遍	m^2	1.000	9.83	5.72	0.48	5.45	1.28	22.76
		合计			69.20	245.11	0.94	107.18	25.21	447.64

注:①定额编号(装)系参考《全国统一装饰工程消耗量定额》(下同)。

表 5-8　分部分项工程量清单综合单价计算表

工程名称:某跃层住宅　　　　计量单位:m

项目编码:020107002001　　　　工程数量:182.07

项目名称:木栏杆、扶手　　　　综合单价:328.49 元

序号	定额编号	工程内容	单位	数量	其中/元					
					人工费	材料费	机械费	管理费	利润	小计
	借北 7-21(装)	木栏杆制作、安装	m	0.843	12.55	42.54	1.69	19.31	4.54	80.63
	11-230	栏杆刷防火漆两遍	m^2	0.180	0.24	0.55	0.02	0.28	0.06	1.15
	11-201	栏杆刷聚氨酯清漆两遍	m^2	0.843	10.00	9.34	0.59	6.78	1.59	28.30
	借北 7-53(装)	硬木扶手制作、安装	m	1.025	7.22	133.12	4.29	49.17	11.57	205.37
	11-230	硬木扶手刷防火漆两遍	m^2	0.203	0.27	0.61	0.03	0.31	0.07	1.29
	11-152、11-174	扶手刷聚氨酯清漆三遍	m^2	1.023	5.76	2.26	0.25	2.81	0.66	11.75
		合计			36.04	188.42	6.87	78.66	18.49	328.49

第 6 章　金属结构工程工程量清单设置与计价举例

【例 6-1】　某工程钢屋架如图 6-1 所示，选用钢号为 C3F，钢屋架刷一遍防锈漆，三遍防火漆。

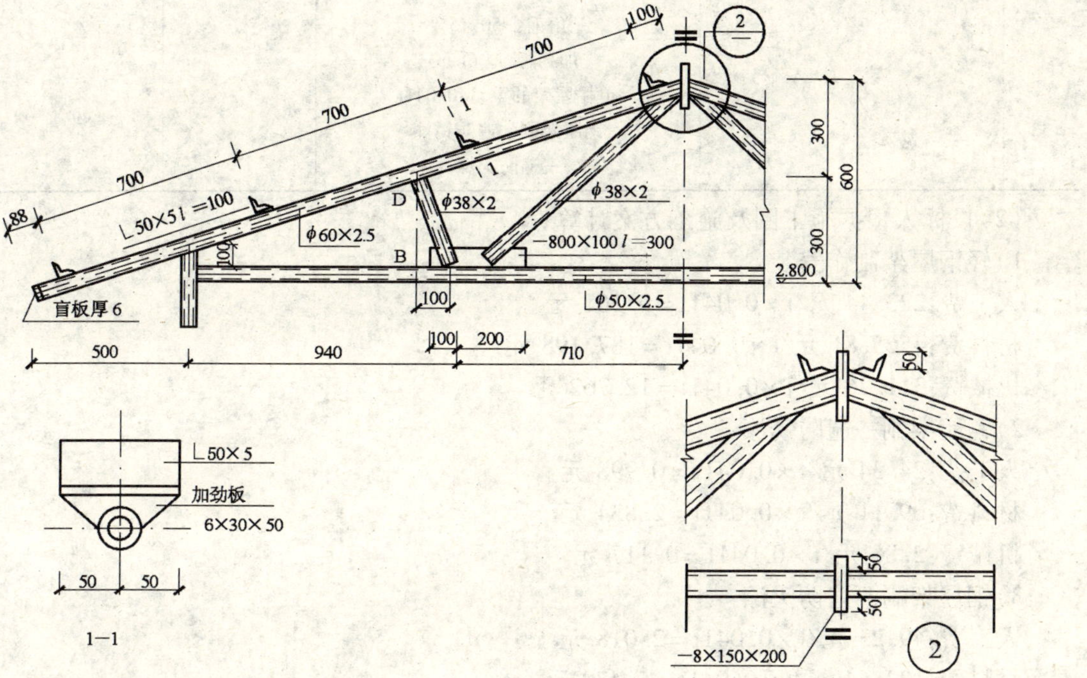

图 6-1　某工程钢屋架构造及部分详图

【解】　(1)业主根据施工图计算

上弦杆($\phi60\times2.5$ 钢管)$=(0.088+0.7\times3+0.1)\text{m}\times2\times3.54\text{kg/m}=16.2\text{kg}$

下弦杆($\phi50\times2.5$ 钢管)$=(0.1+0.94+0.71)\text{m}\times2\times2.93\text{kg/m}=10.3\text{kg}$

斜杆($\phi38\times2$ 钢管)$=(\sqrt{0.6^2+0.71^2}+\sqrt{0.2^2+0.3^2})\text{m}\times2\times1.78\text{kg/m}=4.6\text{kg}$

连接板(厚 8mm)$=(0.1\times0.3\times2+0.15\times0.2)\text{m}^2\times62\text{kg/m}^2=5.6\text{kg}$

盲板(厚 6mm)$=(0.06^2\times\pi/4)\text{m}^2\times2\times47.1\text{kg/m}^2=0.3\text{kg}$

角钢(∟50×5)$=0.1\text{m}\times8\times3.7\text{kg/m}=3\text{kg}$

加劲板(厚 6mm)$=(0.03\times0.05\times1/2)\text{m}^2\times2\times8\times47.1\text{kg/m}^2=0.6\text{kg}$

工程量合计:$40.6\text{kg}\approx0.041\text{t}$

分部分项工程量清单见表 6-1。

表 6-1　分部分项工程量清单

工程名称:某工程　　　　　　　　　　　　　　　　　　　　　　　　　　　　第　页　共　页

序号	项目编码	项目名称	计量单位	工程数量
1	010601001001	钢屋架 钢材品种、规格为: 上弦杆:$\phi 60 \times 2.5$ 钢管 下弦杆:$\phi 50 \times 2.5$ 钢管 斜杆:$\phi 38 \times 2$ 钢管 连接板:厚 8mm 盲板:厚 6mm; 角钢:∟50×5 加劲板:厚 6mm 单榀屋架的重量:0.041t 钢屋架刷一遍防锈漆 三遍防火漆	t	0.041

(2)投标人根据施工图及施工方案计算

1)轻钢屋架制作安装

人工费:223.44 元/t×0.041t=9.161 元

材料费:4565.81 元/t×0.041t=187.198 元

机械费:311.26 元/t×0.041t=12.762 元

2)钢屋架刷一遍防锈漆

人工费:24.34 元/t×0.041t=0.998 元

材料费:69.11 元/t×0.041t=2.834 元

机械费:2.86 元/t×0.041t=0.117 元

3)钢屋架刷两遍防火漆

人工费:49.23 元/t×0.041t=2.018 元

材料费:133.64 元/t×0.041t=5.479 元

机械费:5.59 元/t×0.041t=0.229 元

4)钢屋架刷防火漆,增一遍

人工费:25.48 元/t×0.041t=1.045 元

材料费:67.71 元/t×0.041t=2.776 元

机械费:2.85 元/t×0.041t=0.117 元

5)钢屋架运输,运距 5km 以内

人工费:5.19 元/t×0.041t=0.213 元

材料费:6.50 元/t×0.041t=0.267 元

机械费:48.78 元/t×0.041t=2.00 元

6)钢屋架运输,增加 17km

人工费:1.07 元/t×0.041t×4=0.175 元

材料费:0.08 元/t×0.041t×4=0.013 元

机械费:5.80 元/t×0.041t×4=0.951 元

7)综合

直接费合计:228.353 元

管理费:228.353 元×34% =77.64 元

利润:228.353 元×8% =18.268 元

总计:(228.353 +77.64 +18.268)元 =324.261 元

综合单价:324.261 元÷0.041t =7908.805 元/t

分部分项工程量清单计价及综合单价计算见表 6-2、表 6-3。

表 6-2 分部分项工程量清单计价表

工程名称:某工程　　　　第　页　共　页

序号	项目编码	项目名称	计量单位	工程数量	金额/元	
					综合单价	合价
1	010301001001	钢屋架 钢材品种,规格为: 上弦杆:ϕ60×2.5 钢管 下弦杆:ϕ50×2.5 钢管 斜杆:ϕ38×2 钢管 连接板:厚 8mm 盲板:厚 6mm 角钢:∟50×5 加劲板:厚 6mm 单榀屋架的重量:0.041t 钢屋架刷一遍防锈漆 三遍防火漆	t	0.041	7908.805	324.261

表 6-3 分部分项工程量清单综合单价计算表

工程名称:某工程　　　　计量单位:t

项目编码:010601001001　　　　工程数量:0.041

项目名称:钢屋架　　　　综合单价:7908.805

序号	定额编号	工作内容	单位	数量	其中/元					
					人工费	材料费	机械费	管理费	利润	小计
	土建 11-10	轻型钢屋架制作安装	t	0.041	9.161	187.198	12.762			
	装饰 11-261	钢屋架刷一遍防锈漆	t	0.041	0.998	2.834	0.117			
	装饰 11-375	钢屋架刷两遍防火漆	t	0.041	2.018	5.479	0.229			
	装饰 11-390	钢屋架刷防火漆,增一遍	t	0.041	1.045	2.776	0.117			
	土建 9-9	钢屋架运输,运距 5km 以内	t	0.041	0.213	0.267	2.00			
	土建 9-10	钢屋架运输,增加 17km	t	0.041	0.175	0.013	0.951			
		总计			13.61	198.567	16.176	77.64	18.268	324.261

【例 6-2】 某工程钢支撑如图 6-2 所示,钢屋架刷一遍防锈漆,一遍防火漆。

【解】 (1)业主根据施工图计算

角钢(∟140×12):3.85m×2×2×25.552kg/m =393.5kg

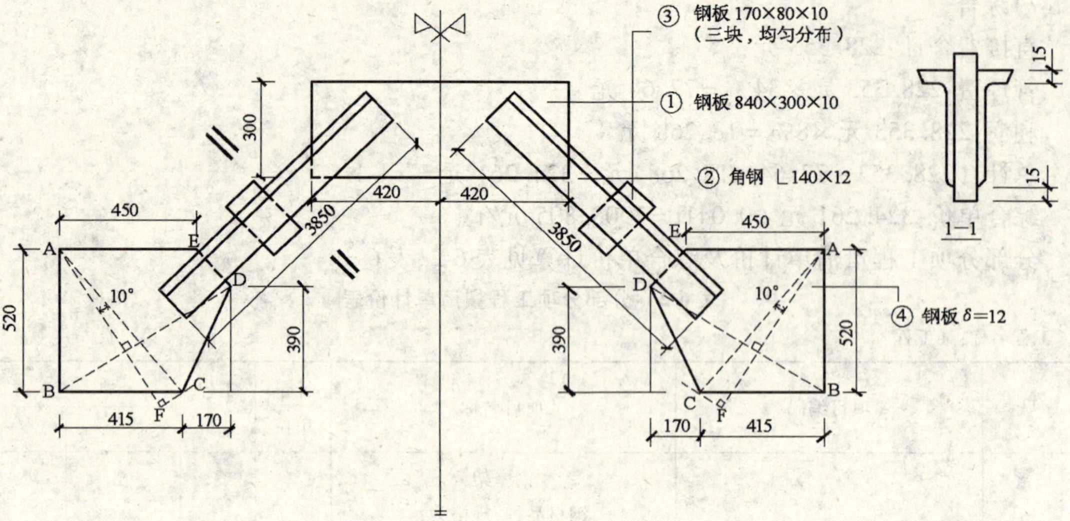

图 6-2　某工程钢支撑图

钢板（δ10）$_{①}$：0. 84m × 0. 3m × 78. 5kg/m^2 = 19. 8kg

钢板（δ12）$_{④}$：（0. 17 + 0. 415）m × 0. 52m × 2 × 94. 2kg/m^2 = 57. 3kg

钢板（δ10）$_{③}$：0. 17m × 0. 08m × 3 × 2 × 78. 5kg/m^2 = 6. 4kg

工程量合计：477kg

分部分项工程量清单见表 6-4。

表 6-4　分部分项工程量清单

工程名称：某工程　　　　　　　　　　　　　　　　　　　　　　　　　　　　第　页　共　页

序号	项目编码	项目名称	计量单位	工程数量
1	010606001001	钢支撑 钢材品种、规格为： 角钢∟140 × 12 钢板厚 10mm：0. 84 × 0. 3 钢板厚 10mm：0. 17 × 0. 08 钢板厚 12mm：（0. 17 + 0. 415）× 0. 52 刷一遍防锈漆，一遍防火漆	t	0. 477

（2）投标人根据施工图及施工方案计算

1）钢屋架支撑制作安装

人工费：165. 19 元/t × 0. 477t = 78. 796 元

材料费：4716. 47 元/t × 0. 477t = 2249. 756 元

机械费：181. 84 元/t × 0. 477t = 86. 738 元

2）钢支撑刷一遍防锈漆

人工费：26. 34 元/t × 0. 477t = 12. 564 元

材料费：69. 11 元/t × 0. 477t = 32. 965 元

机械费：2. 86 元/t × 0. 477t = 1. 364 元

3）钢屋架支撑刷二遍防火漆

人工费:49.23 元/t×0.477t=23.483 元

材料费:133.64 元/t×0.477t=63.746 元

机械费:5.59 元/t×0.477t=2.666 元

4)钢屋架支撑刷防火漆,减一遍

人工费:25.48 元/t×0.477t=12.154 元

材料费:67.71 元/t×0.477t=32.298 元

机械费:2.85 元/t×0.477t=1.359 元

5)综合:

直接费合计:2506.267 元

管理费:2506.267 元×34% =852.131 元

利润:2506.267 元×8% =200.501 元

总计:(2506.267+852.131+200.501)元=3558.90 元

综合单价:3558.90 元÷0.477t=7461.006 元/t

分部分项工程量清单计价及综合单价计算见表 6-5~6-6。

表 6-5　分部分项工程量清单计价表

工程名称:某工程　　　　第　页　共　页

序号	项目编码	项目名称	计量单位	工程数量	金额/元	
					综合单价	合价
1	010606001001	钢支撑 钢材品种、规格为: 角钢∟140×12 钢板厚 10mm:0.84×0.3 钢板厚 10mm:0.17×0.08 钢板厚 12mm:(0.17+0.415)×0.52 钢支撑刷一遍防锈漆,一遍防火漆	t	0.477	7461.006	3558.90

表 6-6　分部分项工程量清单综合单价计算表

工程名称:某工程　　　　计量单位:t

项目编码:010606001001　　　　工程数量:0.477

项目名称:钢支撑　　　　综合单价:7461.006 元

序号	定额编号	工程内容	单位	数量	其中/元					
					人工费	材料费	机械费	管理费	利润	小计
	土建 11-17	钢屋架支撑制作安装	t	0.477	78.796	2249.756	86.738			
	装饰 11-261	钢支撑刷一遍防锈漆	t	0.477	12.564	32.965	1.364			
	装饰 11-375	钢屋架支撑刷二遍防火漆	t	0.477	23.483	63.746	2.666			
	装饰 11-390	钢屋架支撑刷防火漆,减一遍	t	0.477	-12.154	-32.298	-1.359			
		总计			102.689	2314.169	89.409	852.131	200.501	3558.90

第7章　屋面及防水工程工程量清单设置与计价举例

【例7-1】　某工程屋面如图7-1所示,水泥砂浆找平层、防潮层、蛭石保温层、檐沟、二毡三油一砂卷材屋面。

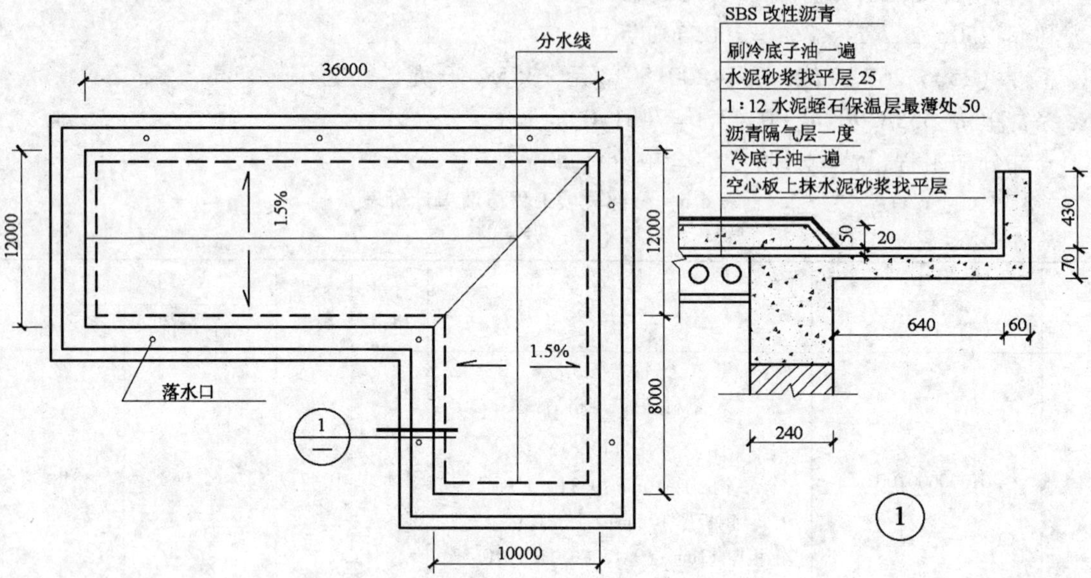

图7-1　某工程屋面排水平面图及部分详图

【解】　(1)业主根据施工图计算

卷材防水屋面:$36.24m \times 12.24m + 8m \times 10.24m = 525.5m^2$

保温层:$525.5m^2 + (36.24 + 20.24) \times 2 \times 0.64m^2 + 0.64 \times 0.64 \times 4m^2 = 599.43m^2$

(2)施工单位根据施工图及施工方案计算:

1)屋面卷材防水

①空心楼板抹水泥砂浆找平层厚20mm,$S = 525.5m^2$。

人工费:1.98元/$m^2 \times 525.5m^2 = 1040.49$元

材料费:4.33元/$m^2 \times 525.5m^2 = 2275.415$元

机械费:0.25元/$m^2 \times 525.5m^2 = 131.375$元

②水泥砂浆找平层厚20mm,$S = 525.5m^2 + (36.24 + 20.24) \times 2 \times 0.64m^2 + 0.64 \times 0.64 \times 4m^2 = 599.43m^2$。

人工费:1.98元/$m^2 \times 599.43m^2 = 1186.871$元

材料费:4.33元/$m^2 \times 599.43m^2 = 2595.532$元

机械费:0.25元/$m^2 \times 599.43m^2 = 149.858$元

分部分项工程量清单见表7-1。

表7-1 分部分项工程量清单

工程名称:某工程　　　　第　页　共　页

序号	项目编码	项目名称	计量单位	工程数量
1	010702001001	屋面卷材防水 卷材品种、规格:SBS改性沥青防水卷材,3mm厚 防水层做法:采用胶粘剂进行卷材与基层及卷材与卷材搭接黏结 嵌缝材料:采用改性石油沥青密封材料	m^2	525.5
2	010803001001	保温隔热屋面 隔热部位:屋面 保温隔热材料品种:1∶12水泥蛭石保温	m^2	599.43

③水泥砂浆找平层,增5mm。

人工费:0.5元/m^2 ×599.43m^2 =299.715元

材料费:1.08元/m^2 ×599.43m^2 =647.384元

机械费:0.07元/m^2 ×599.43m^2 =41.96元

④卷材屋面SBS改性沥青,S =599.43m^2 +(36.24+20.24+0.67×4)×2×(0.43+0.05)m^2 =656.22m^2,厚度3mm。

人工费:2.29元/m^2 ×656.22m^2 =1502.744元

材料费:36.87元/m^2 ×656.22m^2 =24194.831元

机械费:0.51元/m^2 ×656.22m^2 =334.672元

⑤综合:

直接费合计:34400.847元

管理费:34400.847元×34% =11696.288元

利润:34400.847元×8% =2752.068元

总计:(34400.847+11696.288+2752.068)元=48849.203元

综合单价:48849.203元÷525.5m^2 =92.958元/m^2

2)保温隔热屋面

①蛭石保温层(坡度1.5%,最薄处为50mm),V =[525.5×0.05+6.12×0.015×0.5×12.24×31.12+5.12×0.015×0.5×10.24×14.12]m^3 =(26.28+17.48+5.55)m^3 =49.31m^3

人工费:17.45元/m^3 ×49.31m^3 =860.46元

材料费:288.55元/m^3 ×49.31m^3 =14228.401元

机械费:3.99元/m^3 ×49.31m^3 =196.747元

②综合:

直接费合计:15285.608元

管理费:15285.608元×34% =5197.107元

利润:15285.608元×8% =1222.849元

总计:15285.608元+5197.107元+1222.849元=21705.564元

综合单价:21705.564元÷599.43m^2 =36.210元/m^2

分部分项工程量清单计价及综合单价计算见表7-2～表7-4。

表7-2　分部分项工程量清单计价表

工程名称：某工程　　　　第　页　共　页

序号	项目编码	项目名称	计量单位	工程数量	金额/元	
					综合单价	合价
1	010702001001	屋面卷材防水 卷材品种、规格：SBS改性沥青防水卷材，3mm厚 防水层做法：采用胶粘剂进行卷材与基层及卷材与卷材搭接黏结嵌缝材料：改性石油沥青密封材料	m^2	525.5	92.958	48849.203
2	010803001001	保温隔热屋面 隔热部位：屋面 保温隔热材料品种：1:12水泥蛭石保温	m^2	599.43	36.210	21705.564
		总　计				70554.767

表7-3　分部分项工程量清单综合单价计算表

工程名称：某工程　　　　计量单位：m^2

项目编码：010702001001　　　　工程数量：525.5

项目名称：屋面卷材防水　　　　综合单价：92.958元

序号	定额编号	工程内容	计量单位	工程数量	其中/元					
					人工费	材料费	机械费	管理费	利润	小计
	13-1	楼板抹水泥砂浆找平层20厚	m^2	525.5	1040.49	2275.415	131.375			
	13-1	水泥砂浆找平层20厚	m^2	599.43	1186.871	2595.532	149.858			
	13-3	水泥砂浆找平层增5mm	m^2	599.43	299.715	647.384	41.96			
	11-98	卷材屋面SBS改性沥青，厚度3mm	m^2	656.22	1502.744	24194.831	334.672			
		合计			4029.82	29713.162	657.865	11696.288	2752.068	48849.203

表7-4　分部分项工程量清单综合单价计算表

工程名称：某工程　　　　计量单位：m^2

项目编码：010803001001　　　　工程数量：599.43

项目名称：保温隔热屋面　　　　综合单价：36.210元

序号	定额编号	工程内容	计量单位	工程数量	其中/元					
					人工费	材料费	机械费	管理费	利润	小计
1	12-5	1:12水泥蛭石屋面保温	m^3	49.31	860.46	14228.401	196.747			
		合计			860.46	14228.401	196.747	5197.107	1222.849	21705.564

【例7-2】　某膜结构公共汽车候车厅，共有15个，每个汽车厅覆盖面积为$45m^2$，每个现浇钢筋混凝土体积为$0.27m^3$，使用不锈钢支撑支架（每个候车厅使用不锈钢材0.524t）。

【解】　（1）业主根据施工图计算

1）膜结构屋面：$15\times45m^2=675m^2$

2）现浇钢筋混凝土基础：$0.27m^3\times15=4.05m^3$

3）不锈钢钢材：$15\times0.524t=7.86t$

4）其他项目工程量在其对应项目后均已注明。

分部分项工程量清单见表7-5。

表 7-5　分部分项工程量清单

工程名称：候车亭　　　　　　　　　　　　　　　　　　　　　　　第　页　共　页

序号	项目编码	项目名称	计量单位	工程数量
1	010701003001	膜结构屋面，膜布：加强型 PVC 膜布，白色 支柱：不锈钢管支架支撑 钢丝绳：6 股 7 丝	m^2	675
2	010401002001	现浇钢筋混凝土基础：混凝土强度 C15	m^3	4.05

(2)投标人根据业主要求进行设计并报价

1)加强型 PVC 膜布制作、安装：

①人工费：20.46 元/m^2 ×675m^2 =13810.50 元

②材料费：280.34 元/m^2 ×675m^2 =189229.50 元

③机械费：8.75 元/m^2 ×675m^2 =5906.25 元

④合计：208946.25 元

2)不锈钢支架、支撑、拉杆、法兰制作、安装(每个候车厅不锈钢钢材 0.524t)：

①人工费：962.14 元/t×7.86t=7562.42 元

②材料费：43056.74 元/t×7.86t=338425.98 元

③机械费：653.32 元/t×7.86t=5135.10 元

④合计：351123.50 元

3)钢丝绳(1.65t)制作、安装：

①人工费：491.18 元/t×1.65t=810.45 元

②材料费：3245.61 元/t×1.65t=5355.26 元

③机械费：284.21 元/t×1.65t=468.95 元

④合计：6634.66 元

4)综合：

①直接费合计：566704.41 元

②管理费：直接费×12% =68004.53 元

③利润：直接费×5% =28335.22 元

④总计：663044.16 元

⑤综合单价：663044.16 元÷675m^2 =982.29 元/m^2

5)现浇混凝土支架基础(每个候车厅基础 0.27m^3)

①人工费：24.34 元/个×15 个=365.10 元(包括挖土方)

②材料费：282.03 元/m^3 ×(0.27×15)m^3 =1142.22 元

③机械费：5.76 元/m^3 ×(0.27×15)m^3 =23.33 元

④合计：1530.65 元

⑤管理费：直接费×34% =520.42 元

⑥利润：直接费×8% =122.45 元

⑦总计：2173.52 元

⑧综合单价：2173.52 元÷(0.27×15)m^3 =536.67 元/m^2

表 7-6　分部分项工程量清单计价表

工程名称：候车厅　　　　第　页　共　页

序号	项目编号	项目名称	计量单位	工程数量	金额/元	
					综合单价	合价
	010701003001	A.7　屋面及防水工程 膜结构屋面 膜布：加强型 PVC 膜布、白色 支柱：不锈钢管支架支撑 钢丝绳：6 股 7 丝	m^2	675	982. 29	663044. 16
	010401002001	现浇钢筋混凝土基础 混凝土强度 C15	m^3	4. 05	536. 67	2173. 52
		本页小计				
		合计				

表 7-7　分部分项工程量清单综合单价计算表

工程名称：候车厅　　　　计量单位：m^2

项目编码：010701003001　　　　工程数量：675

项目名称：膜结构屋面　　　　综合单价：982. 29 元

序号	定额编号	工程内容	单位	数量	其中/元					
					人工费	材料费	机械费	管理费	利润	小计
	投标人报价	加强型 PVC 膜布制作、安装	m^2	1. 000	20. 46	280. 34	8. 75	37. 15	15. 48	362. 18
		不锈钢支架、支撑、拉杆、法兰制作、安装	t	0. 012	11. 20	501. 37	7. 61	62. 42	26. 01	608. 61
		钢丝绳制作、安装	t	0. 002	1. 20	7. 93	0. 69	1. 18	0. 49	11. 49
		合　　计			32. 86	789. 64	17. 05	100. 75	41. 98	982. 28

表 7-8　分部分项工程量清单综合单价计算表

工程名称：候车厅　　　　计量单位：m^3

项目编码：010401002001　　　　工程数量：4. 05

项目名称：现浇钢筋混凝土基础　　　　综合单价：536. 68 元

序号	定额编号	工程内容	单位	数量	其中/元					
					人工费	材料费	机械费	管理费	利润	小计
	估算	现浇混凝土块基础	m^3	4. 05	90. 15	282. 03	5. 76	128. 50	30. 24	536. 68
		合计			90. 15	282. 03	5. 76	128. 50	30. 24	536. 68

第 8 章　防腐、隔热、保温工程工程量清单设置与计价举例

【例 8-1】　某一房间地面面层为水玻璃混凝土，厚 50mm。

经业主根据施工图计算，该水玻璃混凝土地面面层面积为 61.33m^2

分部分项工程量清单见表 8-1。

表 8-1　分部分项工程量清单

工程名称：某工程　　　　　　　　　　　　　　　　　　　　第　页　共　页

序号	项目编码	项目名称	计量单位	工程数量
1	010801001001	防腐混凝土面层 地面面层 厚度为 50mm 水玻璃混凝土	m^2	61.33

【解】　投标人根据施工图及施工方案计算

防腐混凝土面层

(1)水玻璃混凝土地面面层，厚 60mm

人工费：12.84 元/m^2 ×61.33m^2 =787.477 元

材料费：49.17 元/m^2 ×61.33m^2 =3015.596 元

机械费：2.50 元/m^2 ×61.33m^2 =153.325 元

(2)水玻璃混凝土地面面层，减 10mm

人工费：1.88 元/m^2 ×61.33m^2 =115.300 元

材料费：4.06 元/m^2 ×61.33m^2 =249.000 元

机械费：0.28 元/m^2 ×61.33m^2 =17.172 元

(3)综合：3574.926 元

直接费合计：3574.926 元

管理费：3574.926 元×34% =1215.475 元

利润：3574.926 元×8% =285.994 元

总计：(3574.926+1215.475+285.994)元=5076.397 元

综合单价：5076.397 元÷61.33m^2 =82.772 元/m^2

分部分项工程量清单计价及计算见表 8-2、表 8-3。

表 8-2　分部分项工程量清单计价表

工程名称：某工程　　　　　　　　　　　　　　　　　　　　第　页　共　页

序号	项目编码	项目名称	计量单位	工程数量	金额/元	
					综合单价	合价
1	010801001001	防腐混凝土面层 地面面层 厚度为 50mm 水玻璃混凝土	m^2	61.33	82.772	5076.397

表 8-3　分部分项工程工程量清单计算表

工程名称:某工程　　　　　　　　　　　　　　　　　　　　　　　　　　计量单位:m^2

项目编码:010801001001　　　　　　　　　　　　　　　　　　　　　　工程数量:61.33

项目名称:防腐混凝土面层　　　　　　　　　　　　　　　　　　　　　综合单价:82.772 元

序号	定额编号	工程内容	单位	数量	其中/元					
					人工费	材料费	机械费	管理费	利润	小计
1	装饰 1-121	水玻璃混凝土地面面层厚 60mm	m^2	61.33	787.477	3015.596	153.325			
	装饰 1-122	水玻璃混凝土地面面层减 10mm	m^2	61.33	-115.300	-249.000	-17.172			
		合计			672.177	2766.596	136.153	1215.475	285.994	5076.397

【**例 8-2**】　某住宅的外墙外保温,采用粘贴聚苯颗粒板保温,厚度 100mm,外墙装饰,为丙稀酸弹性高级涂料三遍。

业主根据施工图计算:

(1)外墙外保温墙面面积:4650m^2。

(2)外墙喷丙稀酸弹性高级涂料三遍,面积 4650m^2。

分部分项工程量清单见表 8-4。

表 8-4　分部分项工程量清单

工程名称:某工程　　　　　　　　　　　　　　　　　　　　　　　　　　第　页　共　页

序号	项目编码	项目名称	计量单位	工程数量
1	010803003001	保温隔热外墙外保温,聚苯颗粒板,厚 100mm 乳液型建筑胶粘剂	m^2	4650
2	020207001001	外墙刷喷涂料,丙烯酸弹性高级涂料三遍	m^2	4650

【**解**】　投标人根据施工图及施工方案计算

(1)保温隔热外墙

1)粘贴聚苯颗粒保温板:

人工费:12.52 元/m^2 ×4650m^2 =58218 元

材料费:44.62 元/m^2 ×4650m^2 =207483 元

机械费:1.73 元/m^2 ×4650m^2 =8044.5 元

2)综合:

直接费合计:273745.5 元

管理费:273745.5 元×34% =93073.47 元

利润:273745.5 元×8% =21899.64 元

总计:(273745.5 +93073.47 +21899.64)元 =388718.61 元

综合单价:388718.61 元÷4650m^2 =83.60 元/m^2

(2)外墙装饰

1)外墙喷丙烯酸弹性高级涂料

人工费:1.75 元/m^2 ×4650m^2 =8137.5 元

材料费:15.52 元/m^2 ×4650m^2 =72168 元

机械费:0.53 元/m^2 ×4650m^2 =2464.5 元

2)直接费合计:82770 元

管理费:82770 元×34% =28141.8 元

利润:82770 元×8% =6621.6 元

总计:82770 元+28141.8 元+6621.6 元=117533.4 元

综合单价:117533.4 元÷4650m^2 =25.276 元/m^2

分部分项工程量清单计价及综合单价计算见表 8-5 ~ 表 8-7。

表 8-5 分部分项工程量清单计价表

工程名称:某工程　　　　第　页 共　页

序号	项目编码	项目名称	计量单位	工程数量	金额/元	
					综合单价	合价
	010803003001 020207001001	A.8 防腐、隔热、保温工程保温隔热外墙外保温 聚苯颗粒板,厚 100mm 乳液型建筑胶粘剂 外墙刷喷涂料 丙烯酸弹性高级涂料三遍	m^2	4650	83.60	388718.61
		本页小计	m^2	4650	25.27	117533.4
		合　计				

表 8-6 分部分项工程量清单综合单价计算表

工程名称:某工程　　　　计量单位:m^2

项目编码:010803003001　　　　工程数量:4650

项目名称:外墙保温　　　　综合单价:83.60 元

序号	定额编号	工程内容	单位	数量	其中/元					
					人工费	材料费	机械费	管理费	利润	小计
	借北 4-56 借北 4-57	保温外墙 聚苯颗粒板	m^2 m^2	1.000	12.52	44.62	1.73	20.02	4.71	83.60
		合计			12.52	44.62	1.73	20.02	4.71	83.60

表 8-7 分部分项工程量清单综合单价计算表

工程名称:某工程　　　　计量单位:m^2

项目编码:020207001001　　　　工程数量:4650

项目名称:外墙刷喷涂料　　　　综合单价:25.27 元

序号	定额编号	工程内容	单位	数量	其中/元					
					人工费	材料费	机械费	管理费	利润	小计
	借北 3-31	外墙刷喷涂料	m^2	1.000	1.75	15.52	0.53	6.05	1.42	25.27
		合计			1.75	15.52	0.53	6.05	1.42	25.27

【例 8-3】 某办公建筑工程安装铸铁管(下水管)*DN*150,共计 400m,需刷防锈漆一遍,铸铁管刷沥青漆共两遍。计算刷油工程量。

【解】 铸铁管刷油(防锈漆)工程量 =3.1416 ×0.15 ×400m^2 =188.5m^2 =18.85 ×10m^2

铸铁管沥青漆第一遍工程量 =3.1416 ×0.15 ×400m^2 =188.5m^2 =18.85 ×10m^2

铸铁管沥青漆第二遍工程量 $=3.1416\times0.15\times400\text{m}^2=188.5\text{m}^2=18.85\times10\text{m}^2$

【例 8-4】 某建筑厂房建设工程的管网供热工程。

(1)管道 *DN*150，长度为 480m，*DN*250 钢管长度为 700m。采用岩棉瓦块保温，厚度 60mm。

(2)卧式容器，直径为2500mm，长度为6500mm，采用岩棉板保温，厚度50mm。施工要求：管道及容器在保温之前，采用手工除锈，再刷防锈漆两遍。管道做保护层缠玻璃布两层。玻璃布表层刷调和漆两遍。

【解】 (1)管道工程量计算

管道除锈工程量 $=S_1+S_2$

$=(3.1416\times0.15\times480+3.1416\times0.25\times700)\text{m}^2$

$=(226.2+549.78)\text{m}^2=775.98\text{m}^2=77.598(10\text{m}^2)$

管道刷红丹红锈漆第一遍工程量 $=77.598(10\text{m}^2)$

管道刷红丹红锈漆第二遍工程量 $=77.598(10\text{m}^2)$

管道保温岩棉瓦块工程量 $=[3.1416\times(0.15+1.033\times0.06)\times(1.033\times0.06)\times480+3.1416\times(0.25+1.033\times0.06)\times(1.033\times0.06)\times700]\text{m}^3$

$=(19.81+42.52)\text{m}^3$

$=62.33\text{m}^3$

管道玻璃布保护层工程量 $=[3.1416\times(0.15+2\times0.06)\times480+3.1416\times(0.25+2\times0.06)\times700]\text{m}^2$

$=(407.15+813.67)\text{m}^2=1220.8\text{m}^2=122.08(10\text{m}^2)$

管道玻璃布表面刷漆工程量 $=122.08(10\text{m}^2)$

(2)容器工程量计算

容器除锈工程量 $=[3.1416\times2.5\times6.5+(\dfrac{3.1416\times2.5^2}{4})\times2]\text{m}^2=60.87\text{m}^2$

$=6.087(10\text{m}^2)$

容器防锈漆第一遍工程量 $=6.087(10\text{m}^2)$

容器防锈漆第二遍工程量 $=6.087(10\text{m}^2)$

容器保温岩棉板工程量 $=3.1416\times(2.5+0.05)\times0.05\times6.5\text{m}^3=2.6\text{m}^3$

容器保护层玻璃布工程量 $=3.1416\times(2.5+2\times0.05)\times6.5\text{m}^3+3.1416\times(2.5+2\times0.05)\text{m}^2$

$=(53.09+8.17)\text{m}^2$

$=61.26\text{m}^2$

$=6.126(10\text{m}^2)$

玻璃布面刷漆第一遍工程量 $=6.126(10\text{m}^2)$

玻璃布面刷漆第二遍工程量 $=6.126(10\text{m}^2)$

【例 8-5】 某大厦建筑工程安装铸铁管(下水管)*DN*150 共计 500m，展开面积 235m^2；暖气片 850m^2。需刷防锈漆一遍，银粉漆两遍；铸铁管刷沥青漆共两遍。计算工程基价。

【解】 计算分析如下：

(1)铸铁管套预算定额 11－202 及 11－203 号子目。

(2)暖气片套预算定额 11－200 及 11－198、11－201 号子目。

(3)计算酚醛防锈漆主材 90kg;银粉漆主材 57kg;沥青漆主材 132kg。

工程预算见表 8-8。

表 8-8　铸铁管暖气片刷油工程预算表

定额编号	工程或费用名称	工程量		价　值/元		其　中					
		定额单位	数量	定额单价	总　价	人工费/元		材料费/元		机械费/元	
						单　价	金　额	单　价	金　额	单　价	金　额
11－198	暖气片刷油(防锈漆)	$10m^2$	85	8.85	752.25	7.66	651.10	1.19	101.15		
11－200	暖气片刷银粉漆第一遍	$10m^2$	85	13.23	1124.55	7.89	670.65	5.34	453.90		
11－201	暖气片刷银粉漆第二遍	$10m^2$	85	12.37	1051.45	7.66	651.10	4.71	400.35		
11－202	铸铁管沥青漆第一遍	$10m^2$	23.5	9.90	232.65	8.36	196.46	1.54	36.19		
11－203	铸铁管沥青漆第二遍	$10m^2$	23.5	9.50	223.25	8.13	191.06	1.37	32.19		
	主材										
	酚醛防锈漆	kg	90	15.99	1439.10				1439.10		
	银粉漆	kg	57	19.11	1089.27				1089.27		
	沥青漆	kg	132	9.21	1215.72				1215.72		
	合计				7128.24		2360.37		4767.87		

【例 8-6】 某厂建设工程管网供热工程。

(1)工程内容

1)管道 *DN*125,长度为 485m,*DN*300 钢管长度为 700m。采用岩棉瓦块保温,厚度 50mm。

2)卧式容器,直径 2000mm,长度为 6000mm,采用岩棉板保温,厚度 60mm。

(2)施工要求

1)管道及容器在保温之前,采用动力工具除锈,再刷防锈漆两遍。

2)保温工序完后,管道做保护层缠玻璃布两层。

3)玻璃布表层刷调和漆两遍。

(3)编制要求

编制定额直接费。

【解】 编制步骤

第一步:计算工程量。

(1)管道工程量计算

1)管道表面积

依据管道表面积计算公式:$S=\pi\times D\times L$

$$S=3.1416\times0.125\text{m}\times485\text{m}=191\text{m}^2(DN125)$$

$$S=3.1416\times0.30\text{m}\times700\text{m}=660\text{m}^2(DN300)$$

表面积合计 $=851\text{m}^2$

2)岩棉瓦块工程量(m^3)

$$S=3.1416\times(0.125+1.033\times0.05)\text{m}\times(1.033\times0.05)\text{m}=0.029\text{m}^2$$

$$0.029\text{m}^2\times485\text{m}=14.07\text{m}^3(DN125)$$

$$S=3.1416\times(0.3+1.033\times0.05)\,\mathrm{m}\times(1.033\times0.05)\,\mathrm{m}=0.057\mathrm{m}^2$$

$$0.057\mathrm{m}^2\times700\mathrm{m}=39.9\mathrm{m}^3\,(DN300)$$

合计:53.97m^3

3)容器表面积计算及保温量(m^3)计算

筒体体积: $(2+0.06)\,\mathrm{m}\times3.1416\times0.06\mathrm{m}\times6\mathrm{m}=2.33\mathrm{m}^3$

两个封头体积:经计算后为0.4m^3

合计:2.73m^3

容器表面积:

筒体: $2\mathrm{m}\times3.1416\times6\mathrm{m}=37.7\mathrm{m}^2$

封头: $\left(\dfrac{3.1416\times2^2}{4}\right)\times2\mathrm{m}^2=6.28\mathrm{m}^2$

合计:43.98m^2

第二步:由于岩棉管壳的价格按t计算,将m^3换算成质(重)量。

岩棉板每1m^3为120kg

$$120\mathrm{kg/m}^3\times2.73\mathrm{m}^3=327.6\mathrm{kg}$$

岩棉管壳每1m^3为150kg

$$150\mathrm{kg/m}^3\times52.78\mathrm{m}^3=7917\mathrm{kg}$$

第三步:填施工图预算表,见表8-9。

表8-9 管道及容器刷油保温安装预算表

定额编号	工程或费用名称	工程量		价值/元		其中					
		定额单位	数量	定额单价	总价	人工费/元		材料费/元		机械费/元	
						单价	金额	单价	金额	单价	金额
11-17	管道除锈	10m^2	85.10	36.56	3111.26	25.08	2134.31	11.48	976.95		
11-51	管道刷红丹红锈漆第一遍	10m^2	85.10	7.34	624.63	6.27	533.58	1.07	91.05		
11-52	管道刷红丹红锈漆第二遍	10m^2	85.10	7.23	615.27	6.27	533.58	0.96	81.69		
	主材红丹防锈漆	kg	235.75	19.11	4505.18				4505.18		
11-1703	管道保温	m^3	52.78	118.58	6258.64	63.85	3370.00	47.98	2532.38	6.75	356.26
	主材保温(岩棉管壳)	m^3	7.917	2138.55	16930.90				16930.90		
11-2153	玻璃布保护层	10m^2	102.30	11.11	1136.55	10.91	1116.09	0.20	20.46		
	主材玻璃布	m^2	1432.00	3.46	4954.72				4954.72		
11-246	管道玻璃布表面刷漆	10m^2	102.30	21.77	2227.06	21.13	2161.59	0.64	65.47		
11-247	管道玻璃布表面刷漆	10m^2	102.30	18.80	1923.23	18.34	1876.18	0.46	47.05		
	主材酚醛调和漆	kg	273.20	16.90	4617.08				4617.08		
11-17	设备容器除锈	10m^2	4.4	36.56	160.86	25.08	110.35	11.48	50.51		
11-86	容器防锈漆第一遍	10m^2	4.4	6.99	30.75	5.80	25.52	1.19	5.23		
11-87	容器防锈漆第二遍	10m^2	4.4	6.67	29.34	5.57	24.50	1.10	4.84		
	主材防锈漆	kg	11.0	19.11	210.21						
11-1868	设备保温(岩棉板)	m^3	2.73	192.07	524.35	112.62	307.45	72.70	198.47	6.75	18.43
	主材岩棉板	t	0.331	2500.00	827.50				827.50		

续表

定额编号	工程或费用名称	工程量		价值/元		其中					
		定额单位	数量	定额单价	总价	人工费/元		材料费/元		机械费/元	
						单价	金额	单价	金额	单价	金额
11－2154	保护层玻璃布	10m²	4.4	9.72	42.76	9.52	41.88	0.20	0.88		
	玻璃布	m²	44	3.46	15.22						
11－240	玻璃布面刷漆第一遍	10m²	6.0	26.79	160.74	19.04	114.24	7.75	46.50		
11－241	玻璃布面刷漆第二遍	10m²	6.0	24.17	145.02	16.72	100.32	7.45	44.70		
	主材银粉漆	kg	6.84	19.11	130.71				130.71		
	刷油脚手架搭拆费	元	5319.47	8%	425.55		106.38		319.17		
	保温脚手架搭拆费	元	4838.80	20%	967.76		241.00		726.76		
	合计				50299.81		12746.92		37178.2		374.69

【例 8-7】 某电站需扩建部分项目，设计除尘系统选用 MC－ϕ3100 型麻石水膜除尘器 2 台，保温用矿渣棉，外缠玻璃布，刷沥青漆二道。分部分项工程量清单见表 8-10，试编制分部分项工程量清单计价表。

表 8-10 分部分项工程量清单

工程名称：某电厂×工程

序号	项目编号	项目名称	计量单位	工程数量
1	030303001001	除尘器 1. 结构形式：水膜除尘 2. 筒体材质：HT200 3. 筒体直径：ϕ＝3100mm	台	2

【解】 (1)该项目发生的工作内容

1)本体安装；

2)保温；

3)保护层；

4)保护层刷油。

(2)根据现行的计算规则计算工程量

工程内容：

1)本体安装　　2 台

2)保温　　39.70m^3

3)保护层　　404.96m^2

4)保护层刷油　　404.96m^2

(3)每计量单位包含的工程数量

1)本体安装　　1 台

2)保温　　19.85m^3

3)保护层　　202.48m^2

4)保护层刷油　　　　202.48m^2

(4)根据《山东省安装工程消耗量定额》选择定额子目,确定人、材、机消耗量

1)本体安装　　　　3－230

2)保温　　　　11－957

3)保护层　　　　11－1046

4)保护层刷油　　　　11－212,11－213

(5)人、材、机单价选用省信息价

(6)计算清单项目每计量单位所含各项工程内容人、材、机价款

1)本体安装

人工费:2078.56×1元=2078.56元

材料费:1226.71×1元=1226.71元

机械费:2764.47×1元=2764.47元

小计:6069.74元

2)矿渣棉保温

人工费:120.12×19.85元=2384.38元

材料费:43.79×19.85元=869.23元

机械费:7.26×19.85元=144.11元

主材费:19.85×1.03×450元=9200.48元

小计:12598.20元

3)玻璃布保护层

人工费:8.58×20.248元=173.73元

材料费:0.13×20.248元=2.63元

主材费:20.248×14×0.65元=184.26元

小计:360.62元

4)刷沥青漆第一遍

人工费:17.97×20.248元=363.86元

材料费:42.56×20.248元=861.75元

小计:1225.61元

5)刷沥青漆第二遍

人工费:15.27×20.248元=309.19元

材料费:31.04×20.248元=628.50元

小计:937.69元

(7)清单项目每计量单位所含各项工程内容人、材、机价款为21191.86元

(8)参照山东省安装工程费率表,确定工程取管理费率为106.1%,利润为91.5%。

(9)综合单价(人工费为计算基础):

1)管理费:5309.72×1.061元=5633.61元

2)利润:5309.72×0.915元=4858.39元

3)综合单价:21191.86+5633.61+4858.39元=31683.86元

将上述计算结果填入表8-11、表8-12:

表 8-11　分部分项工程量清单综合单价计算表

工程名称:某电厂×工程　　　　计量单位:台

项目编码:030303001001　　　　工程数量:2

项目名称:除尘器　　　　综合单价(元):31683.86

清单项目名称	工作内容	定额编号	单位	数量	费用组成　其中/元					
					人工费	材料费	机械费	管理费	利润	小计
除尘器 1. 结构形式:立式 2. 筒体材质:HT200 3. 筒体直径:Φ=3100mm	本体安装	3-230	台	1	2078.56	1226.71	2764.47			
	矿渣棉保温	11-957	m^3	19.85	2384.38	869.23	144.11			
	矿渣棉	主材	m^3	20.446		9200.48				
	玻璃布保护层	11-1046	$10m^2$	20.248	173.73	2.63				
	玻璃丝布	主材	m^2	283.472		184.26				
	刷沥青漆第一遍	11-212	$10m^2$	20.248	363.86	861.75				
	刷沥青漆第二遍	11-213	$10m^2$		309.19	628.50				
	合计				5309.72	12973.56	2908.58	5633.61	4858.39	31683.86

表 8-12　分部分项工程量清单计价表

工程名称

序号	项目编码	项目名称	计量单位	工程数量	金额/元	
					综合单价	合价
1	030303001001	除尘器 1. 结构形式:水膜除尘 2. 筒体材质:HT200 3. 筒体直径:Φ=3100mm	台	2	31683.86	63367.72
		合计				63367.72

【例 8-8】　某大厦的风管工程采用镀锌铁皮,咬口连接;其中:矩形风管 200mm×120mm,长 17.5m,镀锌铁皮 $\delta=0.50$mm。矩形风管 300mm×250mm,长为 28.9m,镀锌铁皮 $\delta=0.75$mm。矩形风管 1000mm×250mm,长为 12.5m,镀锌铁皮 $\delta=1.00$mm。风管保温采用岩棉板,$\delta'=25$mm。外缠玻璃丝布一道,玻璃丝棉不刷油漆。计算风管工程量。

【解】　(1)因 $\delta'=25$mm,矩形风管岩棉板保温体积工程量 $=V=[2(A+B)\times1.033\delta+4(1.033\delta)^2]\times L$

$A\times B=200\text{mm}\times120\text{mm},\delta=0.5\text{mm},L=17.5\text{m}$

工程量 $=[2\times(0.2+0.12)\times1.033\times0.025+4\times(1.033\times0.025)^2]\times17.5$

$=0.34\text{m}^3$

$A\times B=300\text{mm}\times250\text{mm},\delta=0.75\text{mm},L=28.9\text{m}$

$$工程量 = [2\times(0.3+0.25)\times1.033\times0.025+4\times(1.033\times0.025)^2]\times28.9 = 0.9m^3$$

$$A\times B = 1000mm\times250mm, \delta = 1.0mm, L = 12.5m$$

$$工程量 = [2\times(1.0+0.25)\times1.033\times0.025+4\times(1.033\times0.025)^2]\times12.5 = 0.84m^3$$

合计：$(0.34+0.9+0.84)m^3 = 2.08m^3$

(2)玻璃丝布保护层的工程量：$S = [2(A+B)+8(1.05\delta+0.0041)]\times L$

$A\times B = 200mm\times120mm, L = 17.5m$

$$S = [2\times(0.2+0.12)+8\times(1.05\times0.025+0.0041)]\times17.5 = 15.45m^2$$

$A\times B = 300mm\times250mm, L = 28.9m$

$$S = [2\times(0.3+0.25)+8\times(1.05\times0.025+0.0041)]\times28.9 = 38.81m^2$$

$A\times B = 1000mm\times250mm, L = 12.5m$

$$S = [2\times(1.0+0.25)+8\times(1.05\times0.025+0.0041)]\times12.5 = 34.29m^2$$

合计：$(15.45+38.81+34.29)m^2 = 88.55m^2 = 8.855(10m^2)$

【例8-9】 某工厂排水车间工艺管道安装工程，本工程有缝钢管喷砂除锈，其中有管道$D_{89\times4}L = 13.89m$、$D_{78\times4}L = 7.45m$和$D_{47\times4}L = 14.22m$安装前管道集中刷红丹漆两遍，调和漆两遍。求车间工艺管道除锈刷油工程量。

【解】 管道$D_{89\times4}$的除锈工程量 $= 3.1416\times0.089\times13.89m^2 = 3.88m^2$

管道$D_{78\times4}$的除锈工程量 $= 3.1416\times0.078\times7.45m^2 = 1.83m^2$

管道$D_{47\times4}$的除锈工程量 $= 3.1416\times0.047\times14.22m^2 = 2.1m^2$

合计：$(3.88+1.83+2.1)m^2 = 7.81m^2$

所以有缝钢管喷砂除锈工程量 $= 7.81m^2 = 0.781(10m^2)$

管道刷油红丹防锈第一遍工程量 $= 0.781(10m^2)$

管道刷油红丹防锈第二遍工程量 $= 0.781(10m^2)$

管道刷油调合漆第一遍工程量 $= 0.781(10m^2)$

管道刷油调和漆第二遍工程量 $= 0.781(10m^2)$

【例8-10】 试计算图8-1～图8-5中送风部分的刷油和保温工程量，并根据湖北省1996年定额，计算直接费用。在本图例中，送风系统部分有320mm×200mm等11种规格的风管，合计工程量为181.5m^2。

【解】 计算刷油的工程量可直接用计算出来的风管工程量。

风管部件工程量是按“kg”来计算的。因此，可将部件制作安装的重量作为刷油的工程量。在本图送风系统中，各风管部件的合计重量为680kg。

现计算刷油直接费：

根据图纸要求，风管内外表面均刷两道防锈樟丹。又根据通风空调说明，薄钢板风管内外均刷油者，其基价应乘1.1系数。套用湖北省1996年安装定额第13册第15页68、69两个子项合计基价并乘1.1系数，每10m^2为42.77元。

合计:42.77×(18.15×2)×1.1 元=1707.81 元

部件刷油直接费按定额单价每 100kg 为 34.55 元(两遍合计价)。

合计:34.55×6.8 元=234.94 元

计:刷油直接费为 1707.81+234.94 元=1936.75 元

下面计算送风保温工程量直接费:

根据图纸要求,主保温材料为玻璃丝板,厚度为 35mm,保护壳为石棉水泥,厚 15mm。

玻璃丝板用量:181.5×0.035m^2=6.35m^2(181.5m^2 为风管的展开面积值)

包铁丝网用量:181.5×1.2m^2=217.8m^2(1.2 为系数)

石棉水泥护壳用量:181.5×1.2m^2=217.8m^2

主保温层玻璃丝板定额中未列,参照有关定额基价为每立方米 722.6 元,计 722.6×6.35 元=4588.51 元

保温直接费为:

$(3615.44_{(\text{包铁丝网费用})}+12084.08_{(\text{石梯水泥护壳费用})}+4588.51)$元=20288.03 元

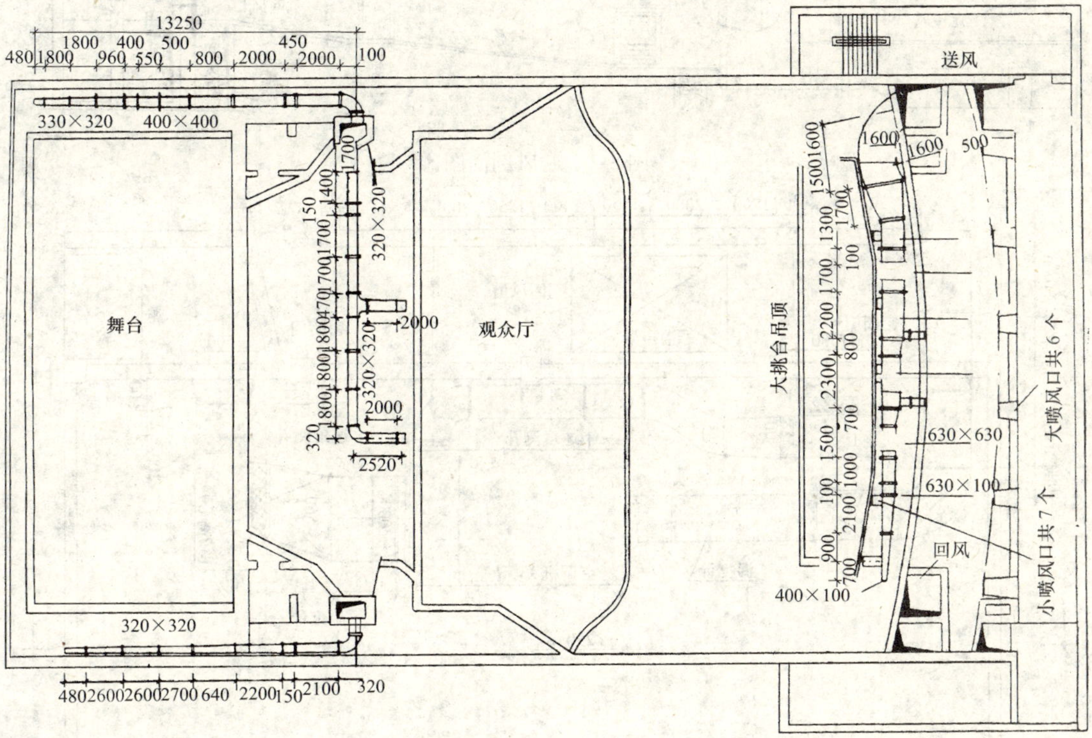

图 8-1　送风平面图

说明:

(1)俱乐部通风共分两部分,即大厅送风和空调机房。空调机房未包括制冷机组及管道部分。

(2)风管采用镀锌钢板,厚度按规定;风管及部件均里外刷两道樟丹;风管保温做法见 T608/2,采用玻璃纤维板,厚 35mm,外抹石棉水泥。

(3)未说明部分国家施工验收规范。

主要设备及部件

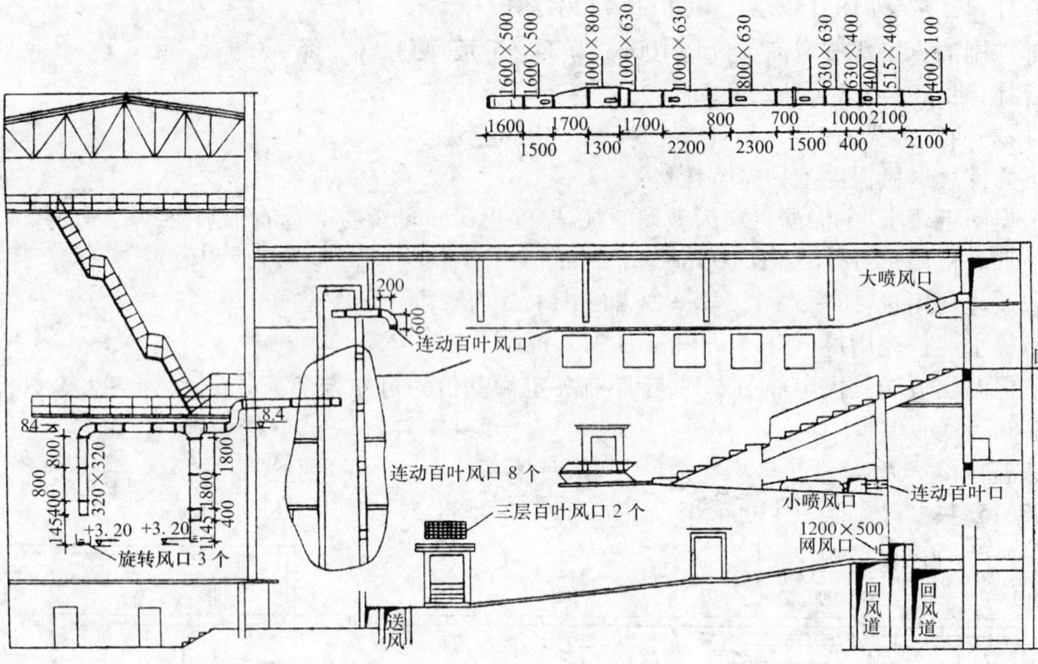

图 8-2　送风剖面图

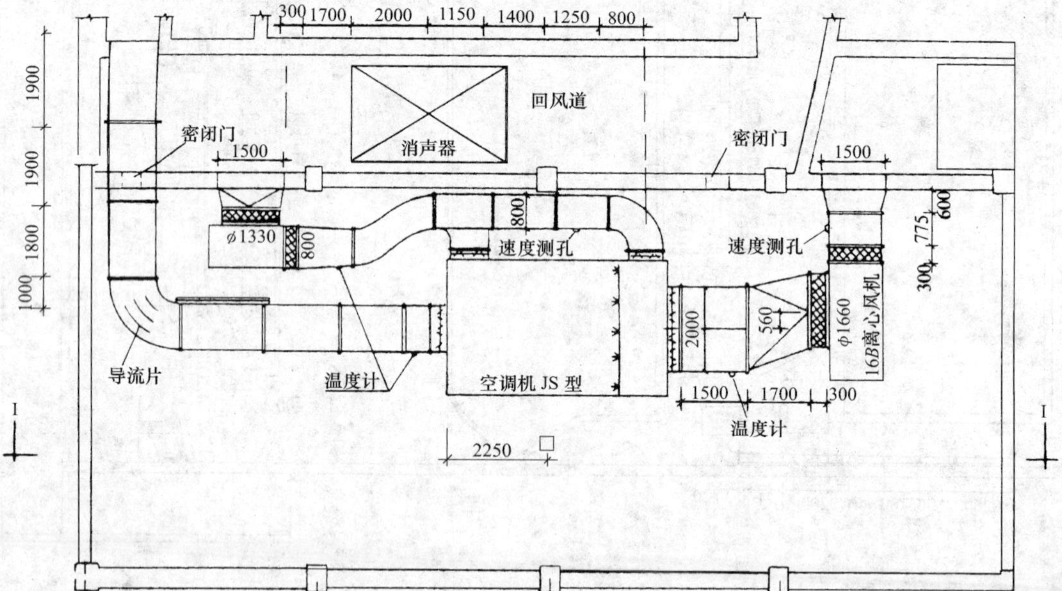

图 8-3　空调平面图

(1)空调机:JS 型(分段组装式),上海金山仪表厂生产。

(2)离心通风机:16B 右 180°一台,减振台座 110#;离心风机:12C 右 180°一台,减振台座 65#;以上见国标 CG－327。

(3)消音器:片式 4#共 4 台,见国标 T701－1。

(4)导流片:$8^{\#}7$ 片,见国标 T606。

(5)钢密闭门:4 个,见国标 T704 - 7。

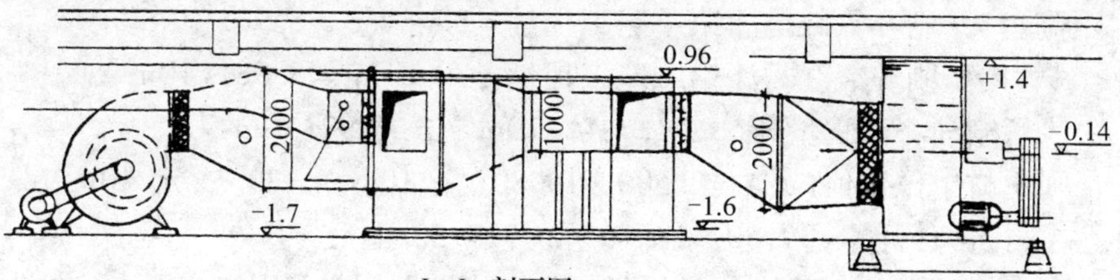

I—I 剖面图

图 8-4 空调剖面图

主要风口及阀件:

(1)大喷风口 6 个,如图 8-5 所示。

(2)小喷风口 7 个,如图 8-5 所示。

(3)三层百叶式 12 个,见 T202 - 3。

(4)旋转风口 3 个,见 T204 - 1。

(5)连动百叶式 $3^{\#}14$ 个,见 T202 - 4。

(6)回风口加网式 66 个。

(7)调节网共 3 个见 T302 - 9。

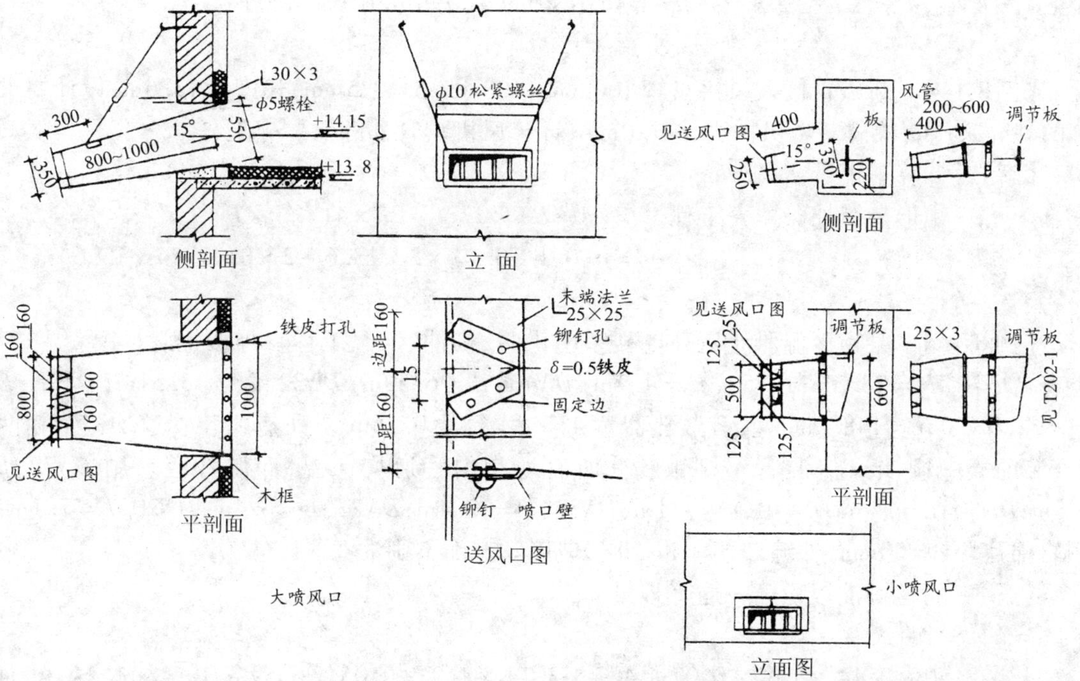

图 8-5 喷风口大样面图

【例 8-11】 镀锌薄钢板风管,展开面积为 89.81m^2,设计要求风管的外壁刷铁红醇酸底漆二遍,内壁刷环氧红丹漆二遍,计算工程量。

【解】 风管外壁刷铁红醇酸底漆第一遍工程量 $=89.81m^2=8.981(10m^2)$

风管外壁刷铁红醇酸底漆第二遍工程量 $=89.81m^2=8.981(10m^2)$

风管内壁刷环氧红丹漆第一遍工程量 $=89.81m^2=8.981(10m^2)$

风管内壁刷环氧红丹漆第二遍工程量 $=89.81m^2=8.981(10m^2)$

小计： 风管刷油漆工程量 $=(8.981\times4)(10m^2)=35.92(10m^2)$

则主材单位价值(元) $=2.500\times15.80$(元/$10m^2$) $=39.5$(元/$10m^2$)

主材价值(元) $=39.50\times18.16$ 元 $=717.32$ 元

【例 8-12】 有 600mm×300mm 送风管，长 9m，设计要求采用 $\delta=25mm$ 碳酸镁石棉粉保温，计算工程量。

【解】 计算工程量：$\delta=25mm$

风管保温工程量 $=[(A+B)\times2\times\delta+\delta^2\times4]\times L=[(0.6+0.3)\times2\times0.025+0.025^2\times4]\times9m^3$

$=0.43m^3$

【例 8-13】 某新型圆形风管 $D200$，厚度 δ 为 0.75mm，长度为 74.61m，设计要求采用 $\delta=50mm$ 自熄性聚苯乙烯泡沫塑料保温，计算保温工程量。

【解】 计算工程量 δ = 50mm。

圆形风管保温工程量 = 平均周长 $\times L\times\delta$

$=(\pi\times0.2\times74.61\times0.05)m^3$

$=(3.1416\times0.2\times74.61\times0.05)m^3$

$=2.34m^3$

【例 8-14】 新风管接入风机盘管 100mm×100mm，$\delta=0.5mm$，长度为 13.6m，设计要求盘管的外壳采用石棉硅藻土保护壳，$\delta=20mm$，计算风机盘管外的保护壳工程量。

【解】 计算工程量：$\delta=20mm$

矩形盘管外保护壳工程量 $=(A+B)\times2\times L+2\delta\times4$(角)$\times L$

$=[(0.1+0.1)\times2\times13.6+2\times0.02\times4\times13.6]m^2$

$=7.62m^2$

【例 8-15】 某市区温雅小区住宅楼室内供暖、刷油、保温工程。焊接钢管（不保温的）种类有：$DN70$，$L=23.5m$；$DN50$，$L=4.7m$；$DN40$，$L=6.59m$；$DN32$，$L=13.51m$；$DN25$，$L=17.9m$；$DN20$，$L=148.6m$。共有散热器片 437 片，每片 $0.26m^2$。所有明装管道均刷银粉两道（安装前集中刷油），保温管不刷银粉。所有地沟内管道均保温，保温管道采用 $DN70$，$L=8.8m$；$DN50$，$L=1.6m$；$DN40$，$L=7.1m$；$DN32$，$L=13.4m$；$DN25$，$L=6.4m$；$DN20$；$L=7.1m$；采用岩棉瓦块 $\delta=50mm$，外缠玻璃丝布一层，玻璃丝布面不刷油漆。

【解】 管道刷油银粉第一遍工程量

$=L\times S$

$=(23.50\times3.14\times1.2\times0.07+4.7\times3.14\times1.2\times0.05+6.59\times3.14\times1.2\times0.04+13.51\times3.14\times1.2\times0.032+17.9\times3.14\times1.2\times0.025+148.6\times3.14\times1.2\times0.02)m^2$

$=(6.2+0.89+0.99+1.63+1.69+11.2)m^2$

$=22.6m^2=2.26(10m^2)$

管道刷油银粉第二遍工程量 $=2.26(10m^2)$

暖气片刷油银粉第一遍工程量 $=437\times0.26m^2=113.62m^2=11.36(10m^2)$

保温管道岩棉瓦壳工程量

$=L\times V$

$=(8.8\times3.14\times1.2\times0.07\times0.05\times2+1.6\times3.14\times1.2\times0.05\times0.05\times2+7.1\times3.14\times1.2\times0.04\times0.05\times2+13.4\times3.14\times1.2\times0.032\times0.05\times2+6.4\times3.14\times1.2\times0.025\times0.05\times2+7.1\times3.14\times1.2\times0.02\times0.05\times2)m^3$

$=(0.23+0.03+0.11+0.16+0.06+0.05)m^3$

$=0.64m^3$

防潮层、保护层安装玻璃布管道工程量

$=(8.8\times3.14\times1.2\times0.07\times2+1.6\times3.14\times1.5\times0.05\times2+7.1\times3.14\times1.8\times0.04\times2+13.4\times3.14\times2\times0.032\times2+6.4\times3.14\times2.5\times0.025\times2+7.1\times3.14\times3\times0.02\times2)m^2$

$=(4.64+0.75+3.21+5.39+2.51+2.68)m^2$

$=19.18m^2$

$=1.92(10m^2)$

【例 8-16】 某市区商务办公楼房间的空调用管路保温工程，采用镀锌薄钢板矩形风管，丝口连接。其中：$A\times B=200mm\times120mm, L=22.9m, \delta=50mm$；$A\times B=320mm\times250mm, L=8.6m, \delta=50mm$；$A\times B=600mm\times250mm, L=12.10m, \delta=50mm$；$A\times B=1000mm\times200mm, L=4.53m, \delta=50mm$；$A\times B=1000mm\times250mm, L=12.52m, \delta=50mm$。风管保温采用岩棉板，$\delta=50mm$，外缠玻璃丝布一道，玻璃丝面不刷油漆。管道保温时使用粘接剂、保温钉，求风管工程量。

【解】 矩形风管棉板保温板（$\delta=50mm$）工程量 $=[2(A+B)\times1.033\delta+4(1.033\delta)^2]L$

$=\{[2\times(0.2+0.12)\times1.033\times0.05+4\times(1.033\times0.05)^2]\times22.9+[2\times(0.32+0.25)\times1.033\times0.05+4\times(1.033\times0.05)^2]\times8.6+[2\times(0.6+0.25)\times1.033\times0.05+4\times(1.033\times0.05)^2]\times12.1+[2\times(1+0.2)\times1.033\times0.05+4\times(1.033\times0.05)^2]\times4.53+[2\times(1+0.25)\times1.033\times0.05+4\times(1.033\times0.05)^2]\times12.52\}m^3$

$=[(0.033+0.011)\times22.9+(0.059+0.011)\times8.6+(0.088+0.011)\times12.1+(0.124+0.011)\times4.53+(0.129+0.011)\times12.52]m^3$

$=(1.01+0.6+1.2+0.61+1.75)m^3=5.17m^3$

玻璃丝布保护层工程量 $=[2(A\times B)+8\times(1.05\delta+0.041)]L$

$=\{[2\times(0.2+0.12)+8\times(1.05\times0.05+0.0041)]\times22.9+[2\times(0.32+0.25)+8\times(1.05\times0.05+0.0041)]\times8.6+[2\times(0.6+0.25)+8\times(1.05\times0.05+0.0041)]\times12.1+[2\times(1+0.2)+8\times(1.05\times0.05+0.0041)]\times4.53+[2\times(1+0.25)+8\times(1.05\times0.05+0.0041)]\times12.52\}m^2$

$=[(0.64+0.45)\times22.9+(1.14+0.45)\times8.6+(1.7+0.45)\times12.1+(2.4+0.45)\times4.53+(2.5+0.45)\times12.52]m^2$

$=(24.96+13.67+26.02+12.91+36.93)m^2$

$=114.49m^2=11.45(10m^2)$

【例 8-17】 某平屋顶屋面做法如图 8-6 所示，试计算屋面工程量。

【解】 (1)水泥焦渣找坡层

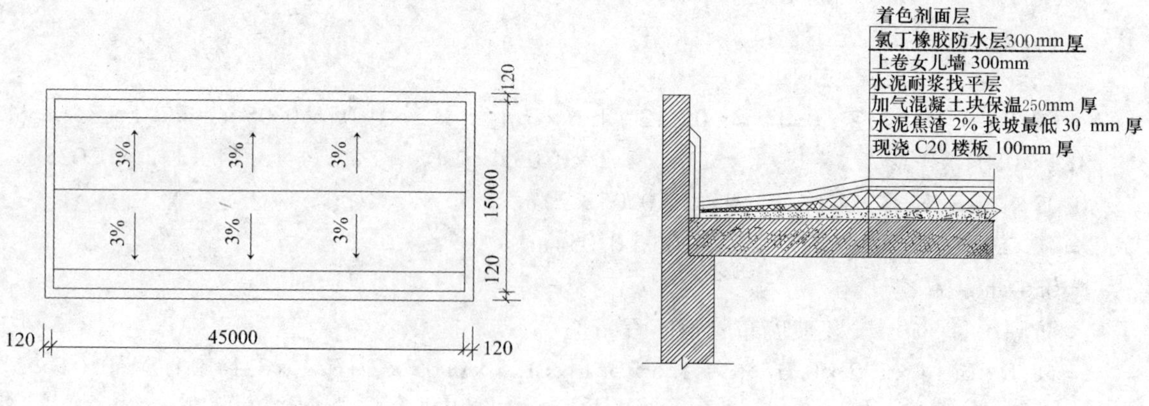

图 8-6　屋顶平面图

其最低处 30mm，最高处为$(\frac{15000}{2}\times 3\% + 30)\text{mm} = 255\text{mm}$

则其平均厚度为：　$(\frac{30+255}{2})\text{mm} = 142.5\text{mm}$

水泥焦渣的铺设面积为：　$15\times 45\text{m}^2 = 675\text{m}^2$

则其工程量为：　$0.1425\times 675\text{m}^3 = 96.19\text{m}^3$

(2)加气混凝土保温层

其厚为 250mm，则其工程量为：

$$0.25\times 675\text{m}^3 = 168.75\text{m}^3$$

(3)砂浆找平层

$$15\times 45\text{m}^2 = 675\text{m}^2$$

(4)氯丁橡胶防水层

$$[675 + (15+45)\times 2\times 0.3]\text{m}^2 = 711\text{m}^2$$

【例 8-18】　如图 8-7 所示，求地面三毡四油防水工程量。

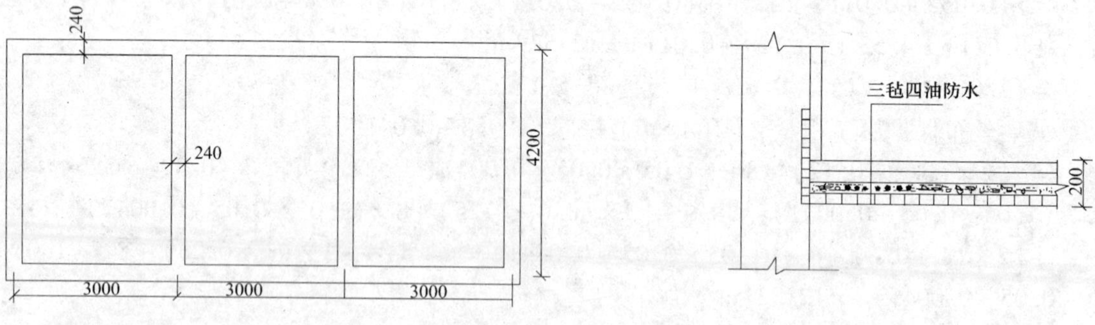

图 8-7　某建筑平面及其防水层结构示意图

【解】　防水工程量：

$$[(3-0.24)\times(4.2-0.24)\times 3 + (3\times 3 - 3\times 0.24)\times 2\times 0.2 + (4.2-0.24)\times 6\times 0.2]\text{m}^2$$

$$= (32.79 + 3.312 + 4.752)\text{m}^2$$

$$= 40.85\text{m}^2$$

附录:建筑工程工程量清单设置与计价综合举例

（本例只列建筑部分的清单，计价表及综合单价分析表，其他部分从略。）

某小区住宅楼土建工程工程量清单

招　　　标　　　人：　×××　（单位签字盖章）

法　定　代　表　人：　×××　（签字盖章）

中介机构法定代表人：　×××　（签字盖章）

造价工程师及注册证号：　×××　（签字盖执业专用章）

编　　制　　时　　间：×年×月×日

总 说 明

工程名称:某小区住宅楼土建工程　　　　　　　　　　　　　　第　页　共　页

1. 工程概况:该工程建筑面积 225.63m²,其主要功能为商住楼,层数三层,混合结构,建筑高度 10.3m,基础为砖条形基础,屋面为 SBS 卷材防水。普通照明灯具,镀锌钢管、铝塑复合管给水,PVC 塑料管排水。

2. 招标范围:土建工程。

3. 工程质量要求:优良工程。

4. 工程量清单编制依据:

4.1 由××市建筑工程设计事务所设计的施工图 1 套(附图 1~附图 14);

4.2 由××房地产开发公司编制的《某小区住宅楼土建工程施工招标书》、《某小区住宅楼土建工程招标答疑》;

4.3 工程量清单计量按照国际《建设工程工程量清单计价规范》编制;

4.4 供水从市政供水 T 型接头处计算工程量;

4.5 进户电源配管及电缆计算至外墙 1m 处;

5. 因工程质量要求优良,故所有材料必须持有市以上有关部门颁发的《产品合格证书》并采用价格在中档以上的建筑材料。

附表1　分部分项工程量清单

工程名称:土建工程　　　　第　页共　页

序号	项目编码	项　目　名　称	计量单位	工程数量
		A.1　土(石)方工程		
1	010101001001	平整场地,坚土	m^2	93.69
2	010101003001	挖基础土方,坚土,垫层宽度600mm,挖土深度1.5m,1—1截面	m^3	41.54
3	010101003002	挖基础土方,坚土,垫层宽度700mm,挖土深度1.5m,2—2截面	m^3	15.65
4	010101003003	余土外运,运距50m	m^3	20.24
5	010103001001	土(石)方回填,基础回填,人工夯实,原土	m^3	20.46
6	010103001002	土(石)方回填,室内回填,机械夯实,原土	m^3	16.50
		A.3　砌筑工程		
7	010301001001	砖基础,中粗砂垫层,C10素混凝土基础垫层,MU7.5黏土砖,M5水泥砂浆	m^3	14.76
8	010302001001	实心砖墙,一层一砖墙,MU7.5黏土砖,M5.0混合砂浆,$H=3.5m$,外墙	m^3	26.36
9	010302001002	实心砖墙,二层一砖墙,MU7.5黏土砖,M5.0混合砂浆,$H=3.3m$,外墙	m^3	25.22
10	010302001003	实心砖墙,三层一砖墙,MU7.5黏土砖,M5.0混合砂浆,$H=2.7m$,外墙	m^3	13.42
11	010302001004	实心砖墙,一层一砖墙,MU7.5黏土砖,M5.0混合砂浆,$H=3.5m$,内墙	m^3	14.74
12	010302001005	实心砖墙,二层一砖墙,MU7.5黏土砖,M5.0混合砂浆,$H=3.3m$,内墙	m^3	13.89
13	010302001006	实心砖墙,三层一砖墙,MU7.5黏土砖,M5.0混合砂浆,$H=2.7m$,内墙	m^3	3.49
		A.4　混凝土及钢筋混凝土工程		
14	010403004001	圈梁、地圈梁,截面尺寸0.24m×0.24m,梁底标高-0.240m,C20砾40	m^3	0.93
15	010403004002	圈梁、地圈梁,截面尺寸0.24m×0.24m,梁底标高-0.300m,C20砾40	m^3	2.70
16	010403002001	矩形梁,一层单梁L-1,截面尺寸0.24m×0.4m,梁底标高3.07m,C30砾40	m^3	0.37
17	010403002002	矩形梁,二层单梁L-1,截面尺寸0.24m×0.4m,梁底标高6.37m,C30砾40	m^3	0.37
18	010403002003	矩形梁,二层单梁L-2,截面尺寸0.20m×0.35m,梁底标高3.12m,C30砾40	m^3	0.33
19	010405003001	平板,二层,板厚80mm,板底标高3.36m,C30砾20	m^3	1.64
20	010405003002	平板,三层,板厚80mm,板底标高6.66m,C30砾20	m^3	1.64
21	010405003003	平板,屋面,板厚80mm,板底标高9.4m,C30砾20	m^3	1.18
22	010405003004	平板,二层,板厚100mm,板底标高3.36m,C30砾20	m^3	1.85
23	010405003005	平板,三层,板厚100mm,板底标高6.66m,C30砾20	m^3	1.94
24	010405003006	平板,屋面,板厚100mm,板底标高9.4m,C30砾20	m^3	1.56
25	010405003007	平板,二层,板厚140mm,板底标高3.36m,C30砾40	m^3	4.16
26	010405003008	平板,三层,板厚140mm,板底标高6.66m,C30砾40	m^3	4.20
27	010403005001	过梁,一、二、三层,截面尺寸0.24m×0.24m,C20砾40	m^3	1.06
28	010403004003	圈梁,一、二、三层,截面尺寸0.24m×0.24m,C20砾40	m^3	7.75
29	010410003001	过梁,单件体积0.112m^3,C20砾40,运距14km	m^3	0.112

续表

序号	项目编码	项目名称	计量单位	工程数量
30	010410003002	过梁，单件体积0.058m^3，C20砾40，运距14km	m^3	0.29
31	010410003003	过梁，单件体积0.04m^3，C20砾40，运距14km	m^3	0.24
32	010410003004	过梁，单件体积0.037m^3，C20砾40，运距14km	m^3	0.148
33	010413001001	楼梯，每踏步板体积0.0186m^3，C20砾15，运距14km	m^3	0.61
34	010405007001	现浇混凝土挑檐天沟，C20砾20	m^3	3.46
35	010407001001	现浇混凝土其他构件，台阶，C15砾40，3:7灰土垫层，80mm厚	m^2	3.48
36	010405008001	现浇混凝土雨篷，C30砾20	m^3	0.315
37	010407002001	散水粗砂垫层，50mm厚，面层80mm厚，C20砾20，沥青砂浆伸缩缝	m^2	39.86
38	010416001001	现浇混凝土钢筋，Ⅰ级钢、Ⅱ级钢、Ⅲ级钢	t	1.891
39	010416002001	预制构件钢筋，Ⅰ级钢、Ⅱ级钢	t	0.743
40	010416007001	预应力钢丝，综合	t	0.047
41	010417002001	预埋铁件	t	0.017
		A.7 屋面及防水工程		
42	010702004001	屋面排水管，PVC落水管 ϕ100，PVC雨水斗，雨水口各4个	m	33.8
43	010702001001	屋面卷材防水，SBS改性沥青防水卷材，4mm厚，1:3水泥砂浆找平层	m^2	95.99
		A.8 防腐、隔热、保温工程		
44	010803001001	保温隔热屋面，现浇水泥珍珠岩1:8	m^2	82.52

附表2 措施项目清单

工程名称：土建工程　　　　第　页　共　页

序号	项目名称	工程数量
1	建筑工程	
1.1	脚手架费	
1.2	混凝土模板及支架	
1.3	垂直运输	
1.4	环境保护费	
1.5	临时设施费	
1.6	文明、安全施工费	
	合计	

附表3 其他项目清单

工程名称:土建工程　　　　　　　　　　　　　　　　　　　　　　　　　　　　　　　　　　第　页　共　页

序号	项目名称	金额/元
1	招标人部分	
1.1	预留金	
1.2	材料购置费	
1.3	其他	
	小计	
2	投标人部分	
2.1	总承包服务费	
2.2	零星工作项目费	
2.3	其他	
	小计	
	合计	

附表4 零星工作项目表

工程名称:土建工程　　　　　　　　　　　　　　　　　　　　　　　　　　　　　　　　　　第　页　共　页

序号	名称	计量单位	数量
	土建		
1	人工		
1.1	高级技术工人	工日	
1.2	技术工人	工日	
1.3	壮工	工日	
	小计		
2	材料		
2.1			
2.2			
	小计		
3	机械		
3.1			
3.2			
	小计		

附表5　土建工程量计算式

序号	工 程 项 目 名 称	单位	数量
	直接费项目		
1	建筑面积：一层：(9 + 0.24) × (9.9 + 0.24) = 93.69；二层：(9 + 0.24) × (9.9 + 0.24) = 93.69；三层：(9 + 0.24) × (3.9 + 0.24) = 38.25；合计：225.63	m^2	225.63
2	场地平整：底层建筑面积：(9 + 0.24) × (9.9 + 0.24) = 93.69	m^2	93.69
3	挖基础土方，坚土，外墙中心线长：(9 + 9.9) × 2m = 37.8m；1—1 截面：垫层宽度 600mm，挖土深度 1.5m。$(37.8+\underbrace{3+3-0.35-0.3}_{L③内}+\underbrace{3.6-0.6}_{LⒷ内})\times\underbrace{1.5}_{槽深}\times\underbrace{0.60}_{槽宽}=41.54$；2-2 截面：垫层宽度 700mm，挖土深度 1.5m，$[\underbrace{9-0.3\times2}_{LⒸ内}+\underbrace{(3.9-0.3-0.35)\times2}_{L②、④内}]\times\underbrace{1.5}_{槽深}\times\underbrace{0.7}_{槽宽}=15.65$	m^3	57.19
4	C10 素混凝土基础垫层，厚 300mm，1—1 截面，垫层宽度 600mm，(37.8 + 3 + 5.35) × 0.6 × 0.3 = 8.31；2—2 截面，垫层宽度 700mm，(3.25 × 2 + 8.4) × 0.7 × 0.3 = 3.13	m^3	11.44
5	中粗砂垫层，厚 300mm，1—1 截面，垫层宽度 600mm，(37.8 + 3 + 5.35) × 0.6 × 0.3 = 8.31；2 - 2 截面，垫层宽度 700mm，(3.25 × 2 + 8.4) × 0.7 × 0.3 = 3.13	m^3	11.44
6	C20 现浇钢筋混凝土地圈梁，1—1 截面，断面尺寸为 0.24m × 0.24m，(37.8 + 3.36 + 5.76) × 0.24 × 0.24 = 2.7；2—2 截面，断面尺寸为 0.24m × 0.24m，(8.76 + 3.66 × 2) × 0.24 × 0.24 = 0.93	m^3	3.63
7	M5 水泥砂浆砖基础：1—1 截面(37.8 + 3 × 2 - 0.24 + 3.6 - 0.24) × 1.2 × 0.24 - 2.7 = 13.51 - 2.7 = 10.81；2—2 截面[(3.9 - 0.24) × 2 + 9 - 0.24] × [(1.2 × 0.24 + 0.0156)(折算面积)] - 0.93 = 4.88 - 0.93 = 3.95	m^3	14.76
8	基础回填土，人工夯实；基础回填土 = 挖方体积 - 砂垫层体积 - 混凝土垫层体积 - 砖基础体积 - 地圈梁体积 + 室内外高差所占砖体积 = 57.19 - 11.44 - 11.44 - 14.76 - 3.63 + (37.8 + 25.2) × 0.3 × 0.24 = 20.46	m^3	20.46
9	室内回填土，机械夯实；室内回填土 = [底层建筑面积 - ($L_{中}$ + $L_{内}$) × 0.24] × 回填厚度 = [93.69 - (37.8 + 25.2) × 0.24] × (0.3 - 0.09) = 16.50	m^3	16.50
10	外运土方，运土方 = 挖土方 - 填土方 = 57.19 - 20.46 - 16.50 = 20.23	m^3	20.23
11	C20 现浇钢筋混凝土过梁，截面尺寸为 0.24m × 0.24m。C_2 过梁：(1.2 + 0.5) × 0.24 × 0.24 × 4 = 0.39；C_3 过梁：(1 + 0.5) × 0.24 × 0.24 × 4 = 0.35；C_5 过梁：(1.2 + 0.5) × 0.24 × 0.24 = 0.10；C_6 过梁：(1 + 0.5) × 0.24 × 0.24 = 0.09；过人洞过梁：(1.8 + 0.5) × 0.24 × 0.24 = 0.13；合计：0.39 + 0.35 + 0.1 + 0.09 + 0.13 = 1.06	m^3	1.06
12	C20 现浇钢筋混凝土圈梁；$L_{中}$ = 37.8 × 2 + (9 + 3.9) × 2 = 101.4m；$L_{内}$ = 22.44 + 21.84 + 7.32 = 51.60；圈梁 = ($L_{中}$ + $L_{内}$) × 0.24 × 0.24 - 现浇过梁体积 = (101.4 + 51.60) × 0.24 × 0.24 - 1.06 = 8.81 - 1.06 = 7.75	m^3	7.75
13	预制过梁制作，安装及灌缝；查过梁图集 92ZG313 可得每根过梁体积为：C_1 过梁 GL21242：0.112 × 1 根 = 0.112；M_1 过梁 GL15242：0.058 × 1 根 = 0.058；C_4 过梁 GL15242：0.058 × 4 根 = 0.232；M_2 过梁体积：0.04 × 6 根 = 0.24；M_3 过梁体积：0.037 × 4 = 0.148；合计：0.112 + 0.058 + 0.232 + 0.24 + 0.148 = 0.79	m^3	0.79

续表

序号	工　程　项　目　名　称	单位	数量
14	M_5 混合砂浆砌一砖外墙，一层：$[\underset{L_{中}}{37.8}\times(\underset{\text{屋高}}{3.5}-\underset{\text{圈梁高}}{0.24})-(\underset{C_1}{2.1\times1.8}+\underset{C_2}{1.2\times0.8}+\underset{C_3}{1\times0.8}+\underset{C_4}{1.5\times1.8}+\underset{M_1}{1.5\times2.8})]\times0.24-\underset{C_1\text{过梁体积}}{0.112}-\underset{M_1\text{过梁体积}}{0.058}-\underset{C_4\text{过梁体积}}{0.058}=26.36$；二层：$[\underset{L_{中}}{37.8}\times(\underset{\text{层高}}{3.3}-\underset{\text{圈梁高}}{0.24})-(\underset{C_2}{1.2\times0.8}+\underset{C_3}{1\times0.8}+\underset{C_4}{1.5\times1.8\times3})]\times0.24-\underset{C_4\text{过梁体积}}{0.058\times3}=25.22$；三层：$[\underset{L_{中}}{(9+3.9)\times2}\times(\underset{\text{层高}}{2.7}-\underset{\text{圈梁高}}{0.24})-(\underset{M_2}{0.9\times2.1}+\underset{C_2}{1.2\times0.8}+\underset{C_3}{1\times0.8}+\underset{C_5}{1.2\times1.5}+\underset{C_6}{1\times1.5})]\times0.24-0.04\times1=13.42$；合计：$26.36+25.22+13.42=65.00$	m^3	65.00
15	M_5 混合砂浆砌一砖内墙，一层：$[22.44\times\underset{\text{层高+板厚圈梁高}}{(3.6-0.24)}-(\underset{M_2}{0.9\times2.1}+\underset{M_3}{0.8\times2.5\times2}+\underset{C_2}{1.2\times0.8}+\underset{C_3}{1\times0.8}+\underset{\text{过人洞}}{1.8\times3.26})]\times0.24-\underset{M_2\text{过梁体积}}{0.04}-\underset{M_3\text{过梁体积}}{0.037}\times2=14.74$；二层：$L_{内}=9-0.24+6-0.24+(3.9-0.24)\times2=21.84$；$[\underset{L_{内}}{21.84}\times(\underset{\text{层高}}{3.3}-\underset{\text{圈梁高}}{0.24})-(\underset{M_2}{0.9\times2.1\times3}+\underset{M_3}{0.8\times2.5})]\times0.24-\underset{M_2\text{过梁体积}}{0.04\times3}-\underset{M_3\text{过梁体积}}{0.037}-\underset{L_1}{(3+0.7+0.12)}\times(\underset{\text{梁高}}{0.4}-\underset{\text{圈梁高}}{0.24})\times0.24=13.89$；三层：$L_{内}=(3.9-0.24)\times2=7.32$；$[\underset{L_{内}}{7.32}\times(2.8-0.24)-(\underset{M_2}{0.9\times2.1}+\underset{M_3}{0.8\times2.5})]\times0.24-\underset{M_2\text{过梁体积}}{0.04}-\underset{M_3\text{过梁体积}}{0.037}=3.49$；合计：$14.74+13.89+3.49=32.12$	m^3	32.12
16	现浇 C30 钢筋混凝土单梁：一层单梁 L_1，截面尺寸 0.24×0.4；$(3+0.12+0.7)\times0.24\times0.4=0.37$；二层单梁 L_1，截面尺寸 0.24×0.4；$(3+0.12+0.7)\times0.24\times0.4=0.37$；一层单梁 L_2，截面尺寸 0.2×0.35；$(4.5+0.24)\times0.2\times0.35=0.33$；合计：$0.37+0.37+0.33=1.07$	m^3	1.07
17	C30 现浇钢筋混凝土平板，板厚 80mm；二层：$[(2.1-0.24)\times(3.9-0.24)+(4.5-0.24)\times(1.6-0.24)+(3.9-0.24)\times(2.4-0.24)]\times0.08=1.64$；三层：$[(2.1-0.24)\times(3.9-0.24)+(4.5-0.24)\times(1.6-0.24)+(3.9-0.24)\times(2.4-0.24)]\times0.08=1.64$；三层屋面：$[(2.1-0.24)\times(3.9-0.24)+(3.9-0.24)\times(2.4-0.24)]\times0.08=1.18$；合计：$1.64+1.64+1.18=4.46$	m^3	4.46
18	C30 现浇钢筋混凝土平板，板厚 100mm；二层：$(3-0.24)\times(3.6-0.24)\times2\times0.1=1.85$；二层屋面：$[(3-0.24)\times(3.6-0.24)\times2+0.24\times(3.6-0.24)]\times0.1=1.94$；三层屋面：$(4.5-0.24)\times(3.9-0.24)\times0.1=1.56$；合计：$1.85+1.94+1.56=5.35$	m^3	5.35
19	C30 现浇钢筋混凝土平板，板厚 140mm；二层：$(5.4-0.24)\times(6-0.24)\times0.14=4.16$；二层屋面：$(5.4-0.24)\times(6-0.24)\times0.14+0.24\times(5.4-0.24)\times0.14=4.20$；合计：$4.20+4.16=8.36$	m^3	8.36
20	预制踏步板制作安装：$(5+4\times3+8\times2)\times\underset{\text{每踏步板体积}}{0.0186}=0.61$	m^3	0.61
21	现浇 C20 钢筋混凝土挑檐：$(9+0.24)\times2\times[1\times0.1+(0.1+0.7\times1.414)\times0.08]m^3=3.46m^3$	m^3	3.46

续表

序号	工 程 项 目 名 称	单位	数量
22	现浇混凝土雨篷:3.5×0.9×0.1=0.315	m^3	0.315
23	C15混凝土台阶:(0.7+1.5+0.7)×1.2=3.48	m^2	3.48
24	台阶底3:7灰土垫层,80mm厚:(0.7+1.5+0.7)×1.2×0.08=0.278	m^3	0.278
25	散水混凝土,C15,80mm厚:[$\underset{L外}{38.76}$+4−($\underset{台阶宽}{0.7×2+1.5}$)]×$\underset{散水宽}{1}$=39.86$m^2$	m^2	39.86
26	散水粗砂垫层,50mm厚:39.86×0.05=1.993	m^3	1.993
27	散水伸缩缝,沥青砂浆填充:38.76+4×1=42.76 说明:按每边做一个纵向伸缩缝取	m	42.76
28	屋面排水管,ϕ100PVC落水管:二层屋面:(6.8+0.3)×2=14.2;三层屋面:(9.5+0.3)×2=19.6;合计:14.2+19.6=33.8	m	33.8
29	PVC雨水斗,ϕ100,4个	个	4
30	ϕ100铸铁下水口,4个	个	4
31	20厚1:3水泥砂浆找平层:二层屋面:(9−0.24)×(6−0.24)=50.46;三层屋面:(9−0.24)×(3.9−0.24)=32.06;合计:(50.46+32.06)=82.52	m^2	82.52
32	刷冷底子油一道,热沥青玛琋脂两道;二层屋面:50.46+(8.76+5.76)×2×0.25=57.71;三层屋面:32.06+(8.76+3.66)×2×0.25=38.26;合计:57.71+38.26=95.97	m^2	95.97
33	15厚1:3水泥砂浆找平层:二层屋面:(9−0.24)×(6−0.24)=50.46;三层屋面:(9−0.24)×(3.9−0.24)=32.06;合计:(50.46+32.06)=82.52	m^2	82.52
34	SBS改性沥青防水卷材;二层屋面:50.46+(8.76+5.76)×2×0.25=57.72;三层屋面:32.06+(8.76+3.66)×2×0.25=38.27;合计:(57.72+38.27)=95.99	m^2	95.99
35	1:8膨胀珍珠岩保温层:二层屋面:(9−0.24)×(6−0.24)=50.46;三层屋面:(9−0.24)×(3.9−0.24)=32.06;合计:(50.46+32.06)=82.52	m^2	82.52
36	钢筋不再一一抽料,汇总后得现浇混凝土钢筋:ϕ10以内:0.521;ϕ10以外:1.370;预制构件钢筋:ϕ10以内:0.312;ϕ10以外:0.431;预应力钢丝:0.047;预埋铁件:0.017	t	2.698
	综合措施项目		
1	外墙双排脚手架:(9.24+6.12×2)×(7.8+0.3)+[9.24+(3.9+0.24)×2]×(10.3+0.3)+9.24×(10.30−6.80)=392.04	m^2	392.04
2	垂直运输檐高10.3m,建筑面积225.63m^2	m^2	225.63
3	基础垫层模板:Ⓐ轴(9.6+3+4.8)×0.3=5.22;Ⓑ轴:(3+3)×0.3=1.8;Ⓒ轴:(3+4.8+1.45+3.8+1.75)×0.3=4.44;Ⓓ轴:(9.6+1.45+3.8+1.75)×0.3=4.98;①轴:(10.5+3.25+5.35)×0.3=5.73;②轴:3.25×2×0.3m^2=1.95;③轴:(5.35+2.4+2.35)×0.3=3.03;④轴:3.25×2×0.3=1.95;⑤轴:(10.5+2.35+3.25+2.4)×0.3=5.55;合计:(5.22+1.8+4.44+4.98+5.73+1.95+3.03+1.95+5.55)=34.65	m^2	34.65

续表

序号	工程项目名称	单位	数量
4	地圈梁模板;Ⓐ轴:(9.24×2+3.36+5.16)×0.24=6.48;Ⓑ轴:(3.36+3.36+3.36)×0.24=2.42m^2;Ⓒ轴:(8.76+5.16+3.36+1.86+4.26+2.16)×0.24=6.13;Ⓓ(9.24×2+1.86+4.26+2.16)×0.24=6.42;①轴:(10.14×2+5.76+3.66)×0.24=7.13;②轴:3.66×3×0.24=2.64;③轴:(5.76×2+2.76×2)×0.24=4.09;④轴:3.66×3×0.24=2.64;⑤轴:(10.14×2+3.66+2.76×2)×0.24=7.07;合计:(6.48+2.42+6.13+6.42+7.13+2.64+4.09+2.64+7.07)=45.02	m^2	45.02
5	单梁模板:L-1 模板:[(3-0.24)×0.24+(3-0.24)×0.4×2]×2=2.87×2=5.74;L-2 模板:(4.5-0.24)×0.2+(4.5-0.24)×0.35×2=(0.85+2.98)=3.83;合计:(5.74+3.83)=9.57	m^2	9.57
6	一层单梁 L-1、L-2 超高:(3.50+0.3)m=3.8m>3.6m(一个超高层);(2.87+3.83)=6.7	m^2	6.7
7	现浇钢筋混凝土平板模板;二层:(3.9-0.24)×(2.1-0.24)+(4.5-0.24)×(1.6-0.24)+(3.9-0.24)×(2.4-0.24)+(6-0.24)×(3.6-0.24)+(5.4-0.24)×(6-0.24)=(6.81+5.79+7.91+19.35+29.72)=69.58;三层及二层屋面:69.58;三层屋面:(3.9-0.24)×(2.1-0.24)+(3.9-0.24)×(4.5-0.24)+(3.9-0.24)×(2.4-0.24)=(6.81+15.59+7.91)=30.30;合计:69.58+30.30+69.58=169.46	m^2	169.46
8	二层楼板超高,(3.5+0.3)m=3.8m>3.6m(一个超高层),69.58	m^2	69.58
9	现浇圈梁模板:一层:37.8×0.24×2+35.4×0.24+22.44×0.24×3=(18.14+8.50+16.16)=42.80;二层:37.8×0.24×2+35.64×0.24+21.84×0.24×3=(18.14+8.55+15.72)=42.41;三层:(9+3.9)×2×0.24×2+16.56×0.24+7.32×0.24×3=12.38+3.97+5.27=21.62;合计:(42.80+42.41+21.62)=106.83	m^2	106.83
10	现浇圈梁模板超高,一层:(3.5+0.3)m=3.8m>3.6m(一个超高层)42.80	m^2	42.80
11	现浇挑檐模板:二层屋面:(9+0.24)×1=9.24;三层屋面:(9+0.24)×1=9.24;合计:(9.24+9.24)=18.48	m^2	18.48
12	挑檐侧模;二层屋面:(1×2+9+0.24)×0.2+(0.92×2+9.08)×0.1+(1×2+9+0.24)×1+(0.92×2+9.08)×1=(2.25+1.09+11.24+10.92)=25.5;三层屋面:25.5;合计:25.5+25.5=51.00	m^2	51.00
13	现浇雨篷模板:3.5×0.9=3.15	m^2	3.15
14	现浇混凝土台阶模板:(0.7+1.5+0.7)×1.2=3.48	m^2	3.48

某小区住宅楼工程工程量清单报价表

投　　标　　人：　×××　（单位签字盖章）

法　人　代　表：　×××　（签字盖章）

造价工程师及证号：　×××　（签字盖执业专用章）

编　制　时　间：×年×月×日

投 标 总 价

建设单位：

工程名称：某小区住宅楼工程

投标总价（小写）：

（大写）：

投　标　人：×××（单位签字盖章）

法定代表人：×××（签字盖章）

编制时间：×年×月×日

工程量清单计价编制总说明

工程名称:某小区住宅楼土建工程　　　　第　页　共　页

1. 工程概况:该工程建筑面积 225.63m^2,其主要功能为商住楼,层数三层,混合结构,建筑高度 10.3m,基础为砖条形基础,屋面为 SBS 卷材防水。普通照明灯具,镀锌钢管、铝塑复合管给水,PVC 塑料管排水。

2. 招标范围:土建工程、给排水、电气安装工程。

3. 工程质量要求:优良工程。

4. 工程量清单编制依据:

4.1 由××市建筑工程设计事务所设计的施工图 1 套。

4.2 由××房地产开发公司编制的《某小区住宅楼土建工程施工招标书》、《某小区住宅楼土建工程招标答疑》。

4.3 工程量清单计量按照国际《建设工程工程量清单计价规范》编制。

4.4 供水从市政供水 T 形接头处计算工程量。

4.5 进户电源配管及电缆计算至外墙 1m 处。

4.6 市场材料价格参照××市建设工程造价管理站×年×月发布的材料价格及综合市场调查后,综合取定。

5. 因工程质量要求优良,故所有材料必须持有市以上有关部门颁发的《产品合格证书》并采用价格在中档以上的建筑材料。

附表 6　单项工程费汇总表

工程名称:某小区住宅楼工程　　　　第　页　共　页

序号	单位工程名称	金额/元
1	土建	略
2	给排水	略
3	电气	略
4	通风空调	略
	合计	略

附表 7　单位工程费汇总表

工程名称:某小区住宅楼工程——土建　　　　第　页　共　页

序号	项目名称	金额/元
1	分部分项工程费合计	略
2	措施项目费	略
3	其他项目费合计	略
4	规费	略
5	税金	略
	合计	略

附表8 分部分项工程量清单计价表

工程名称:土建工程　　　　第 页 共 页

序号	项目编码	项目名称	计量单位	工程数量	金额/元	
					综合单价	合价
		A.1 土(石)方工程				
1	010101001001	平整场地,坚土	m^2	93.69	1.07	100.25
2	010101003001	挖基础土方,坚土,垫层宽度600mm,挖土深度1.5m,1—1截面	m^3	41.54	37.06	1539.47
3	010101003002	挖基础土方,坚土,垫层宽度700mm,挖土深度1.5m,2—2截面	m^3	15.65	35.06	548.69
4	010101003003	余土外运,运距50m	m^3	20.24	113.06	2288.33
5	010103001001	土(石)方回填,基础回填,人工夯实,原土	m^3	20.46	9.68	198.14
6	010103001002	土(石)方回填,室内回填,机械夯实,原土	m^3	16.50	13.92	229.62
		A.3 砌筑工程				
7	010301001001	砖基础,中粗砂垫层,C10素混凝土浆垫层,MU7.5黏土砖,M5水泥砂浆	m^3	14.76	540.84	7982.74
8	010302001001	实心砖墙,一层一砖墙,MU7.5黏土砖,M5.0混合砂浆,$H=3.5m$,外墙	m^3	30.52	253.41	7734.07
9	010302001002	实心砖墙,二层一砖墙,MU7.5黏土砖,M5.0混合砂浆,$H=3.3m$,外墙	m^3	25.22	253.41	6391.08
10	010302001003	实心砖墙,三层一砖墙,MU7.5黏土砖,M5.0混合砂浆,$H=2.7m$,外墙	m^3	13.42	253.41	3400.82
11	010302001004	实心砖墙,一层一砖墙,MU7.5黏土砖,M5.0混合砂浆,$H=3.5m$,内墙	m^3	14.74	247.92	3654.30
12	010302001005	实心砖墙,二层一砖墙,MU7.5黏土砖,M5.0混合砂浆,$H=3.3m$,内墙	m^3	13.89	247.92	3443.59
13	010302001006	实心砖墙,三层一砖墙,MU7.5黏土砖,M5.0混合砂浆,$H=2.7m$,内墙	m^3	3.49	247.92	865.25
		A.4 混凝土及钢筋混凝土工程				
14	010403004001	圈梁、地圈梁,截面尺寸0.24m×0.24m,梁底标高-0.240m,C20砾40	m^3	0.93	377.68	351.24
15	010403004002	圈梁、地圈梁,截面尺寸0.24m×0.24m,梁底标高-0.300m,C20砾40	m^3	2.70	377.68	1019.73
16	010403002001	矩形梁,一层单梁L-1,截面尺寸0.24m×0.4m,梁底标高3.07m,C30砾40	m^3	0.37	389.54	144.13
17	010403002002	矩形梁,二层单梁L-1,截面尺寸0.24m×0.4m,梁底标高6.37m,C30砾40	m^3	0.37	389.54	144.13
18	010403002003	矩形梁,一层单梁L-2,截面尺寸0.2m×0.35m,梁底标高3.12m,C30砾40	m^3	0.33	389.54	128.55
19	010405003001	平板,二层,板厚80mm,板底标高3.36m,C20砾20	m^3	1.64	385.62	632.41

续表

序号	项目编码	项 目 名 称	计量单位	工程数量	金额/元	
					综合单价	合价
20	010405003002	平板，三层，板厚80mm，板底标高6.66m，C30砾20	m^3	1.64	385.62	632.41
21	010405003003	平板，屋面，板厚80mm，板底标高9.4m，C30砾20	m^3	1.18	385.62	455.04
22	010405003004	平板，二层，板厚100mm，板底标高3.36m，C30砾20	m^3	1.85	385.62	713.40
23	010405003005	平板，三层，板厚100mm，板底标高6.66m，C30砾20	m^3	1.94	385.62	748.10
24	010405003006	平板，屋面，板厚100mm，板底标高9.4m，C30砾20	m^3	1.56	385.62	601.57
25	010405003007	平板，二层，板厚140mm，板底标高3.36m，C20砾20	m^3	4.16	385.62	1604.14
26	010405003008	平板，三层，板厚140mm，板底标高6.66m，C20砾20	m^3	4.20	385.62	1619.57
27	010403005001	过梁，一、二、三层，截面尺寸0.24×0.24，C20砾40	m^3	1.06	377.66	400.32
28	010403004003	圈梁，一、二、三层，截面尺寸0.24×0.24，C20砾40	m^3	7.75	377.66	2926.89
29	010410003001	过梁，单件体积0.112m^3，C20砾40，运距14km	m^3	0.112	1358.75	152.18
30	010410003002	过梁，单件体积0.058m^3，C20砾40，运距14km	m^3	0.29	1854.21	537.72
31	010410003003	过梁，单件体积0.04m^3，C20砾40，运距14km	m^3	0.24	1854.21	445.01
32	010410003004	过梁，单件体积0.037m^3，C20砾40，运距14km	m^3	0.148	1854.21	274.44
33	010413001001	楼梯，每踏步板体积0.0186m^3，C20砾15，运距14km	m^3	0.61	1854.20	1131.06
34	010405007001	现浇混凝土挑檐天沟，C20砾20	m^3	3.46	373.05	1290.75
35	010407001001	现浇混凝土其他构件，台阶，C15砾40，3:7灰土垫层，80mm厚	m^2	3.48	351.33	1222.64
36	010405008001	现浇混凝土雨篷，C30砾20	m^3	0.315	430.19	135.51
37	010407002001	散水粗砂垫层，50mm厚，面层80mm厚，C20砾20，沥青砂浆伸缩缝	m^2	39.86	43.26	1724.24
38	010416001001	现浇混凝土钢筋，Ⅰ级钢、Ⅱ级钢、Ⅲ级钢	t	1.891	4045.94	7650.88
39	010416002001	预制构件钢筋，Ⅰ级钢、Ⅱ级钢	t	0.743	4041.16	3002.58
40	010416007001	预应力钢丝，综合	t	0.047	6650.43	312.57
41	010417002001	预埋铁件	t	0.017	5183.53	88.12
		A.7 屋面及防水工程				
42	010702004001	屋面排水管，PVC落水管ϕ10，PVC雨水斗，雨水口各4个	m	33.8	22.33	754.71
43	010702001001	屋面卷材防水，SBS改性沥青防水卷材，4mm厚，1:3水泥砂浆找平层	m^2	95.99	78.40	7525.18
		A.8 防腐、隔热、保温工程				
44	010803001001	保温隔热屋面，现浇水泥珍珠岩1:8	m^2	82.52	18.95	1564.09

附表 9　措施项目清单计价表

工程名称:土建工程　　　　　　　　　　　　　　　　　第　页　共　页

序号	项目名称	金额/元
1	建筑工程	
1.1	脚手架费	5494.77
1.2	混凝土模板及支架	15055.57
1.3	垂直运输	5462.73
1.4	环境保护费	略
1.5	临时设施费	略
1.6	文明、安全施工费	略
		略
	合计	略

附表 10　其他项目清单计价表

工程名称:土建工程　　　　　　　　　　　　　　　　　第　页　共　页

序号	项目名称	金额/元
1	招标人部分	
	预留金	略
	材料购置费	略
	其他	
	小计	
2	投标人部分	
	总承包服务费	略
	零星工作项目费	略
	其他	
	小计	略
		略
	合计	

附表 11 零星工作项目表

工程名称:土建工程　　　　　　　　　　　　　　　　　　　　第 页 共 页

序号	名称	计量单位	数量	金额/元	
				综合单价	合价
	土建				
1	人工				
1.1	高级技术工人	工日	略		
1.2	技术工人	工日	略		
1.3	壮工	工日	略		
	小计				
2	材料		略		
2.1					
2.2					
	小计				
3	机械		略		
3.1					
3.2					
	小计		略		

附表 12 分部分项工程量清单综合单价分析表

工程名称:土建工程　　　　　　　　　　　　　　　　　　　　第 页 共 页

序号	项目编码	项目名称	定额编号	工程内容	单位	数量	其中/元					综合单价	合价
							人工费	材料费	机械费	管理费	利润		
1	010101001001	平整场地			m^2	93.69						1.07	99.78
			1-1	场地平整	m^2	93.69	70.27			23.89	5.62		99.78
2	010101003001	挖基础土方 1-1			m^3	41.54						37.06	1539.35
			1-4	人工挖沟槽	m^3	85.56	1084.05			368.58	86.72		1539.35
3	010101003002	挖基础土方 2-2			m^3	15.65						35.06	548.75
			1-4	人工挖沟槽	m^3	30.5	386.44			131.39	30.92		548.75
4	010101003003	余土外运			m^3	20.24						113.06	2288.29
			1-15	余土运输,50m	m^3	79.11	237.33		1374.14	547.9	128.92		2288.29
5	010103001001	土(石)方回填			m^3	20.45						37.56	768.17
			1-7	人工夯填(夯填)	m^3	79.32	483.85	—	57.11	183.93	43.28		768.17
6	010103001002	土(石)方回填			m^3	16.5						13.92	229.62
			1-14	房心回填	m^3	16.5	149.82		11.88	54.98	12.94		229.62

续表

序号	项目编码	项目名称	定额编号	工程内容	单位	数量	其中/元					综合单价	合价
							人工费	材料费	机械费	管理费	利润		
7	010301001001	砖基础			m^3	14.76						540.84	7982.74
			4-1	基础砌砖	m^3	14.76	509.36	1868.17	59.77	828.69	194.99		3461.00
			5-1	C10混凝土基础垫层	m^3	11.44	274.79	1807.06	154.10	760.22	178.88		3175.05
			装饰1-6	中粗砂垫层	m^3	11.44	155.81	764.42	28.14	322.45	75.87		1346.69
8	010302001001	实心砖墙，高3.5m			m^3	30.52						253.41	7734.17
			4-2	砌一砖外墙	m^3	30.52	1396.29	3913.88	136.43	1851.84	435.73		7734.17
9	010302001002	实心砖墙，高3.3m			m^3	25.22						253.41	6391.08
			4-2	砌一砖外墙	m^3	25.22	1153.82	3234.21	112.73	1530.26	360.06		6391.08
10	010302001003	实心砖墙，高2.7m			m^3	13.42						253.41	3400.82
			4-2	砌一砖外墙	m^3	13.42	613.97	1720.98	59.99	814.28	191.60		3400.82
11	010302001004	实心砖墙，高3.5m			m^3	14.74						247.92	3654.30
			4-3	砌一砖内墙	m^3	14.74	618.63	1889.66	65.16	874.97	205.87		3654.30
12	010302001005	实心砖墙，高3.3m			m^3	13.89						247.92	3443.59
			4-3	砌一砖内墙	m^3	13.89	582.96	1780.69	61.39	824.52	194.01		3443.59
13	010302001006	实心砖墙，高2.7m			m^3	3.49						247.92	865.25
			4-3	砌一砖内墙	m^3	3.49	146.48	447.42	15.43	207.17	48.75		865.25
14	010403004001	地圈梁，标高-0.24m			m^3	0.93						377.68	351.24
			5-26	地圈梁，C20混凝土	m^3	0.93	49.05	177.93	20.37	84.10	19.79		351.24
15	010403004002	地圈梁，标高-0.30m			m^3	2.7						377.68	1019.69
			5-26	地圈梁，C20混凝土	m^3	2.7	142.40	516.56	59.13	244.15	57.45		1019.69
16	010403002001	一层单梁L-1，底标高3.07m			m^3	0.37						389.54	144.13
			5-24	单梁(C30)	m^3	0.37	11.46	81.94	8.1	34.51	8.12		144.13
17	010403002002	二层单梁L-1，底标高6.37m			m^3	0.37						389.54	144.13
			5-24	单梁(C30)	m^3	0.37	11.46	81.94	8.1	34.51	8.12		144.13

续表

序号	项目编码	项目名称	定额编号	工程内容	单位	数量	其中/元					综合单价	合价
							人工费	材料费	机械费	管理费	利润		
18	010403002003	一层单梁L-2,底标高3.12m			m^3	0.33						389.54	128.55
			5-24	单梁(C30)	m^3	0.33	10.22	73.09	7.23	30.78	7.24		128.55
19	010405003001	二层平板,厚80mm			m^3	1.64						385.62	632.41
			5-29	现浇板,C30	m^3	1.64	43.69	365.77	35.90	151.42	35.63		632.41
20	010405003002	三层平板,厚80mm			m^3	1.64						385.62	632.41
			5-29	现浇板,C30	m^3	1.64	43.69	365.77	35.90	151.42	35.63		632.41
21	010405003003	屋面板,厚80mm			m^3	1.18						385.62	455.04
			5-29	现浇板,C30	m^3	1.18	31.44	263.18	25.83	108.95	25.64		455.04
22	010405003004	二层平板,厚100mm			m^3	1.85						385.62	713.40
			5-29	现浇板,C30	m^3	1.85	49.28	412.61	40.50	170.82	40.19		713.40
23	010405003005	三层平板,厚100mm			m^3	1.94						385.62	748.10
			5-29	现浇板,C30	m^3	1.94	51.68	432.68	42.47	179.12	42.15		748.10
24	010405003006	屋面平板,厚100mm			m^3	1.56					385.62	601.57	
			5-29	现浇板,C30	m^3	1.56	41.56	347.93	34.15	144.04	33.89		601.57
25	010405003007	二层平板,厚140mm			m^3	4.16						385.62	1604.14
			5-29	现浇板,C30	m^3	4.16	110.82	927.80	91.06	384.09	90.37		1604.14
26	010405003008	三层平板,厚140mm			m^3	4.20						385.62	1619.57
			5-29	现浇板,C30	m^3	4.20	111.89	936.72	91.94	387.78	91.24		1619.57
27	010403005001	过梁一、二、三层			m^3	1.06						377.66	400.32
			5-26	现浇过梁,C20	m^3	1.06	55.91	202.78	23.22	95.85	22.55		400.32
28	010403004003	圈梁一、二、三层			m^3	7.75						377.66	2926.89
			5-26	现浇圈梁,C20	m^3	7.75	408.74	1482.73	169.72	700.80	164.89		2926.89

续表

序号	项目编码	项目名称	定额编号	工程内容	单位	数量	其中/元					综合单价	合价
							人工费	材料费	机械费	管理费	利润		
29	010401003001	过梁单件体积 0.112m³			m³	0.112						1358.75	152.18
			11-34	预制过梁制作安装	m³	0.112	5.88	86.81	—	31.51	7.42		131.62
			9-1	预制过梁运输,5km 以内	m³	0.112	0.32	0.13	4.34	1.63	0.38		6.8
			9-2	预制过梁运输,增 9km	m³	0.112	0.17	0.02	1.81	0.68	0.16		2.84
			5-97	预制过梁接头灌缝	m³	0.112	1.21	6.04	0.44	2.61	0.62		10.92
30	010410003002	过梁单件体积 0.058m³			m³	0.29						1854.21	537.72
			11-53	预制小型构件制作安装	m³	0.29	17.32	322.77	6.44	117.82	27.72		492.07
			9-1	预制小型构件运输,5km 以内	m³	0.29	0.84	0.33	11.24	4.22	0.99		17.62
			9-2	预制小型构件运输,增 9km	m³	0.29	0.43	0.06	4.68	1.76	0.41		7.34
			5-99	预制小型构件接头灌缝	m³	0.29	5.24	8.72	0.61	4.95	1.17		20.69
31	010401003003	过梁单件体积,0.04m³			m³	0.24						1854.21	445.01
			11-53	预制小型构件制作安装	m³	0.24	14.34	267.12	5.33	97.51	22.94		407.24
			9-1	预制小型构件运输,5km 以内	m³	0.24	0.69	0.28	9.3	3.49	0.82		14.58
			9-2	预制小型构件运输,增 9km	m³	0.24	0.36	0.05	3.87	1.46	0.34		6.04
			5-99	预制小型构件接头灌缝	m³	0.24	4.34	7.21	0.50	4.10	0.96		17.11
32	010410003004	过梁,单体积 0.037m³			m³	0.148						1854.21	274.44
			11-53	预制小型构件制作安装	m³	0.148	8.84	164.72	3.29	60.13	14.15		251.13
			9-1	预制小型构件运输,5km 以内	m³	0.148	0.43	0.17	5.74	2.16	0.51		9.01

序号	项目编码	项目名称	定额编号	工程内容	单位	数量	其中/元					综合单价	合价
							人工费	材料费	机械费	管理费	利润		
			9-2	预制小型构件运输，增9km	m^3	0.148	0.22	0.03	2.39	0.90	0.21		3.75
			5-99	预制小型构件接头灌缝	m^3	0.148	2.67	4.45	0.31	2.53	0.59		10.55
33	010413001001	楼梯，踏步板			m^3	0.61						1854.20	1131.06
			11-53	预制小型构件制作安装	m^3	0.61	36.44	678.92	13.54	247.83	58.31		1035.04
			9-1	预制构件运输，5km 以内	m^3	0.61	1.76	0.70	23.64	8.87	2.09		37.06
			9-2	预制构件运输，增9km	m^3	0.61	0.9	0.13	9.85	3.70	0.87		15.45
			5-99	预制小型构件接头灌缝	m^3	0.61	11.02	18.34	1.28	10.42	2.45		43.51
34	010405007001	挑檐天沟			m^3	3.46						373.05	1290.75
			5-54	其他构件(C20)	m^3	3.46	174.70	654.91	79.37	309.05	72.72		1290.75
35	010407001001	其他构件			m^2	3.48						351.33	1222.64
			5-52	台阶(C15)	m^2	3.48	157.64	610.36	81.43	288.81	67.95		1206.19
			1-13	台阶 3:7 灰土垫层	m^3	0.278	5.29	6.15	0.14	3.94	0.93		16.45
36	010405008001	雨篷			m^3	0.315						430.19	135.51
			5-47	雨罩(C30)	m^3	0.315	15.14	70.15	10.14	32.45	7.63		135.51
37	010407002001	散水			m^2	39.86						43.26	1724.24
			装饰 1-212	混凝土散水	m^2	39.86	210.86	571.99	49.83	283.11	66.61		1182.40
			装饰 1-6	粗砂、垫层	m^3	1.993	27.14	133.17	4.91	56.18	13.22		234.61
			装饰 9-11	沥青砂浆伸缩缝	m	42.76	108.60	101.34	6.42	73.56	17.31		307.23
38	010416001001	现浇混凝土钢筋			t	1.891						4045.94	7650.88
			8-1	钢筋 ϕ10 以内	t	0.521	95.85	1377.83	1.94	501.71	118.05		2095.38
			8-2	钢筋 ϕ10 以外	t	1.370	234.98	3672.19	5.15	1330.19	312.99		5555.5

续表

序号	项目编码	项目名称	定额编号	工程内容	单位	数量	其中/元					综合单价	合价
							人工费	材料费	机械费	管理费	利润		
39	010416002001	预制构件钢筋			t	0.743						4041.16	3002.58
			8-1	钢筋 ϕ10 以内	t	0.312	57.40	825.11	1.16	300.45	70.69		1254.81
			8-2	钢筋 ϕ10 以外	t	0.431	73.93	1155.27	1.62	418.48	98.47		1747.77
40	010416007001	预应力钢丝			t	0.047						6650.43	312.57
			8-11	预应力钢丝束	t	0.047	8.91	210.92	0.29	74.84	17.61		312.57
41	010417002001	预埋铁件			t	0.017					5183.53	88.12	
			8-5	预埋铁件制作安装	t	0.017	9.03	52.55	0.48	21.10	4.96		88.12
42	010702004001	屋面排水管			m	33.8						22.33	754.71
			12-55	ϕ100 塑料水落管	m	33.8	198.74	752.05	12.51	327.52	77.06		417.09
			12-64	雨水斗	个	4	38.44	102.36	1.84	48.50	11.41		202.55
			12-61	ϕ100 铸铁下水口	个	4	29.64	64.24	1.24	32.34	7.61		135.07
43	010702001001	屋面卷材防水			m^2	95.99						78.40	7525.18
			13-99	SBS 改性沥青防水卷材	m^2	95.99	226.53	4527.84	62.39	1637.70	385.34		6839.80
			13-1	20 厚 1:3 水泥砂浆找平层	m^2	82.52	163.39	357.31	20.63	82.05	19.31		342.69
			13-1	15 厚 1:3 水泥砂浆找平层	m^2	82.52	163.39	357.31	20.63	82.05	19.31		342.69
44	010803001001	保温隔热屋面			m^2	82.52						18.95	1564.09
			12-10	1:8 现浇水泥珍珠岩	m^3	7.38	157.12	930.18	14.17	374.50	88.12		1564.09

附表 13　措施项目费分析表

工程名称:土建工程　　　　第　页　共　页

序号	措施项目名称	单位	数量	金额/元					
				人工费	材料费	机械费	管理费	利润	小计
	建筑工程								
1.1	脚手架费								
1.1.1	混合结构脚手架	$100m^2$	3.92	679.51	3096.68	93.37	1315.65	309.56	5494.77
1.2	混凝土模板及支架								
1.2.1	基础垫层模板	m^2	34.65	149.00	256.76	24.60	103.29	34.43	568.07
1.2.2	地圈梁模板	m^2	45.02	533.94	386.27	44.12	327.87	77.15	1369.35

续表

序号	措施项目名称	单位	数量	金额/元					
				人工费	材料费	机械费	管理费	利润	小计
1.2.3	单梁模板	m^2	9.57	156.37	81.54	19.91	87.66	20.63	366.11
1.2.4	单梁支撑高度超1m	m^2	6.7	30.08	4.96	7.04	14.31	3.37	59.76
1.2.5	平板模板	m^2	169.46	2033.52	2458.87	186.40	1590.79	374.31	6643.89
1.2.6	板支撑高度超1m	m^2	69.58	150.29	16.00	20.87	63.63	14.97	265.76
1.2.7	现浇圈梁模板	m^2	106.83	1267.00	916.60	104.69	778.02	183.07	3249.38
1.2.8	圈梁支撑高度超1m	m^2	42.80	192.18	31.67	45.05	91.38	21.50	381.68
1.2.9	挑檐模板	m^2	18.48	209.75	447.03	16.45	228.90	53.86	955.99
1.2.10	挑檐侧模	m^2	51.00	506.43	200.43	49.47	257.15	60.50	1073.98
1.2.11	现浇雨篷模板	m^2	3.15	39.09	52.57	7.28	33.64	7.92	14.05
1.2.12	现浇混凝土台阶模板	m^2	3.48	29.65	44.44	1.64	25.75	6.06	107.54
1.3	垂直运输								
1.3.1	垂直运输	m^2	225.63	—	—	3846.99	1307.98	307.76	5462.73
1.4	环境保护费	综合	1						略
1.5	临设设施费	综合	1						略
1.6	文明、安全施工费	综合	1						略
	合计								略

附表14　主要材料价格表(略)

工程名称:土建工程　　　　第　页　共　页

序号	材料编码	名称规格	单位	数量	单价/元	合价/元

一、设计说明

(一)本工程建筑面积:225.63m^2。

(二)建筑构造及用料,做法:中南标88ZJ001。

(1)屋面:屋5,二毡三油改为SBS改性沥青防水卷材。

(2)地面:地7。

(3)楼面:楼 11,卫生间、厨房瓷砖颜色自定,楼梯抹 1∶2 水泥砂浆。

(4)内墙:内墙 3,加刷白仿瓷涂料,卫生间、厨房白瓷砖做到顶棚。顶棚做法同内墙 3。

(5)外墙:外墙 8,部位及颜色见立面(北立面、东西立面全为外墙 8)。

(6)油漆:漆 1,用于木构件、外墙;漆 12,用于铁构件。

(三)室外装修及配件 88ZJ901。

(1)散水:88ZJ901-3-4,宽 1000mm。

(2)踏步:88ZJ901-5-5。

(3)踢脚:88ZJ501-3-2。

(四)厨房卫生间楼梯进户平台均低于同层室内地面。

(五)门窗表 88ZJ601。

(六)基础计算按地基容许承载力标准值 $f_k = 200\text{kPa}$,土质为坚土。

(七)采用材料:

混凝土:基础垫层为 C10 级。

钢　筋:Ⅰ级(ϕ),Ⅱ级(ϕ)。

砌　体:砖用 MU7.5 黏土砖,±0.000 以下用 M5 水泥砂浆砌,±0.000 以上用 M5.0 混合砂浆砌。

(八)梁、柱箍筋的未端应做成不小于 135°弯钩,弯钩端头平直段长度应小于 $10d$(d 为箍筋直径)。

(九)凡无梁通过的洞口均按 92ZG313 相应洞口的二级过梁考虑。

(十)未注明分布钢筋及架立筋,均为 $\phi6@250$。

(十一)内外墙均设 240mm × 240mm 圈梁,配筋同地圈梁。

二、门窗表(88ZJ601,96SJI713)

附表 15　门窗表

编号	洞口尺寸/mm		数量	采用图集		备注
	宽	高		图集号	型号	
C－1	2100	1800	1	92SJI713(四)	TCL-13	合金 90 系列壁厚 1.5mm,白铝白玻,一层外墙及门亮子加护铁,$\phi12@140$,外墙窗带纱
C－2	1200	800	4	92SJI713(四)	TCL-07	
C－3	1000	800	4	92SJI713(四)	仿 TCL-07	
C－4	1500	1800	4	92SJI713(四)	仿 TCL-0	
C－5	1200	1500	1	92SJI713(四)	仿 TCL-0	
C－6	1000	1500	1	92SJI713(四)	仿 TCL-0	
M－1	1500	2800	1	建施		
M－2	900	2100	6	中南标 88ZJ601	M22-1021	
M－3	800	2500	4	中南标 88ZJ601	M22-0925	

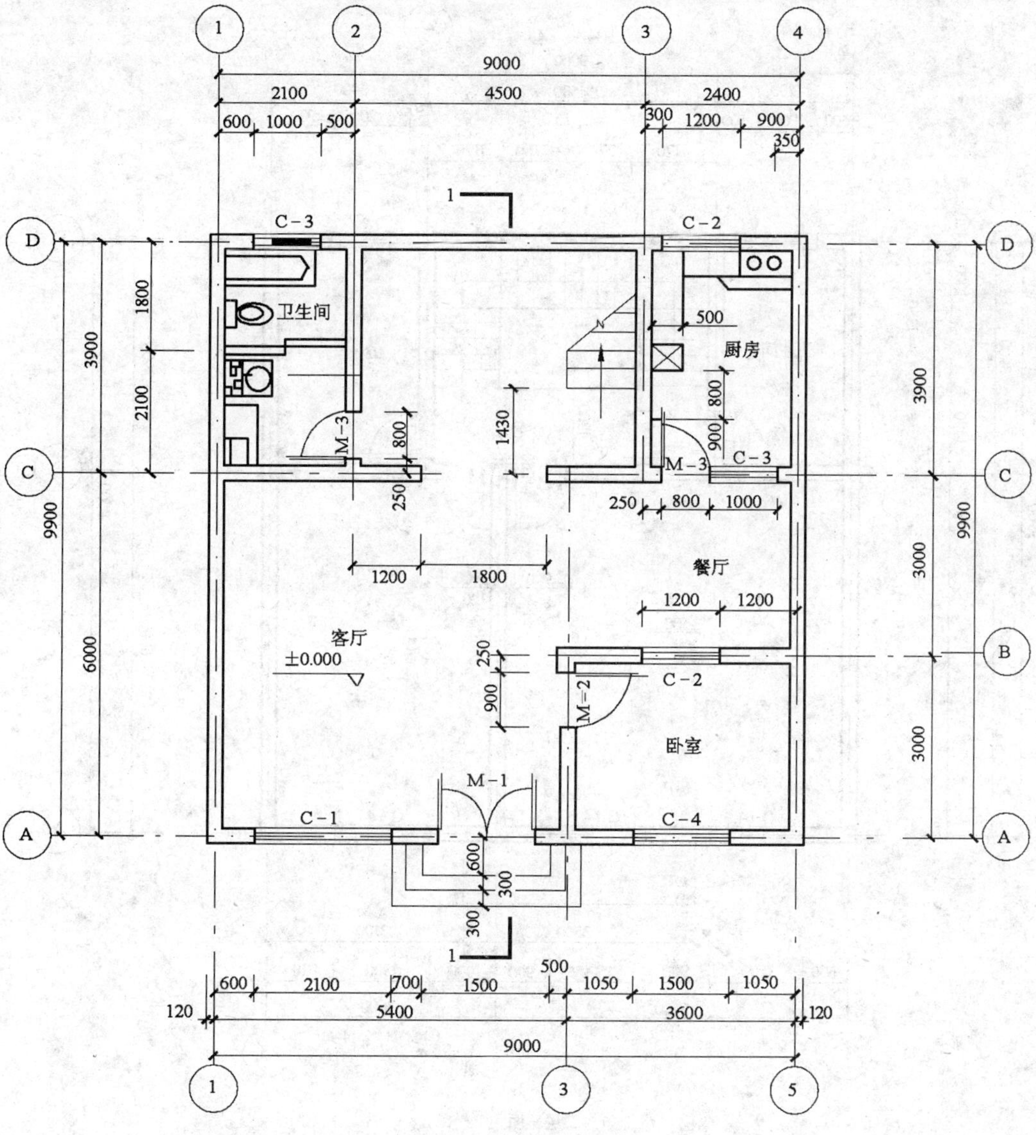

一层平面

附图1　建施1号图

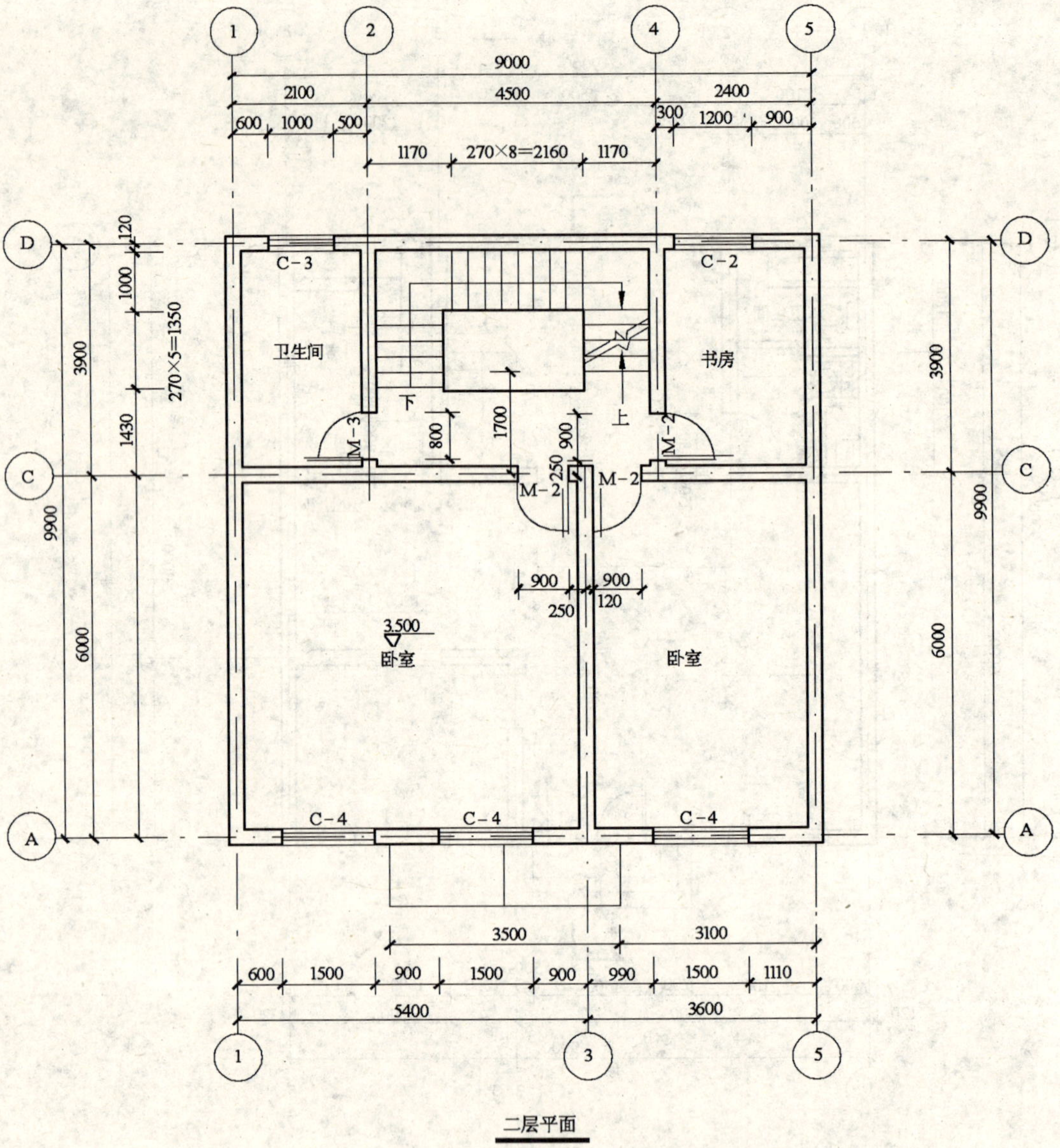

1
2
4
5
9000
2100
4500
2400
600
1000
500
300
1200
900
1170
270×8=2160
1170
D
C
A
120
1000
270×5=1350
1430
3900
6000
9900
C-3
C-2
C-4
C-4
C-4
卫生间
书房
下
上
M-3
M-2
M-2
M-2
800
1700
900
250
900
900
250
120
3.500
卧室
卧室
3500
3100
600
1500
900
1500
900
990
1500
1110
5400
3600
3
二层平面

附图 2　建施 2 号图

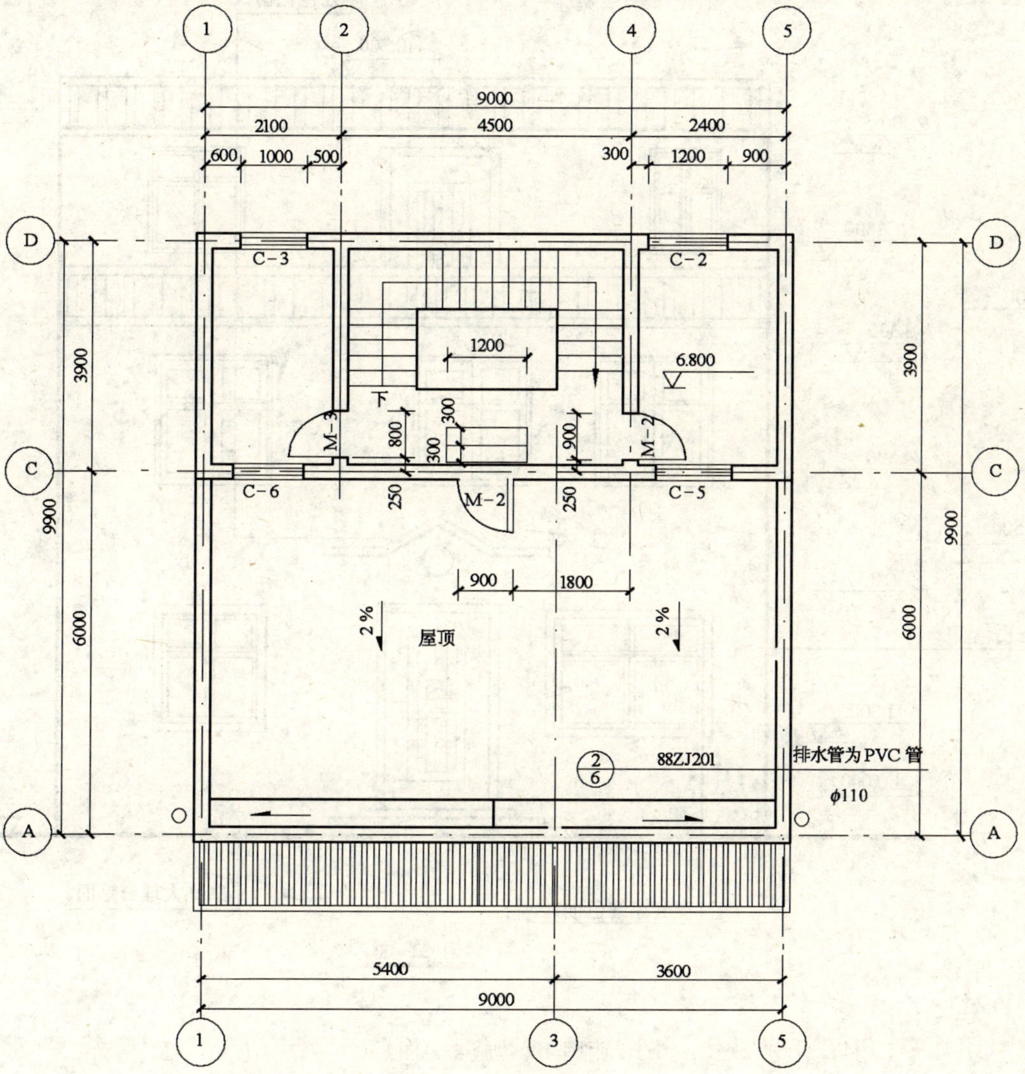

三层平面二层屋面

附图3　建施3号图

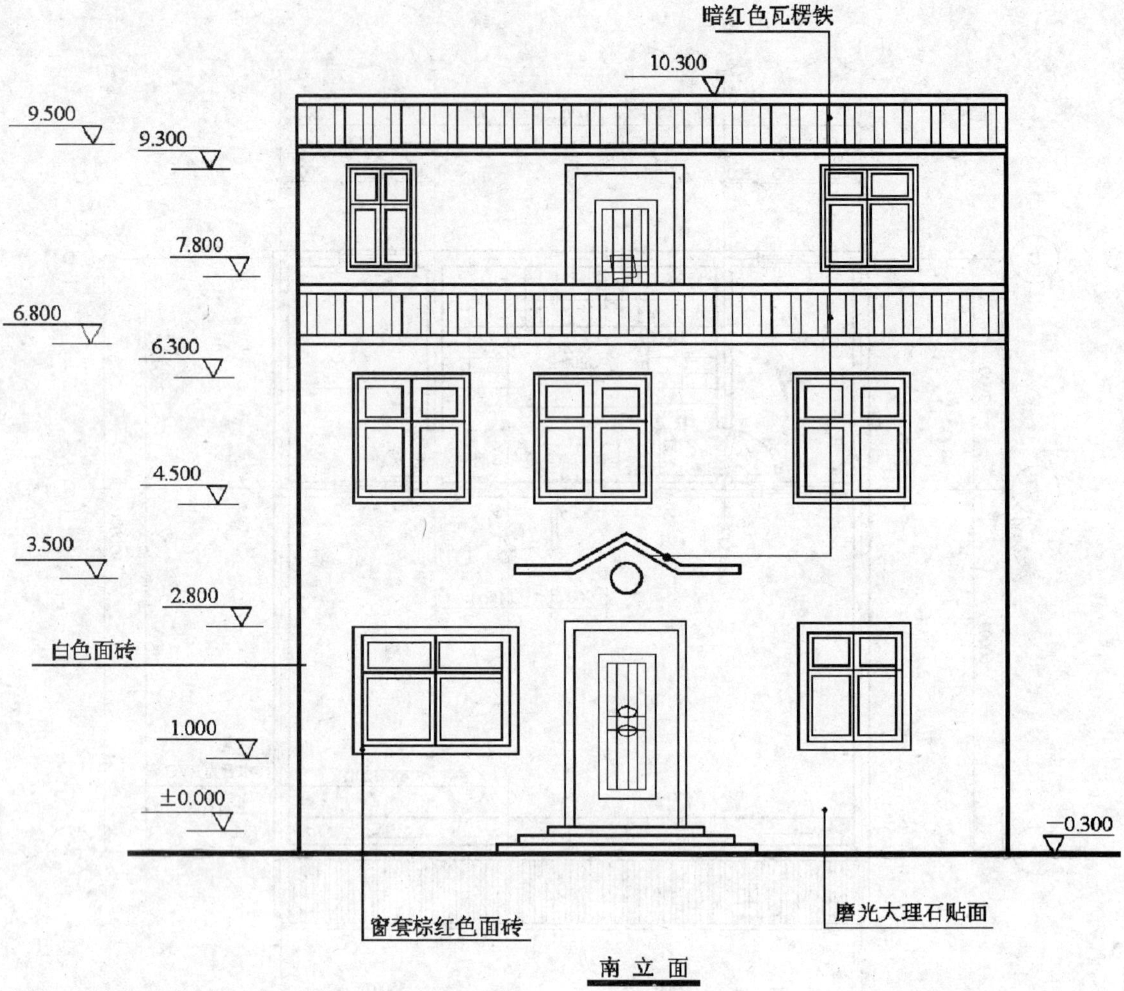
暗红色瓦楞铁
10.300
9.500
9.300
7.800
6.800
6.300
4.500
3.500
2.800
白色面砖
1.000
±0.000
-0.300
窗套棕红色面砖
磨光大理石贴面
南立面

附图4 建施4号图

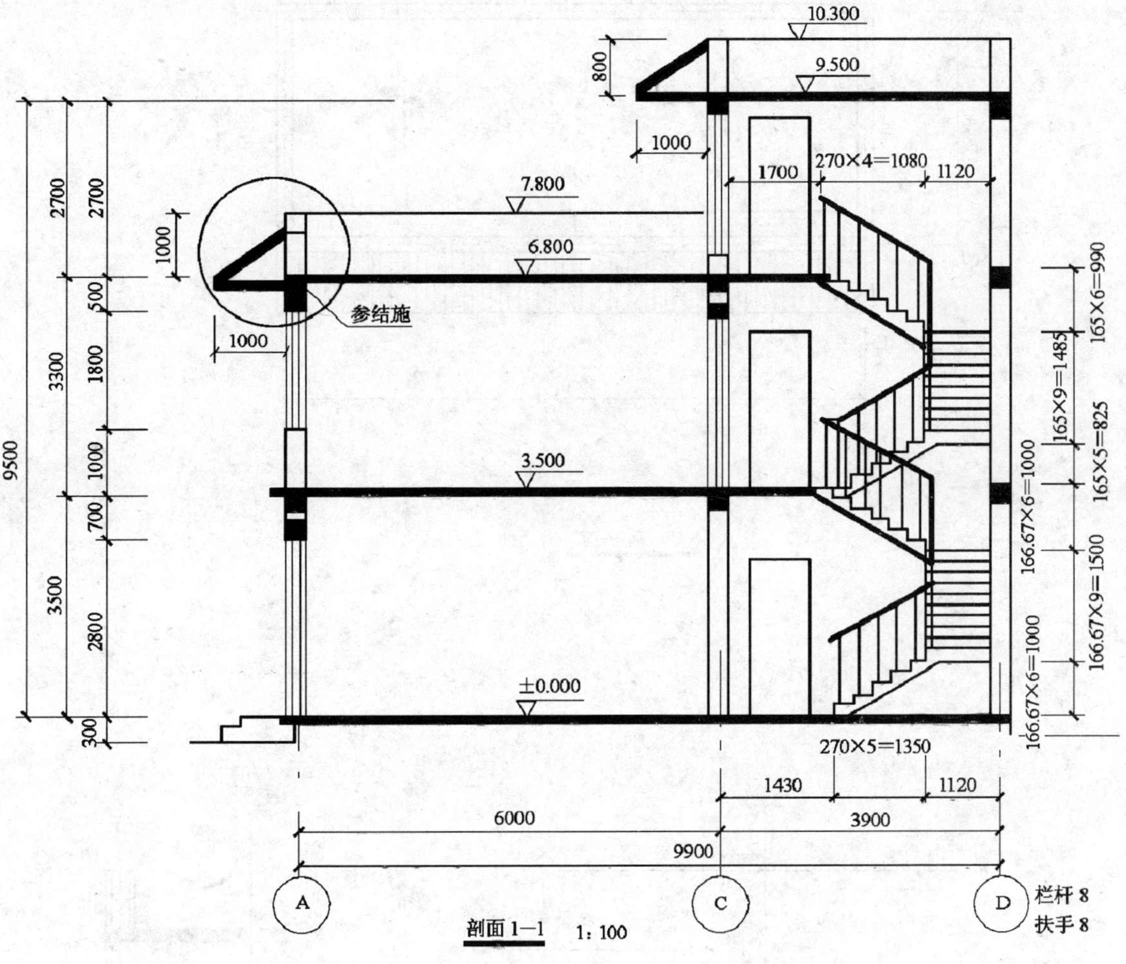
10.300
9.500
800
1000
1700
270×4=1080
1120
7.800
6.800
1000
参结施
1000
3.500
±0.000
2700
2700
500
3300
1800
9500
1000
700
3500
2800
300
165×6=990
165×9=1485
165×5=825
166.67×6=1000
166.67×9=1500
166.67×6=1000
270×5=1350
1430
1120
6000
3900
9900
A
C
D
栏杆 8
扶手 8
剖面 1—1
1：100

附图 5　建施 5 号图

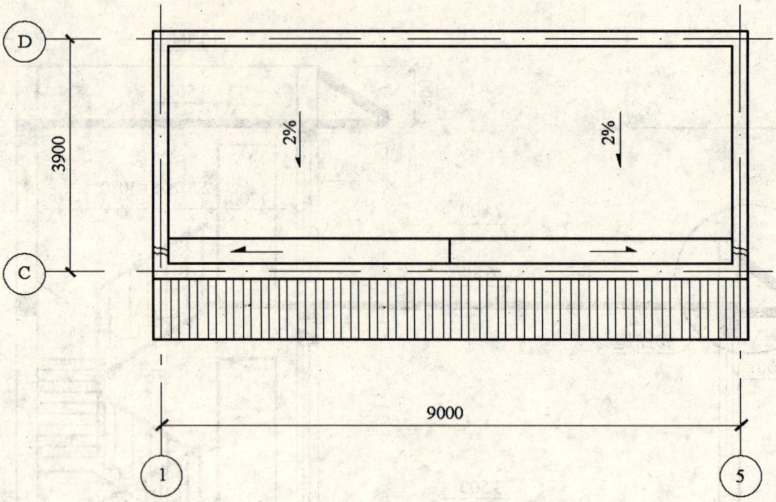

屋 顶 平 面　1∶100

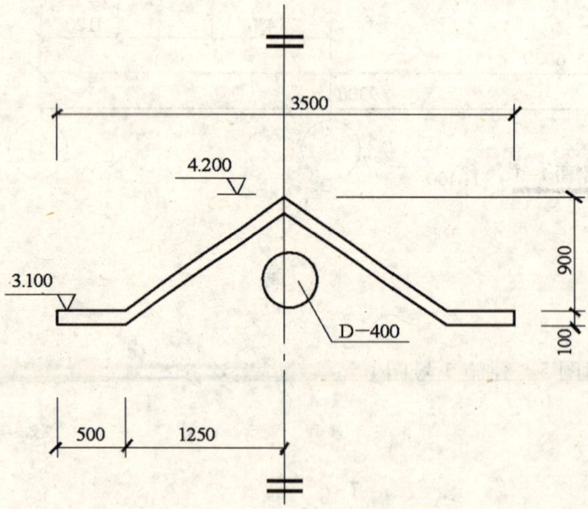

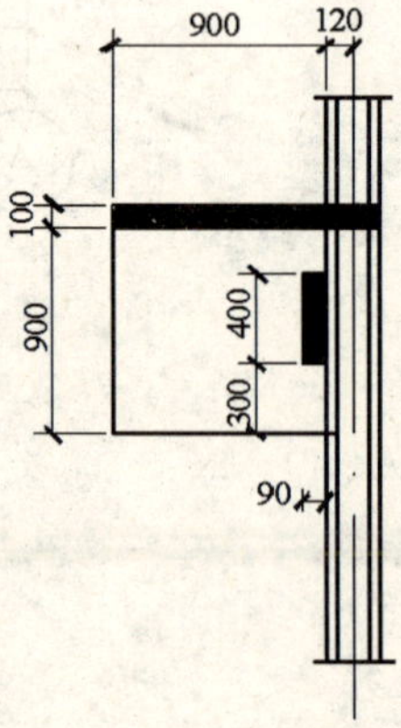

附图 6　建施 6 号图

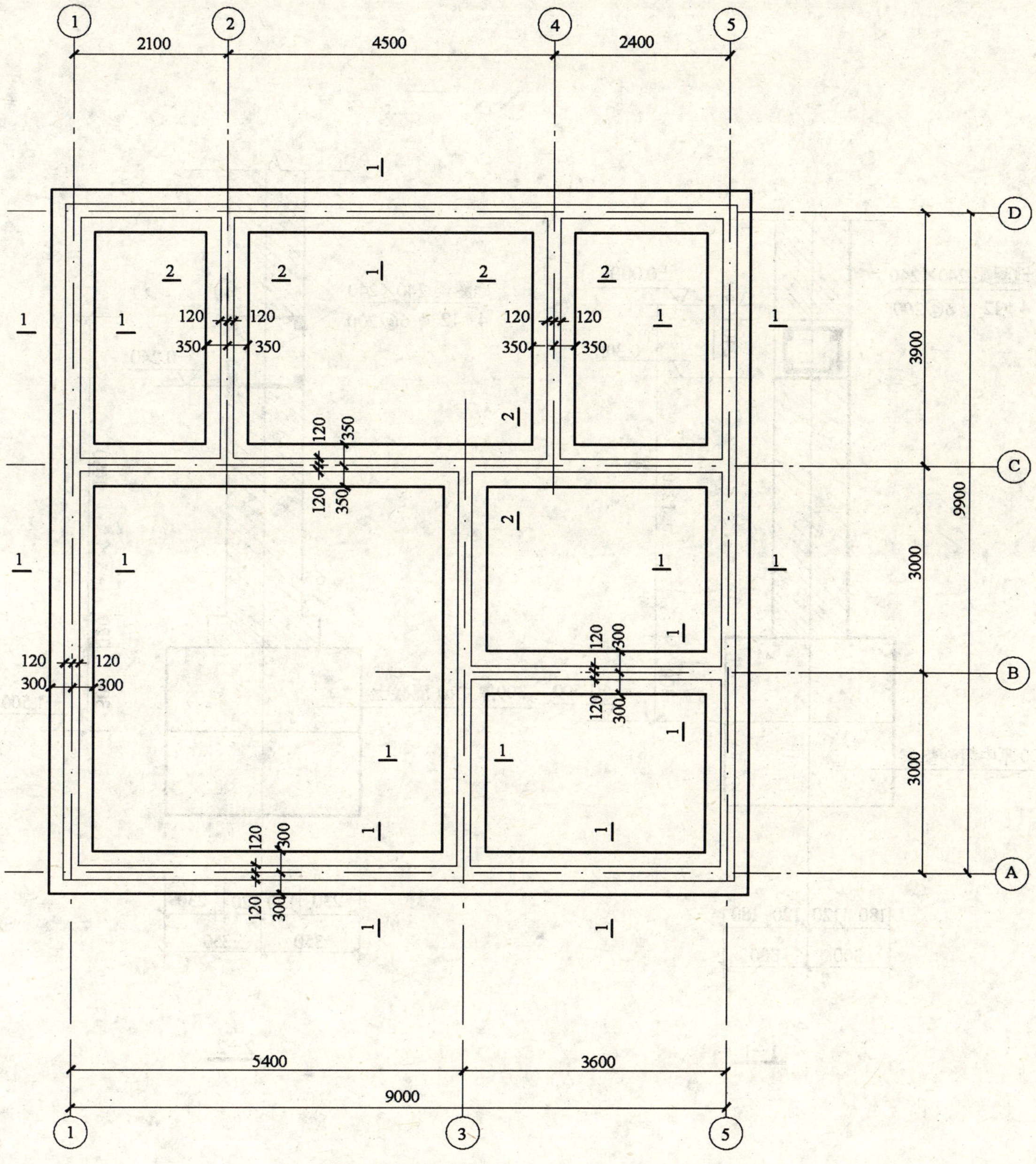

基础平面布置图

附图7　结施1号图

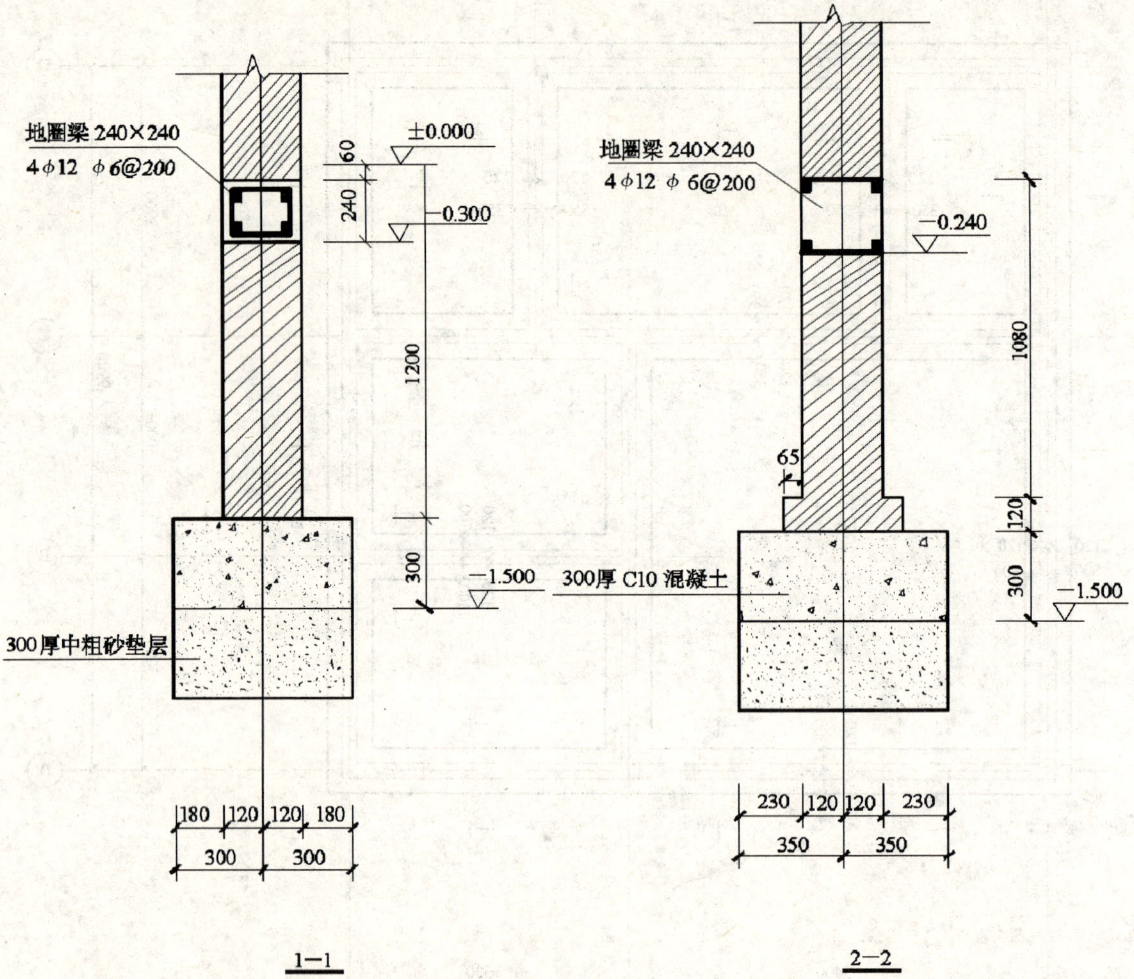

地圈梁 240×240
4φ12 φ6@200
±0.000
60
240
-0.300
1200
300
-1.500
300厚中粗砂垫层
180 120 120 180
300 300
1—1
地圈梁 240×240
4φ12 φ6@200
-0.240
1080
65
120
300
-1.500
300厚 C10 混凝土
230 120 120 230
350 350
2—2

附图 8　结施 2 号图

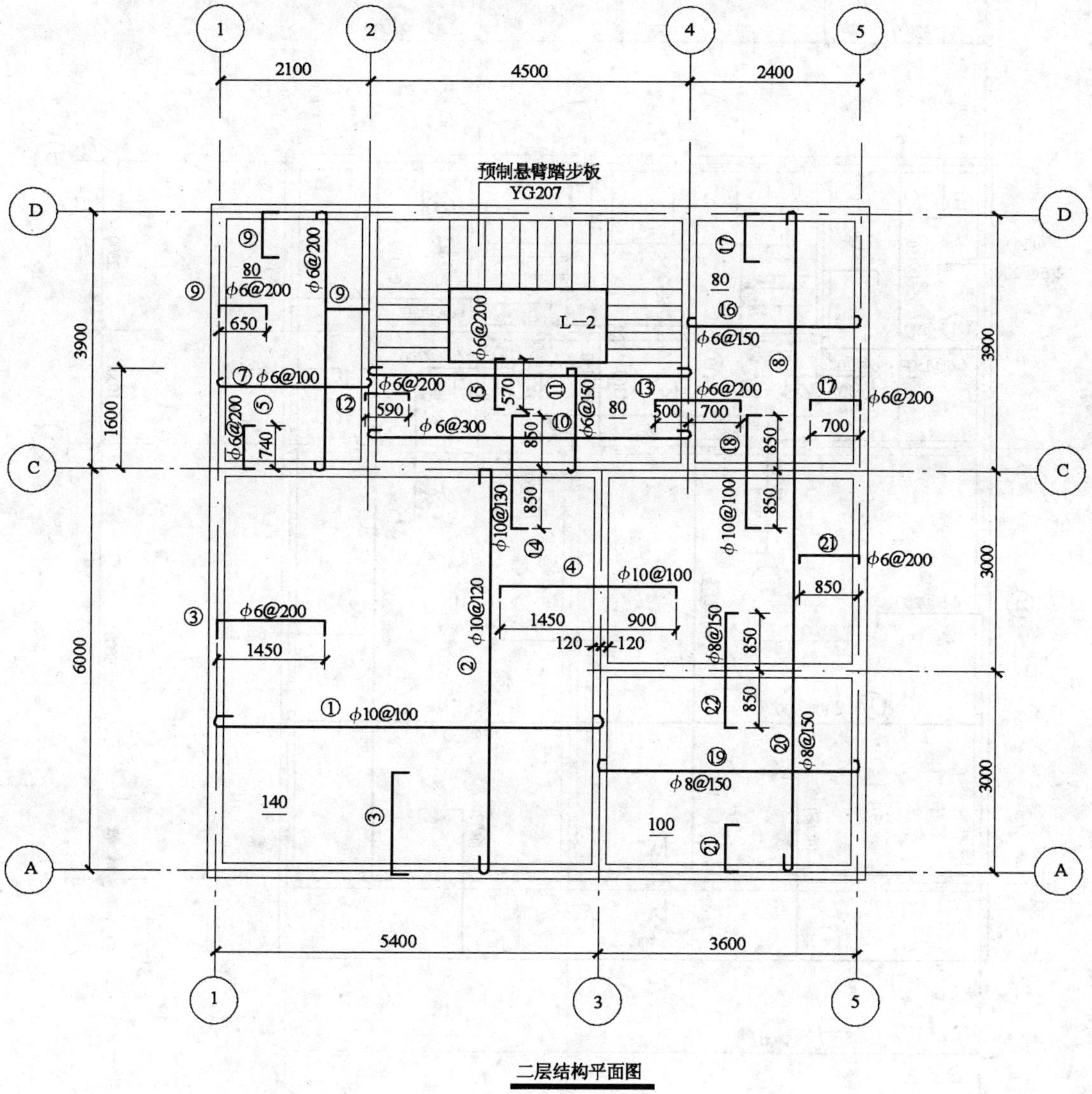

附图9　结施3号图

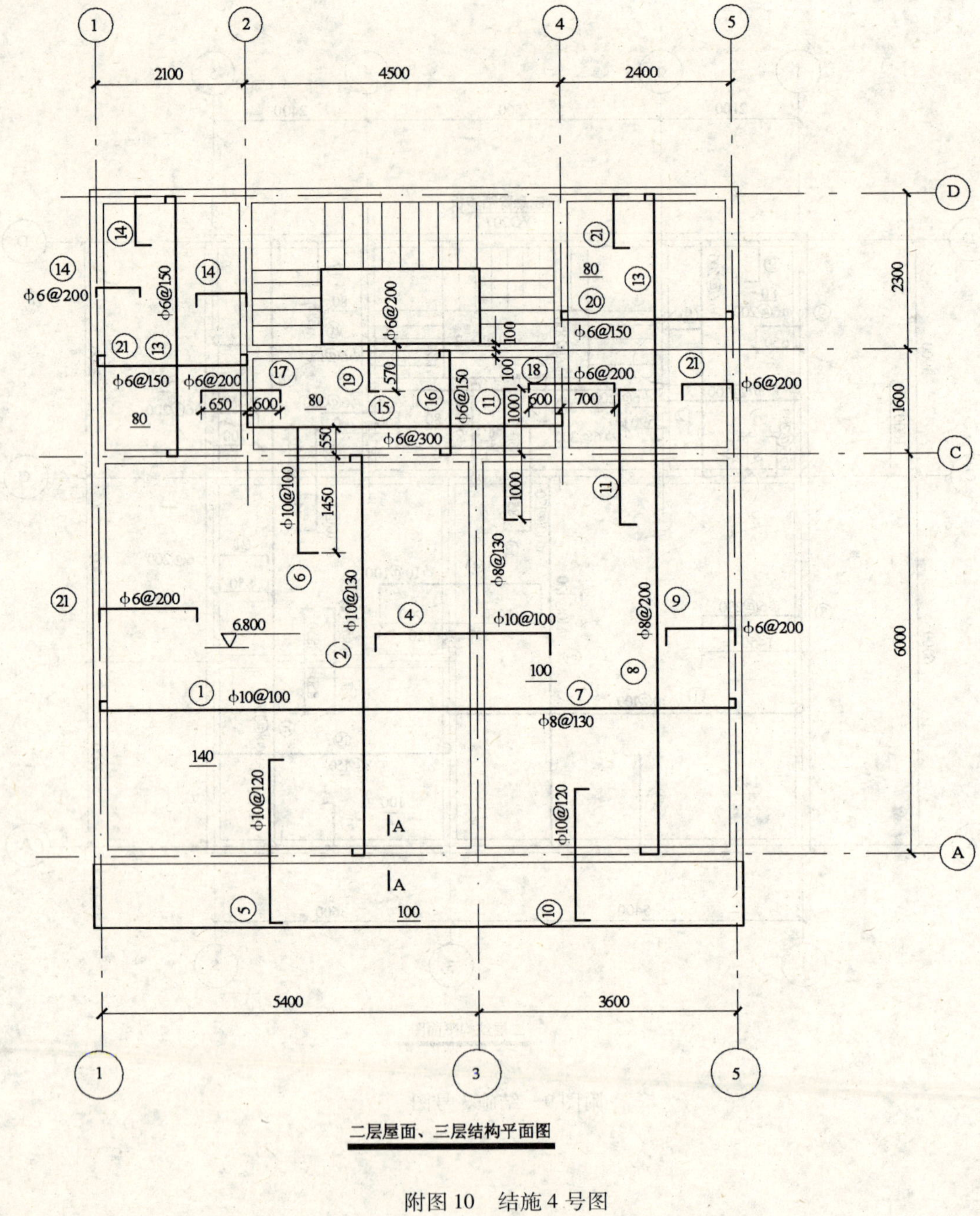
2100
4500
2400
5400
3600
2300
1600
6000
φ6@200
φ6@150
φ6@200
φ6@150
φ6@300
φ6@150
φ6@200
φ10@100
φ10@130
φ10@100
φ10@100
φ8@130
φ8@200
φ8@130
φ10@120
φ10@120
6.800
140
100
100
80
80
80
二层屋面、三层结构平面图

附图 10　结施 4 号图

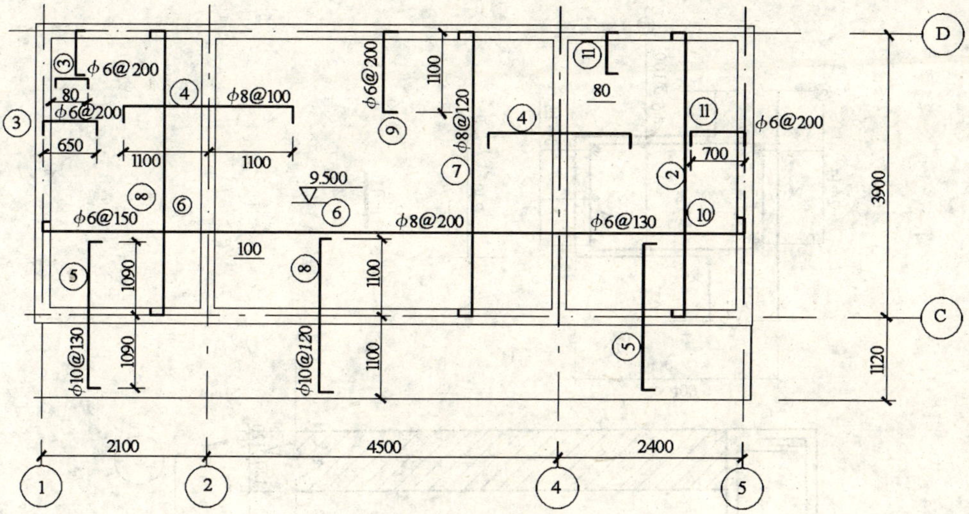

屋面结构平面图　1:100

附图 11　结施 5 号图

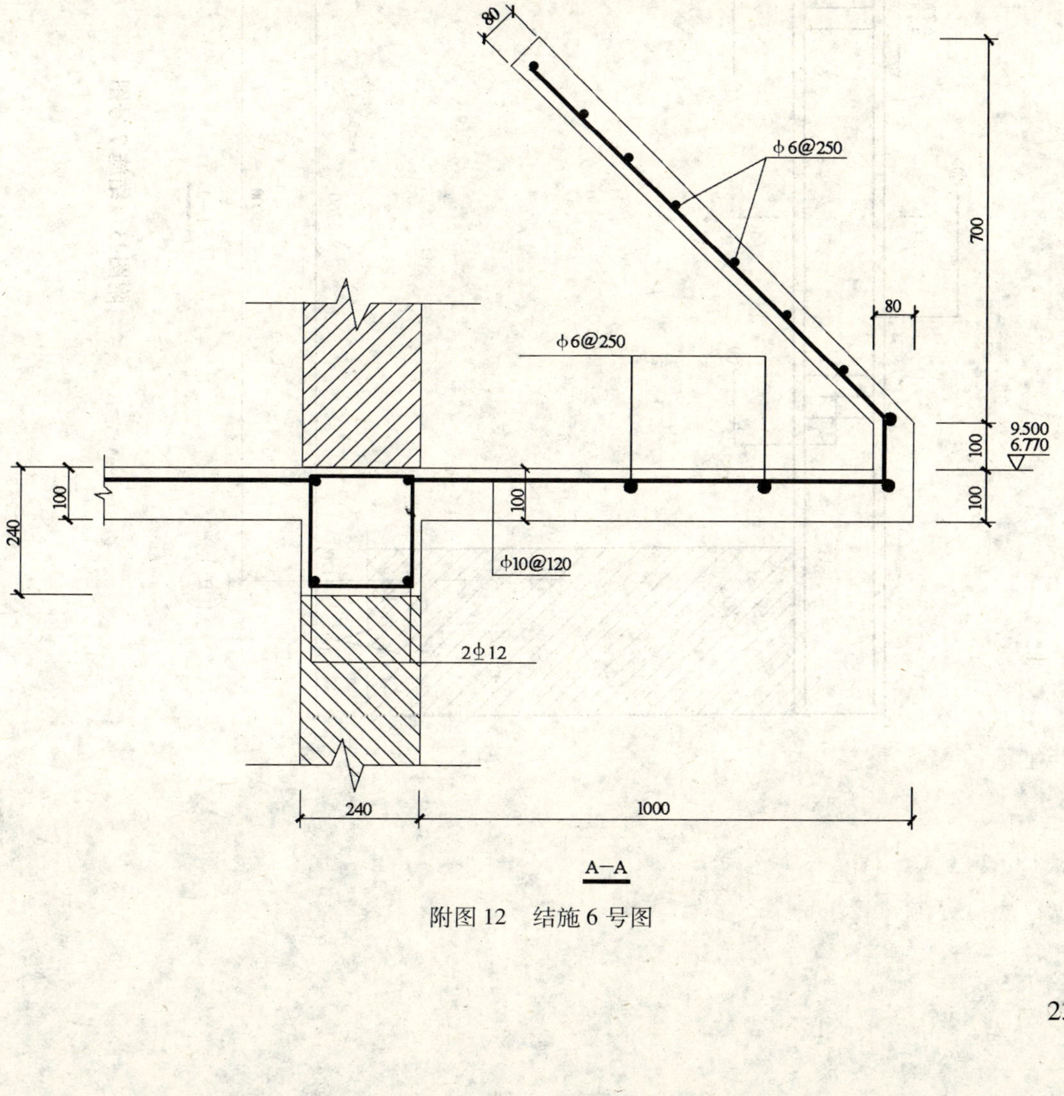

A—A

附图 12　结施 6 号图

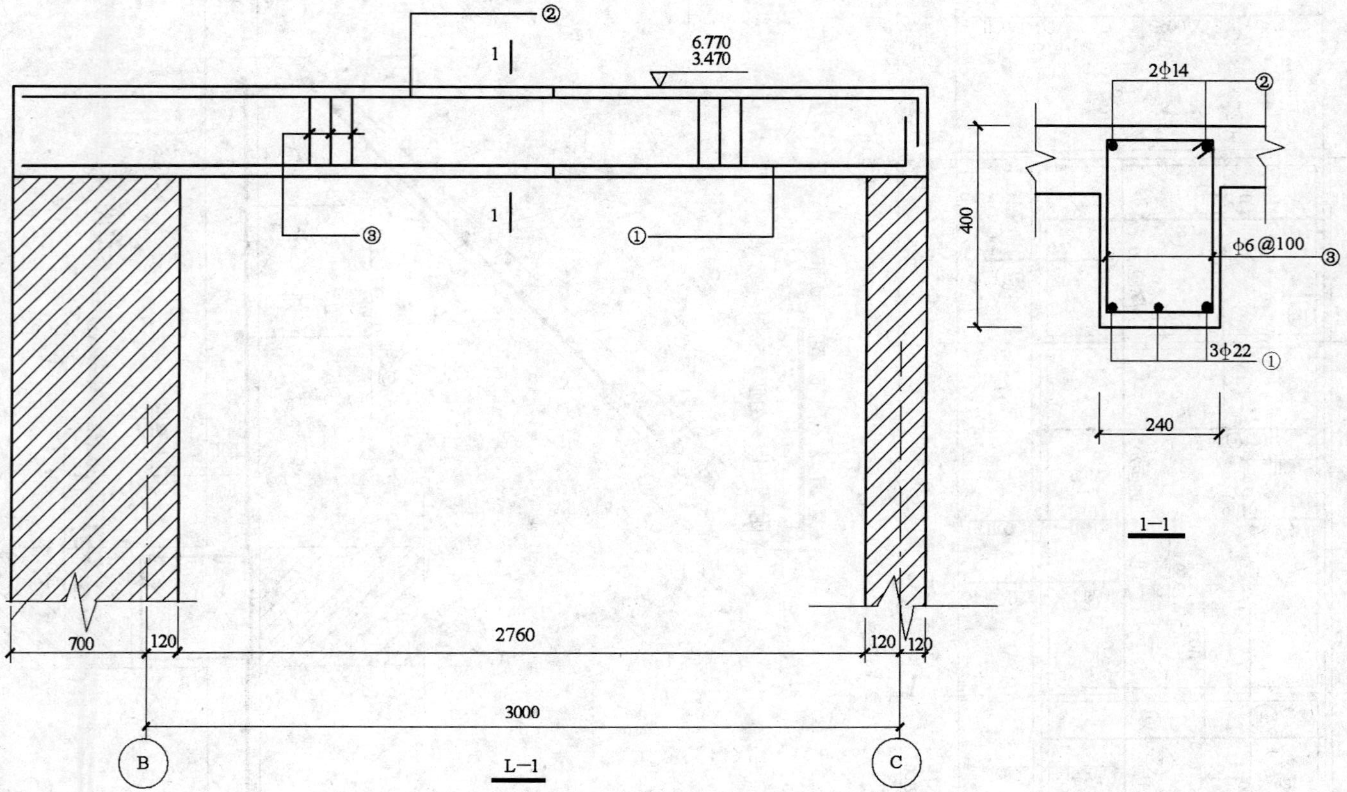

②
1
6.770
3.470
1
③
①
700
120
2760
120
120
3000
B
C
L—1
2ϕ14
②
400
ϕ6@100
③
3ϕ22
①
240
1—1

附图13 结施7号图

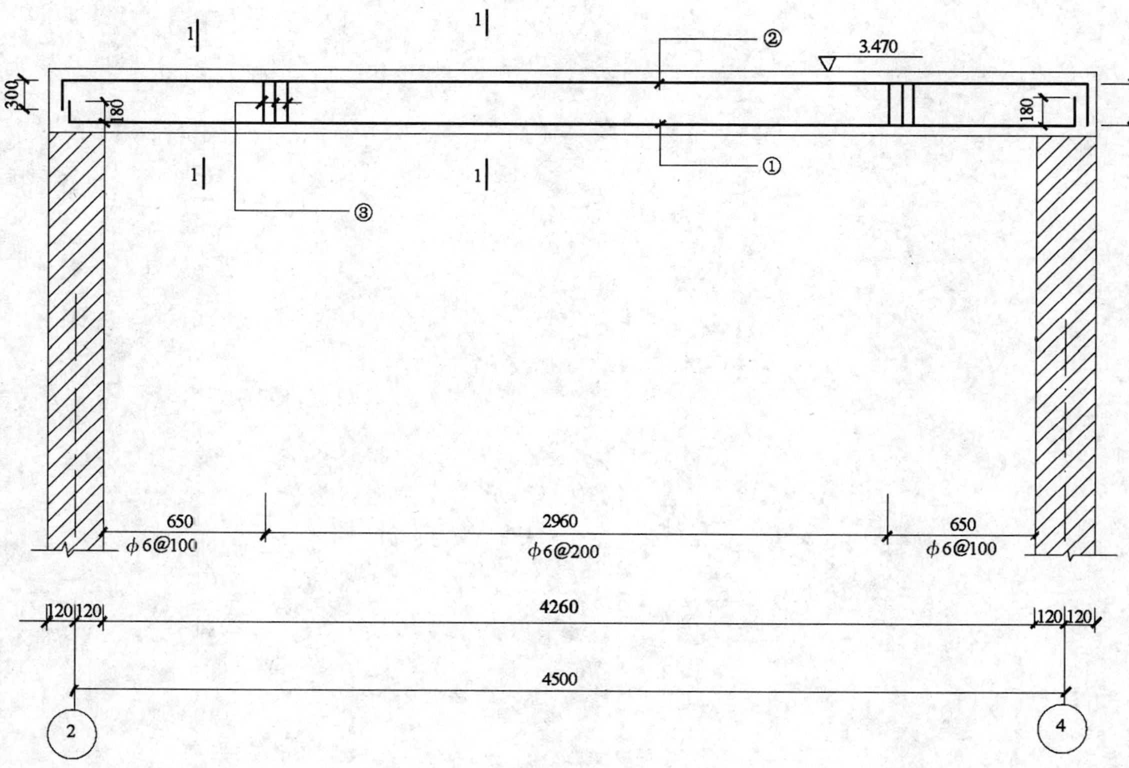

L—2

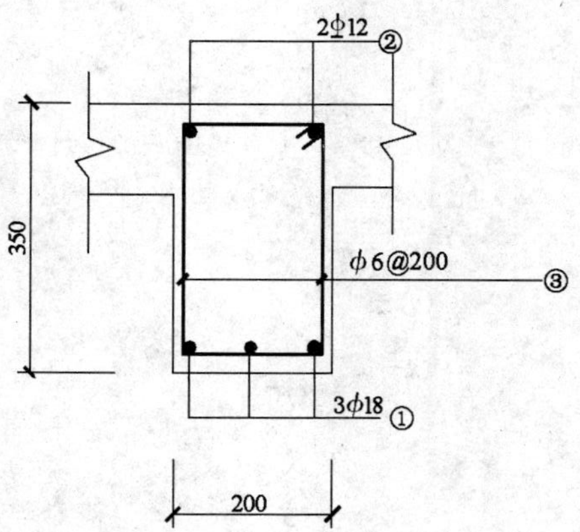

1—1

附图14　结施 8 号图